管理科学名家精品系列教材

智能算法

原理与应用

郭钊侠／主编

科学出版社

北　京

内 容 简 介

本书系统介绍了各种主流智能算法的原理及其在运营管理决策问题中的应用。相关算法不仅覆盖禁忌搜索、模拟退火、遗传算法、浅层前馈神经网络等传统智能算法，还涉及卷积神经网络、循环神经网络、注意力模型等前沿的深度神经网络算法。本书覆盖的典型运营决策问题案例包括产品需求预测、流水线平衡、车间调度、路径优化、道路速度预测、医学图像分类等，这些案例涉及不同的问题难度与算法复杂性，且均提供程序代码与实验指导，有助于读者更好地理解和掌握智能算法的原理与应用。

本书可作为高等院校管理科学与工程、工业工程、自动化等相关专业高年级本科生或研究生的人工智能算法教材，也可作为相关领域研究者或想了解和应用智能算法的工作人员的参考书。

图书在版编目（CIP）数据

智能算法：原理与应用 / 郭钊侠主编. —北京：科学出版社，2024.6

管理科学名家精品系列教材

ISBN 978-7-03-075616-9

Ⅰ. ①智…　Ⅱ. ①郭…　Ⅲ. ①人工智能－算法－教材　Ⅳ. ①TP18

中国国家版本馆 CIP 数据核字（2023）第 094195 号

责任编辑：方小丽 / 责任校对：王萌萌

责任印制：赵　博 / 封面设计：蓝正设计

科学出版社 出版

北京东黄城根北街 16 号

邮政编码：100717

http://www.sciencep.com

北京天宇星印刷厂印刷

科学出版社发行　各地新华书店经销

*

2024 年 6 月第　一　版　开本：787×1092　1/16

2025 年 2 月第二次印刷　印张：11 1/4

字数：267 000

定价：48.00 元

（如有印装质量问题，我社负责调换）

前　言

党的二十大报告指出："我们要坚持教育优先发展、科技自立自强、人才引领驱动，加快建设教育强国、科技强国、人才强国，坚持为党育人、为国育才，全面提高人才自主培养质量，着力造就拔尖创新人才，聚天下英才而用之。"[①]

图灵奖得主约翰·霍普克罗夫特（John Hopcroft）曾说过，人工智能将是每个人都应掌握的基本技能，就像现在的数学一样。人工智能的目标是用机器来模拟自然界中存在的智能，实现机器智能。研究人员提出了各种模拟自然界智能行为的算法，被称为智能算法。在许多领域，智能算法可作为传统算法的有效替代，对于实现机器智能目标至关重要；其已在广泛的领域得到了成功应用，常能有效求解传统算法所无法解决的复杂科学与工程问题，为解决各种复杂的现实问题提供了新思路和新手段。

国内外已有不少关于智能算法的研究专著出版，这些专著虽然涉及广泛的理论研究和应用领域，但对于读者相关基础知识的要求较高，不适合作为高等院校教材使用。另外，我国现有的关于智能算法的教材，往往仅涉及智能算法的某一方面（如智能优化算法、人工神经网络等），较少涉及相关算法在运营管理决策问题中的应用。在我国管理科学与工程、工业工程等学科领域，还缺乏一本系统地介绍智能算法原理及其应用的大学教材。

本书旨在系统介绍各种主流智能算法的原理及其在运营管理决策问题中的应用。由于学术界对于智能算法缺乏统一的定义，本书基于人工智能的三大流派，将智能算法分为基于自然界行为规律的智能算法、基于大脑连接机制的智能算法、基于知识与符号的智能算法三大类。这个分类涉及广泛的智能算法，全面介绍这些算法是一本教材所难以实现的。结合相关算法研究和应用的流行度与广泛性，本书主要聚焦于前两类中的代表性算法，而不涉及基于知识与符号的智能算法。

本书包含 3 个部分共 13 章。第 1 部分（第 1～2 章）简要介绍人工智能与人工智能算法的概念，以及运营管理中的典型决策问题；第 2 部分（第 3～8 章）介绍几种代表性的智能优化算法及其应用；第 3 部分（第 9～13 章）介绍人工神经网络的基本原理以及 4 种代表性的神经网络算法（模型）。相关内容不仅覆盖禁忌搜索、模拟退火、遗传算法、浅层前馈神经网络等传统智能算法，还涉及卷积神经网络、循环神经网络、注意力模型等前沿的深度神经网络算法；除了介绍这些算法的相关理论，本书还介绍了将这些算法应用于解决现实运营管理中的典型决策问题的应用实例。这些问题包括产品需求预测、流水线平衡、车间调度、路径优化、道路速度预测、医学图像分类等，使读者对智能算法在运营管理与决策等相关领域的应用有更全面的理解和认识。相关应用案例或源于经典文献或数据集，或源于作者的研究或应用项目，覆盖不同难易程度的算法应用与实践。

---

① 《习近平：高举中国特色社会主义伟大旗帜 为全面建设社会主义现代化国家而团结奋斗——在中国共产党第二十次全国代表大会上的报告》，https://www.gov.cn/xinwen/2022-10/25/content_5721685.htm，2022 年 10 月 25 日。

尽管本书仅包含了几类代表性的智能算法，但可能会需要超过一个学期的学习，才能掌握本书中所有内容。本书在内容设计上考虑到了这一点，因此大部分章节的内容相互独立，读者可以选取自己感兴趣的章节进行学习。通过选择这些内容的子集，教师可将本书用于一个学期或者两个学期的课程。

本书还提供了 PPT（PowerPoint，演示文稿）课件、课后习题、算法的 Python 程序实现代码等课程资源，供读者使用①。特别是，针对卷积神经网络和注意力模型的应用案例中，使用了高达 9GB 的数据集，为读者提供了处理含有大规模数据的复杂应用案例的学习与实践机会，希望有兴趣的读者能够掌握相关算法并将它们扩展到新的应用领域。

本书可作为高等院校管理科学与工程、工业工程、自动化等相关专业高年级本科生或研究生的人工智能算法教材，也可作为相关领域研究者或想了解和应用智能算法的工作人员的参考书。

本书的编写，离不开作者研究团队师生的贡献，包括张冬青博士、张振中博士，以及郭丰、贾博文、蔡婷、王淼、唐海帆、刘轲、郭振华、沈雨涵、阮文杰、张怡等博士、硕士研究生，他们在部分章节原始材料的整理与撰写、算法的 Python 程序实现、文字校对等方面做了较多工作；另外，四川大学商学院使用本书早期版本的学生，也帮助发现和改正了其中的一些错误；在此一并表示诚挚谢意。

人工智能是一个相对年轻但激动人心的学科，其中的智能算法领域也正处于快速发展的阶段。由于笔者水平有限，本书内容上的疏漏之处在所难免，不足之处，恳请广大读者批评指正。

郭钊侠

2024 年 4 月于成都

① 提取方式如下：

百度网盘分享链接（永久有效）：

链接：https://pan.baidu.com/s/110RR9r55Tmo_tCPw5gwepQ?pwd=id52

提取码：id52

也可直接扫描如下二维码进行提取：

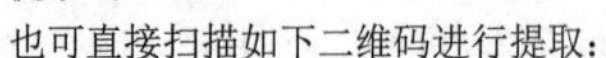

目　录

第1章 绪　论

什么是智能？学术界并没有普遍接受的共识。1994年，一份由52位学者签署、发表在美国华尔街日报上的公开声明[1]中，智能被定义为众多能力中非常一般性的心智能力，包括推理、计划、解决问题、抽象思维、理解复杂观点、快速学习以及从经验中学习。心理学家 Sternberg[2]将智能定义为适应、形成或选择环境所必需的心智能力。人工智能（artificial intelligence，AI）之父麦卡锡（McCarthy）[3]将智能定义为在世界上实现目标的能力中的计算部分。考虑到人类智能的核心是思维，这一定义与17世纪英国著名的哲学家霍布斯提出的一切思维不过是计算[4]的观点类似。可见，能感知、能思维、能推理、能学习、能记忆、能决策、能行动，都属于智能。

自然界中广泛存在着各种智能行为。蚊子能够轻巧地落在水面上且能避开雨点飞行，蝙蝠能够在黑暗中利用回声定位判断物体的方位及距离进行探路和捕食，野生烟草能识别蒿属植物之间传递的信息，并以此来强化其对昆虫的防御能力，这些由有机的生命形态个体所表现出的智能，属于生物智能；善于协作的蚁群、蜂群、鸟群等，具有令人惊叹的群体行为，这些由众多独立个体所组成的群体所表现出的智能，属于群体智能。

让机器具有智能，是人类自古以来的梦想。《列子·汤问》中，记载了偃师所制作为周穆王跳舞的木偶；晋代陆翙《邺中记》中，记载了木头制作的和尚，可拜佛插香，与常人无异。古希腊神话荷马史诗《伊利亚特》中，记载了在特洛伊战争中负责守卫克里特的木偶金人塔洛斯。达·芬奇的科学手稿《大西洋古抄本》中，记载了其对于武士机器人的设计手稿。尽管这些人造机器不具备真正意义上的智能，但都体现了人类试图让机器模拟自身的勇敢尝试。在19世纪，恰佩克的科幻小说《罗素姆的万能机器人》中，出现了人造人和会思考的机器之类的题材；巴特勒（Butler）的《机器中的达尔文》（*Darwin among the Machines*）中，探讨了机器通过自然选择进化出智能的可能性。然而，这些情节或论述更多属于想象而不是科学现实，离真正具有智能的机器还很遥远。

1.1 人工智能概述

1.1.1 人工智能的含义

在人工智能学科的先驱者心目中，人工智能的目标就是用机器来模拟人类智能等自然界中存在的智能，实现机器智能。

按照人工智能一词的提出者麦卡锡（McCarthy）的定义，人工智能是制造智能机器特别是智能计算机程序的科学与工程，与使用计算机理解人类智能的类似任务相关，但并不局限于生物学上可观测的方法[3]。Kaplan 和 Haenlein[5]将人工智能定义为“系统正确地解释外部数据，从这些数据中学习，并利用所学与灵活适应，实现特定目标和任务的能力”。拉塞尔（Russell）和诺维希（Norvig）在其主编的人工智能领域经典教材《人工智能：一种现代方法》（*Artificial Intelligence：A Modern Approach*）中，基于理性、思维与行动的维度，提出了人工智能区别于计算机系统的四个潜在目标：像人类一样思考的系统，像人类一样行动的系统，理性思考的系统，以及理性行动的系统。

按照智能化程度的不同，人工智能可分为以下两类。

（1）弱人工智能：也称窄领域人工智能或应用型人工智能，指的是专注于且只能解决特定领域问题的人工智能。弱人工智能观点认为“不可能”制造出能“真正”的推理和解决问题的智能机器，这些机器只不过“看起来”像是智能的，但是并不真正拥有智能，也不会有自主意识。此类人工智能在现实中具有广泛的应用，许多执行听（语音识别、机器翻译等）、说（语音合成、人机对话等）、看（图像识别、文字识别等）、思考（人机对弈、定理证明等）、学习（机器学习、知识表示等）、行动（机器人、自动驾驶汽车等）等操作的软件或机器人，均属于此类。

（2）强人工智能：是相对于弱人工智能的概念，目前还是一种理论形式。可分为通用人工智能（artificial general intelligence，AGI）和人工超级智能（artificial super intelligence，ASI）。强人工智能是一种宽泛的心智力，具有自我意识，能够进行思考、计划、解决问题、抽象思维、理解复杂观点、快速学习和从经验中学习等操作。通用人工智能在进行这些操作时，拥有与人类等同的智能，而人工超级智能将超越人类大脑的智力和能力。

按照实现人工智能的不同途径，人工智能可分为以下三大流派。

（1）符号主义：又称逻辑主义，主张用公理、逻辑和符号系统搭建一套人工智能系统。早期的人工智能研究者绝大多数属于此类，其认为“机器要像人一样思考才能获得智能”。由于人类的认知是基于符号的，思维只是在符号表示上的一种计算，符号主义流派认为应该先研究清楚人类的认知系统，进而用机器模仿该系统，并将代表认知的符号输入这些机器，来达到模拟人类智能的目的。符号主义流派的典型代表是知识工程和专家系统。

（2）连接主义：又称仿生学派，认为人类认知活动主要基于大脑神经元的活动，人类思维的基本单元是神经元而不是符号，智能是互连神经元竞争与协作的结果。因此，模拟人的智能要依靠仿生学，特别是模拟人脑，建立脑模型，用模拟大量神经元的信号传输方式来模拟大脑的智能活动，用神经网络的连接机制实现人工智能。各种深度神经网络等人工神经网络（artificial neural networks，ANN），均属于连接主义流派。

（3）行为主义：认为从生物学角度上模拟人脑既不可能也没必要，智能行为的基础是“感知—行动”的反应机制。希望机器表现出智能行为，关键在于模拟自然界中的智能行为方式而不是神经系统的连接。模拟蜈蚣等低等生物的感知与行动机制的六足行走机器人，模拟人类进化过程中优胜劣汰、适者生存等规律的遗传算法（genetic algorithm，GA），模拟蚁群、鸟群觅食过程的群体智能优化算法，均属于行为主义流派。

1.1.2 人工智能发展简史

人工智能领域前景广阔、令人神往，但其发展道路跌宕起伏、充满曲折，可划分为如下七个阶段。

1. 第一阶段：人工智能的诞生（1914～1956年）

人工智能的诞生，是20世纪50年代及以前相当长的时间一系列科学发现交汇的结果。重要的相关研究可追溯至微积分领域的链式法则、最小二乘法、梯度下降技术等相关理论。实用人工智能至少可追溯至1914年，克韦多（Quevedo）制造出了人类历史上第一个计算机游戏设备——国际象棋自动机；至于人工智能理论，至少可以追溯到1931～1934年，Gödel[6]确定了基于计算的智能的基本局限性。

神经学研究发现大脑是由神经元组成的电子网络，其激励电平只存在“有”和“无”两种状态，不存在中间状态。计算机科学之父图灵（Turing）的计算理论证明了数字信号足以描述任何形式的计算[7]。这些密切相关的想法暗示了构建电子大脑的可能性。McCulloch和Pitts[8]分析了理想化的人工神经元，并且指出其进行简单逻辑运算的机制，是最早描述“神经网络”的学者。1950年，图灵发表了一篇划时代的论文，提出人工智能哲学方面第一个严肃的提案——著名的图灵测试，预言了创造出具有真正智能的机器的可能性。明斯基（Minsky）于1951年与埃德蒙兹（Edmonds）一起建造了第一台神经网络计算机SNARC。1956年，麦卡锡、明斯基等四人联合发起、举行了达特茅斯夏季人工智能研究计划（Dartmouth Summer Research Project on Artificial Intelligence，简称达特茅斯会议）。该会议共有10位人工智能领域的先驱参与，会议确定了“人工智能”一词作为本领域的名称；会议提出，“学习或者智能的任何其他特性的每一个方面都应能被精确地描述，使得机器可以对其进行模拟”。这一事件标志着人工智能领域的诞生。

2. 第二阶段：起步发展期（1956～1974年）

达特茅斯会议之后，人工智能领域迎来了大发现时代，陆续取得了一系列令人瞩目的研究成果，掀起人工智能发展的第一个高潮。纽厄尔和西蒙开发了被称作“通用解题器”的程序，可以解决很多常识问题。麦卡锡发明了重要的人工智能语言Lisp，这种语言直至今天仍有许多程序员在使用。在自然语言方面，博布罗（Bobrow）开发的程序Student，能够解决高中程度的代数应用题，尚克（Schank）提出“概念关联理论”用于自然语言理解，魏岑鲍姆（Weizenbaum）开发了第一个聊天机器人Eliza。Rosenblatt[9]于1958年提出了感知器的概念，其是一个单层的人工神经网络，可用作线性的二元分类器。1965年，Ivakhnenko和Lapa[10]为具有任意多隐藏层的深度多层感知器网络引入了第一个有效的深度学习算法。

1967年，Ivakhnenko进一步研制了第一台基于神经网络的计算机Mark 1 Perceptron，它可以实现通过试错法进行简单学习的能力。1968年，费根鲍姆等在总结通用问题求解系统的成功与失败经验的基础上，结合化学领域的专门知识，研制了世界上第一个专家系统 Dendral，可以推断化学分子结构。这标志着人工智能的一个子领域——专家系统的诞生。在这个阶段，人工智能的先驱者，对人工智能的未来给予了过于乐观的估计。例如，赫伯特·西蒙预计，在 20 年内，机器将能做人能做的任何事情。明斯基也说，在一代人之内，建立人工智能的问题会从实质上被解决掉。这些乐观估计导致了投资者和政府部门对人工智能发展的大量经费投入与高度期待。

3. 第三阶段：第一次低谷期（1974～1980 年）

人工智能的发展和进步远比想象得复杂，当研究成果和进展不尽如人意的时候，人们开始丧失对人工智能的兴趣。另外，作为当时人工智能领域最具代表性成果的感知器，受到了明斯基的批评，其在 1969 年与佩珀特（Papert）合著的著作《感知器》（*Perceptrons*）指出，感知器不能解决异或（XOR）问题，无法实现人们期望的人工智能。1973 年，英国工程和物理科学研究委员会邀请了莱特希尔（Lighthill）对人工智能领域的研究现状做出评估，评估报告对该领域许多核心方面都给出了非常悲观的预测，评估指出“到目前为止，该领域尚无任何一部分产生了其所宣传的重大影响”。至此，投资者和政府部门对人工智能领域的资金投入剧减，很难再找到对人工智能项目的资助，人工智能遭遇第一次寒冬。在此期间，第一台进入市场并广泛应用的人工智能机——支持 Lisp 语言的 LISP 机 CONS，于 1975 年在麻省理工学院的计算机科学与人工智能实验室研制成功。1979 年，日本学者福岛邦彦（Kunihiko Fukushima）提出了神经认知机模型[11]，该模型是卷积神经网络（convolutional neural network，CNN）的雏形。

4. 第四阶段：应用发展期（1980～1987 年）

20 世纪 80 年代，专家系统在商业应用领域获得了巨大的成功应用。《财富》世界 500 强企业中，有约 2/3 的企业将专家系统应用于其日常运营中。“知识处理”成为主流人工智能研究的焦点。日本政府于 1982 年发布了名为《第五代计算机系统》的研究计划，积极投资人工智能。到 1985 年，人工智能市场规模超 10 亿美元。这些因素促使美国和英国政府恢复了对人工智能研究的资助。1982 年，霍普菲尔德（Hopfield）提出了一个全互连的循环神经网络（recurrent neural network，RNN）模型——Hopfiled 网络[12]，将物理学的动力学思想引入神经网络的构造中，可模拟人类记忆，并成功求解旅行商问题（traveling salesperson problem，TSP），重新燃起了神经网络研究的热潮。1970 年，Linnainmaa[13]提出反向传播（back propagation，BP）算法。1982 年，Werbos[14]展示了使用反向传播算法训练神经网络的应用；1986 年，Rumelhart 等[15]对已知方法的实验研究表明，反向传播可以在神经网络隐藏层中产生有用的表征、有效学习数据的内部表达。这一系列研究使得人工智能领域的连接主义流派重获新生。

5. 第五阶段：第二次低谷期（1987～1993 年）

20 世纪 80 年代，IBM（International Business Machines Corporation，国际商业机器公司）和苹果公司的个人计算机快速占领整个计算机市场，它们的 CPU（central processing

unit / processor，中央处理器）频率和速度稳步提升，越来越快，甚至变得比昂贵的 LISP 机更强大。到 1987 年，人工智能专用的 LISP 机的销售市场严重萎缩；1988 年，美国《国家战略性计算计划》取消对人工智能研究的资助；1990 年，Elman[16]提出了第一个全连接的循环神经网络，即 Elman 网络。20 世纪 90 年代，专家系统存在的应用领域狭窄、缺乏常识性知识、知识获取困难、推理方法单一等问题逐渐暴露出来，日本《第五代计算机系统》的研究计划未能达到预期目标。人们对于专家系统和人工智能的信任都产生了危机，人工智能领域再一次进入寒冬。在此期间，LeCun 等[17]把有监督的反向传播算法应用于福岛邦彦等提出的神经认知机模型上，成功地将误差反向传播网络应用于手写邮政编码的识别，奠定了现代卷积神经网络的结构基础。然而，由于没有足够的训练数据和计算能力，当时的卷积神经网络的训练过于耗时且识别效果不佳。

6. 第六阶段：稳步发展期（1993～2011 年）

信息技术，特别是互联网技术的发展，加速了人工智能的创新研究，促使人工智能技术进一步走向实用化。1997 年，IBM 的超级计算机“深蓝”战胜了国际象棋世界冠军卡斯帕罗夫，又一次在公众领域掀起了现象级的人工智能热潮。2006 年，辛顿（Hinton）发表在《科学》（*Science*）上的文章首次提出了“深度信念网络”的概念，并给多层神经网络相关的学习方法赋予了一个新名词——“深度学习”。2008 年 IBM 提出“智慧地球”的概念。2009 年，蓝脑计划声称已成功模拟部分老鼠大脑。2011 年，IBM 超级计算机沃森，在美国智力竞赛节目《危险边缘》中成功击败人类冠军选手。以上都是这一时期的标志性事件。这一期间，也有长短期记忆（long short-term memory，LSTM）网络[18]、LeNet-5 卷积神经网络[19]等重要的研究成果被提出。

7. 第七阶段：蓬勃发展期（2011 年至今）

大数据、云计算、互联网、物联网等信息技术的迅猛发展，为以深度神经网络为代表的人工智能技术的发展提供了数据和计算力的支持，各种深度学习网络开始在语音、图像等领域大获成功，迎来人工智能领域爆发式增长的新高潮。2011 年，基于图像处理单元（graphics processing unit，GPU）的快速卷积神经网络 DanNet 诞生，成为第一个赢得计算机视觉竞赛的纯深度卷积神经网络。2012 年，Krizhevsky 等[20]提出卷积神经网络 AlexNet，并将其应用于图像分类，在将 120 万张图片分为 1000 类的竞赛中，取得了明显优于其他方法的分类准确率，颠覆了图像识别领域。2015 年，卷积神经网络中的残差网络（residual network，ResNet）将重复模块的思想进一步扩展，获得了超越人类水平的分辨能力[21]。同一年，注意力模型[22]被提出，其可被用于提升深层神经网络的性能。2016 年，DeepMind 公司推出的由深度强化学习网络支持的围棋对弈程序阿尔法围棋（AlphaGo）在五轮比赛中击败了围棋世界冠军李世石。2017 年，谷歌（Google）公司推出了一个能自主设计深度神经网络的人工智能技术 AutoML，并于 2018 年初将该技术作为云服务开放出来，称为 Cloud AutoML；基于此，人们开始探索如何让人工智能自主搭建适合业务场景的神经网络。2022 年 11 月 30 日，人工智能公司 OpenAI 发布对话聊天机器人 ChatGPT（Chat generative pre-trained transformer），其能够通过理解和学习人类语言进行对话，根据聊天上下文进行互动，真正像人类一样进行聊天交流；甚至还能完成撰写邮件、撰写视频脚本、翻译、编写计算机程序、学术论文撰写等复杂任务。ChatGPT 发布后迅速引发全球关注，仅 2 个月月活跃用户即突破 1 亿人，成为史上增长最快的消费者应用。2023 年 2 月底，OpenAI 发布通用人工智能规划，其使命是确保通用人工智能（即比人类更聪明的人工智能系统）能够造福全人类。自此，通用人工智能发展进入新阶段。

1.2　人工智能算法概述

1.2.1　人工智能算法分类

人工智能通过一系列的计算过程来模拟自然界中存在的智能。算法是计算的灵魂[23]，其被定义为将输入转化为输出的一系列定义良好的步骤。在执行计算或问题求解的过程中，计算机根据算法定义的步骤，执行下一步操作。可见，人工智能技术水平的高低，取决于人工智能算法的优劣。通过从不同的角度对自然界中存在的智能现象进行模拟，前人提出了各种各样的人工智能算法。基于人工智能领域的三大流派，人工智能算法可分为如下三类，本书后续章节将聚焦前两类算法进行介绍。

（1）基于自然界行为规律的智能算法：在大自然中，存在着各种朝着特定目标不断优化的自然规律或群体现象。比如，动物在进化过程中遵循优胜劣汰、适者生存的进化规律，不断提升自己适应环境的能力；蚁群在觅食过程中通过每只蚂蚁释放的信息素，逐渐收敛到最优的觅食路径；金属在退火过程中，随着温度缓慢下降，金属内部原子不断调整自身的排列结构，而达到其物理系统能量最低的稳定态。通过将这些现象类比为优化算法的寻优过程，研究人员提出了模拟这些现象或行为方式的智能算法（即智能优化算法），可以求解传统方法无法有效解决的复杂优化问题。智能优化算法通常可以适用于任意的优化类问题，具有广泛的适用性。

（2）基于大脑连接机制的智能算法：用于模拟大脑神经网络工作机制而提出的各类人工神经网络模型与算法。人工神经网络是指按照一定规则将大量的节点（或称神经元）相互连接构成的网络，通常包含输入层、隐藏层和输出层，每层由 1 个或多个节点组成，每个节点接收外部输入或其他神经元的输出作为其输入信号，并通过一个函数（激励函数）将其转化为输出，两个节点之间的连接代表着一个通过该连接信号的加权值（即连接权值）。已有研究证明[24-29]，多类神经网络可以以任意精度近似任意的连续函数。

（3）基于知识与符号的智能算法：包括符号主义领域的算法，如专家系统、知识图谱、决策树等。专家系统是一类具有专门知识和经验的计算机程序系统，一般采用知识表示和知识推理技术来模拟领域专家的推理与决策逻辑，并用以解决只有领域专家才能解决的复杂问题。知识图谱采用图结构来建模和记录现实世界中的实体（对象、事件、环境、概念等）之间的关联关系和知识，涉及知识抽取、知识表示、知识推理、知识融合等方面。决策树是采用树形结构，使用层层推理来实现分类的一种方法。

1.2.2　智能优化算法分类

根据算法提出机制的不同，智能优化算法可分为基于局部搜索的智能优化算法、基于生物演化的智能优化算法、基于群体行为的智能优化算法三类。

（1）基于局部搜索的智能优化算法：从不同的方面对局部搜索算法进行扩展和改进，用以找到更好的解，如模拟退火（simulated annealing，SA）算法、禁忌搜索（tabu search或taboo search，TS）算法等。模拟退火算法起源于金属热处理中退火工艺的原理，是一种基于蒙特卡罗（Monte Carlo）迭代求解策略的随机寻优算法；禁忌搜索算法是模拟人的思维和记忆机制的一种随机搜索算法，即人们对已搜索的地方不会再立即搜索，而是去搜索其他地方，若没有找到，可再搜索之前搜索过的地方。两类算法都只需要定义邻域结构，在邻域结构内选取相邻解，不必使用搜索空间的知识或其他辅助信息，再利用目标函数进行评估。模拟退火算法采用概率的变化来指导其搜索方向，以一定的概率选择邻域中性能更差的解；禁忌搜索算法采用了一种灵活的“记忆”技术，通过建立禁忌表和“赦免准则”，引导解的搜索方向。

（2）基于生物演化的智能优化算法：自然界的生物体在遗传、选择和变异等一系列作用下，适者生存、优胜劣汰，不断地朝着越来越适应环境的方向发展和进化。通过模拟这种“适者生存”的生物种群演化规律而形成的智能优化算法，即演化算法，包括遗传算法、演化策略、演化规划、差分进化算法等。遗传算法是其中应用最广泛的算法，基于种群进化的方式进行算法的迭代，在每一代中，根据个体在优化问题域中的适应度值以及从生物遗传学中借鉴来的染色体交叉和基因变异方法，产生新的个体解，并根据“适者生存”的原则产生更好的新种群。通过种群的不断进化，得到最能适应环境的最优个体作为优化问题的最终解。

（3）基于群体行为的智能优化算法：很多群居动物的个体的行为很简单，但当它们一起协同工作时，却能够涌现出非常复杂的行为特征。比如，蚂蚁、飞鸟等群体中的每个个体只有简单的信息处理能力和行为能力，但群体中各个个体之间通过信息交互，群体的能力要远远超出个体能力的简单叠加。这些无智能的动物个体通过合作表现出智能行为的特性，称为群体智能。模拟群体行为中的智能现象而形成的智能优化算法，称为群体智能算法。常见的群体智能算法包括蚁群算法、粒子群算法、蜂群算法等，其中蚁群算法和粒子群算法是应用最广泛的算法。蚁群算法通过模拟自然界中的蚁群觅食行为而提出，粒子群算法通过模拟鸟群觅食过程中的迁徙和群聚行为而提出。

1.2.3　神经网络算法分类

按照所包含隐藏层数量的不同，人工神经网络可分为浅层神经网络和深层神经网络。传统的人工神经网络通常仅含有一个隐藏层，属于浅层网络；卷积神经网络、LSTM网络等可以有数百个甚至更多个网络层，属于深层（或深度）网络。按照网络计算过程中神经元信号传递方向的差异，人工神经网络主要可分为前馈神经网络和循环神经网络两类。

（1）前馈神经网络：由输入层、隐藏层（或卷积层、池化层等）和输出层组成。每层由一个或多个节点（神经元）组成，外部信号输入网络后，始终朝前向（即输入层→输出层）的方向移动，网络中不存在循环连接，即任何神经元的输出不可以与其当前层或之前层神经元的输入相连。典型的前馈神经网络示意图如图 1-1 所示。感知器、多层感知器、径向基函数网络、卷积神经网络等都属于此类。需要注意的是，多层感知器有时也被用来代表前馈神经网络。本书中，多层感知器特指传统的多层感知器，即浅层前馈神经网络。

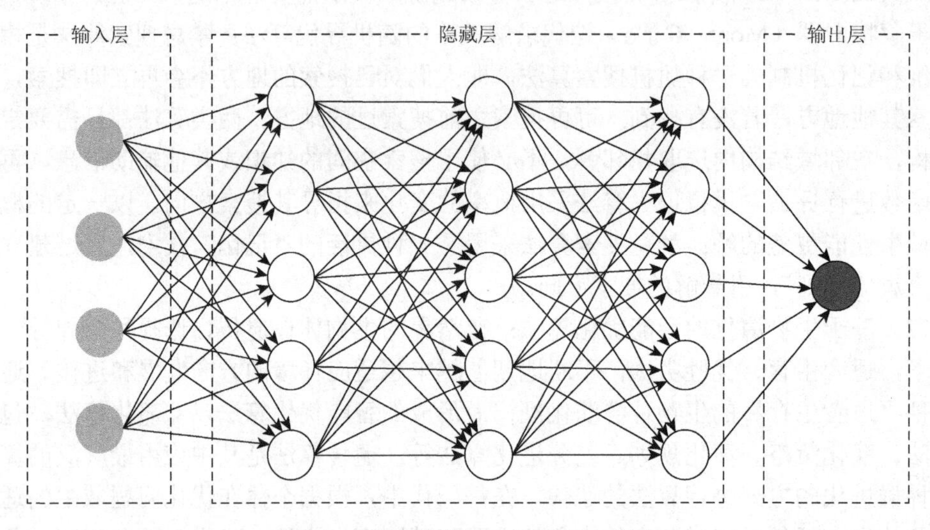

图 1-1　典型的前馈神经网络示意图

（2）循环神经网络：存在循环连接，即存在着一个或多个神经元的输出，与其当前层或之前层中神经元的输入相连。相对于前馈神经网络，循环连接更符合生物神经网络的信号传递机制。这类网络可以很自然地被用于建模序列数据，其引入状态变量来存储过去的信息，并与神经元的当前输入共同决定神经元的当前输出。典型的循环神经网络示意图如图 1-2 所示。Hopfield 网络、Elman 网络、LSTM 网络、门控循环单元网络等都属于此类。由于 Hopfield 网络等网络中，所有神经元之间的连接权值是对称的（在两个方向上有着相同的权值），一些学者将这类网络单独划分为对称连接网络。

人工神经网络是一个蓬勃发展的前沿学科领域，不断有新的神经网络被提出，有一些网络形式不属于上面两类，如由两个相互竞争的网络组成的生成对抗网络（generative adversarial network）、由一个编码器网络和一个解码器网络组成的编码器-解码器网络（encoder-decoder networks）等。生成对抗网络、编码器-解码器网络实际上均为深度神经网络框架，其框架内的网络可用卷积神经网络和/或循环神经网络等实现。另外，在神经网络领域，有一些适用于不同网络结构的重要概念被提出，用于扩展神经网络的性能和应用领域。比如，模拟人脑认知注意力原理而提出的注意力机制，用于处理图数据的图神经网络（graph neural networks），将深度神经网络和强化学习理论相结合而提出的深度强化学习（deep reinforcement learning），都可以分别与前馈神经网络或循环神经网络相结合。这些算法与人工神经网络一样，都是人工智能领域基于连接机制的智能算法。

本书第10～13章将分别对多层感知器、卷积神经网络、循环神经网络和注意力模型进行介绍。

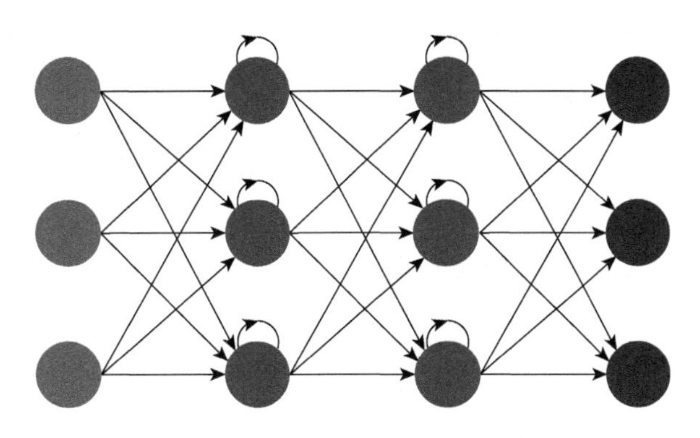

图1-2 典型的循环神经网络示意图

1.3 人工智能算法的应用

近年来，人工智能算法被广泛应用于各行各业，在农业、制造、运输、交通、医疗、教育、金融等众多行业都有着大量成功的应用。从研究问题的角度，人工智能算法的一些典型应用列举如下。

优化：是指在给定的约束条件下，选择最优的决策变量值，使得给定问题待优化的目标函数值最优。生产、运输等各行各业的运作管理中存在着各种各样复杂的优化问题，如生产调度、车辆路径优化等。智能优化算法被广泛地应用于解决此类问题。

预测：是指利用历史数据或相关数据，分析和预测某变量在特定时间的值，如需求预测、交通流预测、经济指标预测等。传统的前馈神经网络以及深度网络，都被广泛地应用于解决此类问题。

分类：根据已知样本的属性特征，判断一个新的样本属于某个已知的样本类，如疾病诊断、邮件过滤、图像分类等。传统的前馈神经网络以及深度网络，都适用于此类问题。

聚类：基于数据的内部结构寻找观察样本的自然族群，如客户细分、新闻聚类等。自组织映射神经网络和图神经网络，分别适用于结构化数据和图像数据的聚类。

计算机视觉：寻求理解和自动化人类视觉系统能做的任务，即获取、处理、分析和理解数字图像、视频和其他可视输入，从中获取有意义的信息，并基于这些信息采取行动。这类问题广泛存在于手写文字识别、社交媒体的照片标记、医疗保健中的放射成像以及汽车工业中的自动驾驶等领域。卷积神经网络、生成对抗网络等是当前处理这类问题的主流方法。

语音识别：是指将人类语音处理转化为文字文本。其在手机、车载系统等电子设备中广泛存在，如车载语音助手、微信语音助手等。循环神经网络、卷积神经网络等是当前处理这类问题的主流方法。

机器翻译：是指利用计算机程序将一种自然语言（源语言）转换为另一种自然语言（目标语言）的过程，是人工智能的终极目标之一。编码器-解码器网络、自注意力网络等是当前机器翻译领域的主流方法。

匹配与推荐：这类问题广泛存在于在线新闻、在线音乐、网上购物、车货匹配、在线问诊等网上平台等。比如，根据用户属性和历史行为记录，为用户推荐其感兴趣的新闻、音乐或商品等。自动编码器（auto encoder）、卷积神经网络和循环神经网络广泛应用于处理此类问题。

本书将结合在运营管理领域的现实决策需求，介绍智能算法在制造、物流、交通等行业广泛存在的预测、优化等决策问题中的应用。

1.4 本 章 小 结

本章对人工智能及人工智能算法进行了简要概述。当前，已有各种各样的人工智能算法被提出，这些算法从不同的角度模拟自然界中存在的各种智能现象或行为，是传统方法的有效替代，已被广泛应用于解决现实世界中的传统方法无法有效解决的复杂决策问题。另外，由于人工智能算法众多且在不断发展中，要在一本书中把所有的算法介绍清楚，无疑是一项艰巨的任务。考虑到智能优化类和神经网络类算法在解决企业和组织现实运营管理中各类决策问题的广泛应用前景，本书第 3～13 章将聚焦于基于自然界行为规律和基于大脑连接机制的智能算法。

➢习题

1. 请给出你对人工智能的定义，并说明理由。

2. 请说明智能优化算法与神经网络算法在算法原理上的差异。

3. 请分析人工智能技术对社会发展可能造成的负面影响，并提出相应的应对措施。

4. 生物神经网络和人工神经网络具有很大的差异，你认为研究生物神经网络的结构和功能对于建立更好的人工神经网络有价值吗？为什么？

5. 根据你对智能优化算法的理解，请分析是否有可能从自然界找到类似的动物群体行为，并基于其构造一种新的智能优化算法？如有可能，请说出你的算法思路。

第 2 章　运营管理中的典型决策问题

管理的核心是决策[30]。在企业与组织运营中，存在各种各样的决策问题，决策的有效性关系到管理与运营的绩效。当前，随着全球化浪潮的逐渐加剧、产业分工的日益细化、消费者需求的复杂多变，产品的生命周期越来越短，企业与企业之间的竞争，已转化为供应链间的竞争。本章简要介绍企业供应链运营管理中存在的几类典型决策问题。

2.1　需求预测问题

需求预测是预测分析的一个领域，能帮助企业从历史数据中获得可信的商业信息（如新产品的需求水平、各品类的消费趋势、营销活动的商业价值等），是制订公司战略和运营计划的关键业务流程。有效的需求预测能够帮助企业降低成本、提高效率、增强客户体验。

2.1.1　需求预测概述

著名的全球性企业管理咨询公司波士顿咨询公司与谷歌公司联合开展的一项研究表明，通过大规模使用人工智能和先进分析技术，快速消费品公司可实现超过 10%的营收增长；其中，需求预测对拉动企业业务增长的重要性排在第一位。需求预测，就是利用历史数据或相关数据，分析和预测客户在特定时间段内购买特定商品或服务的需求量。需求预测是企业运营中供应链计划的基础，对于最大化供应链价值具有重要意义。供应链运营中的推动流程（push process），通常基于事先预测的顾客需求展开，企业管理者需要对生产、运输或其他需要计划的供应链活动的预期水平进行预测；供应链运营中的拉动流程（pull process），都是基于对市场需求的响应来进行的，企业管理者需要对可获得的产能和库存水平进行预测，以更好地满足市场需求。

以一家服装品牌公司为例，该公司在全球各城市均有销售门店，通过各区域公司管理和协调区域内各个门店的运营。该公司通过对终端顾客需求的预测，制订品牌各个款式服装产品的销售计划，并提前向其供应链上游的服装生产企业下达采购订单，进而安排产品生产。为了提高客户响应速度，服装生产企业同样需要进行需求预测以确定它们的产量、库存水平和原材料（布、辅料）采购量。服装生产企业的供应商也需要进行需求预测，提前进行生产准备。当供应链中的每个成员企业都进行独立的预测时，由于信息不透明等，这些预测值之间往往存在较大的差异，从而导致供给和需求不匹配。特别的，越靠近供应链上游（离终端消费者越远）的企业，收到的终端需求信息的失真越大（即牛鞭效应[31]）。供给和需求不匹配，往往导致供过于求、库存积压，或供不应求、客户流失。当供应链的各成员企业间进行必要的信息共享，实现协同规划与预测时，预测结果将会准确得多。准确的需求预测，有助于减少不必要的库存资金占用，有助于制订更精准的采购、生产和营销决策，有助于更好地满足客户需求，最终产生更高的运营收益和客户黏性，提升企业竞争力。

2.1.2　需求预测的分类

1. 按需求预测场景分类

根据需求预测场景的不同，需求预测可以分为事件驱动型和周期趋势型两类[32]。

（1）事件驱动型：在此类需求预测中，受活动事件的驱动，活动期间需求波动较大，活动前后的需求趋于稳定。这类需求预测假设被预测需求量与一个或多个相关事件有着一定的因果关系。面向个体消费者的快消商品的需求，通常受各种促销或社会事件（如 618、“双十一”、春节等）的影响，图 2-1 是常见的事件驱动型场景。

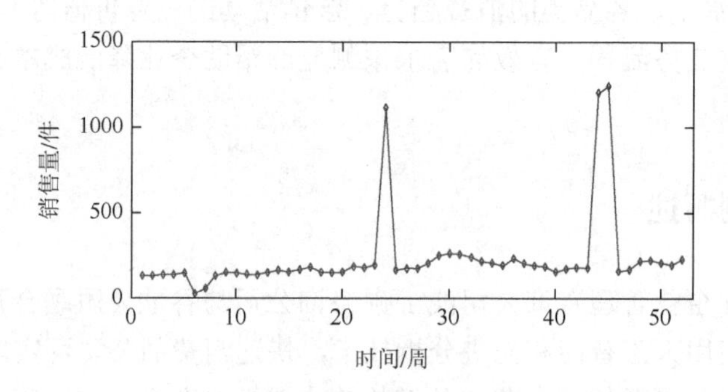

图 2-1　某电商企业产品 2021 年周销售量数据

（2）周期趋势型：在此类需求预测中，需求表现总体上呈现周期与趋势性规律，其预测需要关注历史需求数据的模式，并认为该模式会在未来延续。相对稳定市场下某类商品的中长期需求量预测，是常见的周期趋势型场景。例如，某服装品牌公司某品类产品的月销售额的趋势呈现出典型的周期趋势，如图 2-2 所示。

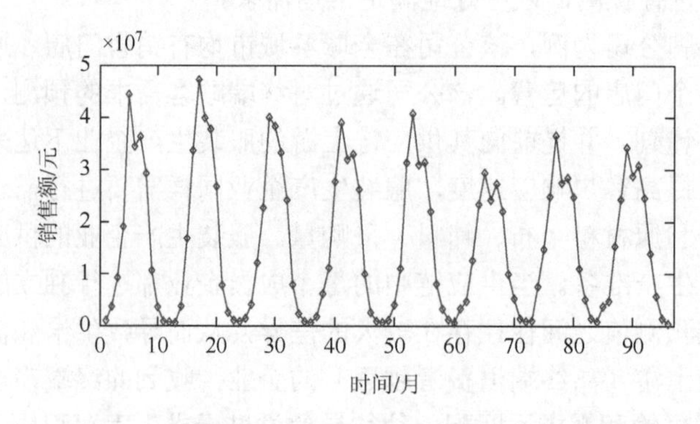

图 2-2　某服装品牌公司某品类产品的月销售额

2. 按时间尺度分类

根据不同的时间尺度，需求预测可以分为短期预测、中期预测和长期预测三类。

（1）短期预测：预测未来几天或几周的需求。为了快速响应多变的客户需求，很多企业将预测重点放在短期计划上，通常是根据库存量单位（stock keeping unit，SKU）水平进行的。比如，服装零售门店需要预测未来几天或几周门店内各服装款式的销售量，来进行产品补货与库存的规划。

（2）中期预测：预测未来几个月或几个季度的需求。比如，服装零售商需要预测未来几个月某个产品类别（如短袖上衣）的总销量，以便合理安排该产品类别下各个款式的生产计划。另外，生产工厂也需要预测未来几个月的原材料需求，并据此进行生产计划。

（3）长期预测：预测未来几年的需求，主要用于为企业制订长远规划。比如，新工厂的建设、生产产能的扩建、大型机器设备的添置等面向较长期市场需求的决策，均需要研究市场要素的长期发展趋势。

另外，还可以从整个公司、区域、城市、门店等不同的空间尺度，以及品牌、产品类型、SKU 等产品维度，分别考虑其对应的需求预测问题。

2.1.3　预测准确性的度量

对预测结果的准确性进行评价，是预测过程的重要环节。尽管前人提出了各种各样的预测评价指标，但由于预测目标和数据尺度的不一致[33, 34]，没有一个指标可普遍适用于所有的预测问题。令 y_t 和 $\hat{y}_t$ 分别为预测对象在时刻 t 的真实值和预测值，e_t 为时刻 t 的预测误差，$e_t = y_t - \hat{y}_t$。下面简要介绍一些常见的预测性能指标。

（1）均方误差（mean square error，MSE），定义如下：

$$\text{MSE} = \frac{1}{n}\sum_{t=1}^{n} e_t^2 \tag{2-1}$$

当预测完全准确时，MSE 为 0；预测误差越大，MSE 越大。

（2）均方根误差（root mean square error，RMSE），定义为 MSE 的平方根：

$$\text{RMSE} = \sqrt{\text{MSE}} = \sqrt{\frac{1}{n}\sum_{t=1}^{n} e_t^2} \tag{2-2}$$

（3）平均绝对误差（mean absolute error，MAE），用于衡量预测值相对于真实值的水平，定义如下：

$$\text{MAE} = \frac{1}{n}\sum_{t=1}^{n} |e_t| \tag{2-3}$$

（4）平均绝对百分比误差（mean absolute percentage error，MAPE），定义如下：

$$\text{MAPE} = \frac{1}{n}\sum_{t=1}^{n} |e_t / y_t| \times 100\% \tag{2-4}$$

MAPE 用于衡量预测值相对于真实值的平均相对差异。相对于 RMSE，MAPE 对较大的误差值的敏感度更低。

（5）平均反正切绝对百分比误差（mean arctangent absolute percentage error，MAAPE）[35]，定义如下：

$$\mathrm{MAAPE} = \frac{1}{n}\sum_{t=1}^{n}\arctan\left(\left|e_t / y_t\right|\right) \tag{2-5}$$

MAAPE 通过将比率视为角度而非斜率，以一种基本的方式对离群值进行有界影响，解决了当真实值 y_t 为 0 或接近 0 时产生无定义值或无限值的问题。

（6）平均绝对缩放误差（mean absolute scaled error，MASE）[34]，定义如下：

$$\mathrm{MASE} = \mathrm{mean}\left(\left|\frac{e_t}{(1/n-1)\sum_{t=2}^{n}\left|y_t - y_{t-1}\right|}\right|\right) \tag{2-6}$$

MASE 用于衡量某预测方法的预测值相对于 Naïve 方法样本内预测值的偏离程度。Naïve 方法直接使用时间序列中当前时刻的真实值作为下一时刻的预测值。如果某预测方法的 MAE 小于 Naïve 方法样本内预测误差的平均值，则 MASE 小于 1；反之，MASE 大于 1。

2.1.4 规避需求预测失误的措施

在现实企业运营中，需求预测是供应链管理中最复杂的工作内容之一。要实现准确的预测，不仅要掌握预测的理论及方法，还要了解产品和市场状况。在实际工作中，为了尽可能地提升需求预测的准确性，可以考虑如下几方面的措施。

（1）收集更多可靠的历史数据。良好的数据是准确决策的基础。可利用的数据样本，通常是一定范围内的抽样，而抽样的样本量、样本范围、样本获取渠道，都会影响数据的准确性。要提升需求预测的准确度，有必要尽量多地收集可靠的历史数据，扩大样本量和样本范围。可靠的历史数据越多，时间范围越长，越有可能更好地反映现实产品需求。

（2）深刻理解产品及市场状态。历史数据只是历史规律的反映，无法反映未来市场的不确定性。应深入分析和理解产品及市场特征，不要被数据的表面现象所迷惑。多维度分析影响产品需求量的可能因素，如气候、经济因素、营销策略、市场竞争等，并寻找其对产品销售量的影响规律。特别是对于没有历史数据的新产品而言，通过深入理解产品、市场特征以及相似产品的历史需求规律，有助于制订更准确的需求预测。

（3）选择合适的预测方法。没有一种预测方法适用于所有的预测问题。在分析历史资料和真正的需求规律后，要选择合适的预测方法。通过分析历史需求数据的特征，可以识别数据中存在的各种规律，如趋势性、周期性、不规则性等，基于这些规律，可以有针对性地选择合适的预测方法进行预测。

（4）选择合适的预测评价指标。不同的预测评价指标具有不同的优缺点，需要根据实际问题需要，选择合适的评价指标。比如，MAE、MSE、RMSE 等指标容易受到极端值影响，而导致指标值过大。在真实值存在取值为 0 的情况下，MAPE 指标不可用；如果 y_t 的绝对值小于 1，MAPE 指标也可能会过度放大误差。

（5）及时调整与更新预测。现实世界瞬息万变，产品需求也往往具有很强的不确定性。对于历史数据所无法反映的不确定性规律，基于历史时间序列的预测方法往往无效，需要根据产品和市场特征，及时调整与更新预测值。

2.2　生产优化问题

企业根据产品需求预测或者客户订单安排生产，其在生产运营中需要面对各种各样的优化问题，如主计划与订单计划、批量调度、流水线平衡、机器调度、车间调度等。本节对广泛存在的生产调度问题和装配线平衡问题进行介绍。

2.2.1　生产调度问题

生产调度是指将可利用的生产资源，随着时间的推移分配给一系列生产任务，在满足现实生产约束的条件下对特定的生产目标进行优化。生产调度中的两个关键问题是优先顺序和任务分配[36]，即先做什么、谁来做。一个生产调度问题，通常由机器配置、生产约束、生产目标三方面决定。

1. 生产调度问题分类

根据机器配置的不同，生产调度问题通常分为如下几类。

（1）单机调度：在单机生产环境下，对 n 个工件（以 j 为索引）进行加工，单机调度问题需要决定各个工件在该机器上的加工顺序，使得某给定的调度目标最优。除了单机环境下，本问题也存在于各种复杂的生产系统中。比如，在一个多机生产环境下存在某瓶颈机器，则该多机系统的性能由该瓶颈机器的加工性能（工件加工顺序）所决定。该多机环境下的调度问题，首先需要归结于解决针对该瓶颈机器的单机调度问题。另外，一些复杂生产环境下的调度问题，也常常被分解为多个单机调度问题进行求解。

（2）并行机调度：在并行机环境下，每个工件可在任一机器上进行加工。在 m 台并行机上，对 n 个工件进行加工，并行机调度问题需要决定各个工件在哪台机器进行加工（机器分配）以及各机器上工件的加工顺序（工件排序），以使得某给定的调度目标最优。不同于单机调度问题仅考虑工件排序，并行机调度问题同时考虑机器分配与工件排序，问题的复杂性随着机器数 m 的增加而指数增长。根据机器加工速度与工件的关系，并行机可分为一致并行机、异速并行机和不相关并行机三类。令 p_j 为处理工件 j 的标准加工时间，p_{ij} 和 e_{ij} 分别为在机器 i 上处理工件 j 的加工时间和加工效率，在并行机环境下，可设 $p_{ij}=p_je_{ij}$。在一致并行机环境下，所有的 e_{ij} 取某固定值；在异速并行机环境下，e_{ij} 仅与机器 i 相关，即 $e_{ij}=e_i$。不相关并行机是这两类并行机的推广。

（3）流水车间调度：在由 m 台不同类型机器组成的车间生产环境中，若每个待加工工件的工序数与机器数相等，每个工件必须在各台机器上被处理且处理顺序相同，则该车间称为流水车间。流水车间调度是该车间内部的生产调度问题。具体而言，有 n 个工件按照相同的加工顺序在 m 台机器上加工，每个工件需要经过 m 道工序，这些工序分别在不同的机器上加工，流水车间调度问题需要决定车间中各工件的加工顺序（工件排序)，以使得某给定的调度目标最优。流水车间的更一般性的例子是柔性流水车间，其中，某些类型的机器存在多台并行机，工件可在每类型机器的任何一台机器上进行加工。对应的调度问题是柔性流水车间调度。

（4）作业车间调度（job shop scheduling，JSP）：在由 m 台不同类型机器组成的车间生产环境中，若各个待加工工件在这些机器上具有不同的特定处理顺序，则该车间称为作业车间。可见，流水车间是作业车间的特例（每个工件的加工顺序相同)。最简单的作业车间调度问题中，每个工件按照其加工顺序在每类机器上最多被处理一次。在更复杂的作业车间环境下，一个工件可能在某类机器上被多次处理。具体而言，有 n 个工件按照各自的加工顺序在 m 台机器上加工，每个工件需要经过多道工序，每个工序需要在一台机器上加工，作业车间调度问题需要决定各机器上所加工工序的顺序（亦即各工序的开始时间)，以使得某给定的调度目标最优[37]。与流水车间类似，作业车间更一般性的例子是柔性作业车间，其中，某个或多个类型的机器存在多台并行机，工件可在该类型机器的任何一台机器上进行加工。对应的调度问题是柔性作业车间调度。

（5）开放车间调度：在由 m 台不同类型机器组成的车间生产环境中，若各个待加工工件在这些机器上具有任意处理顺序，则该车间称为开放车间。与流水车间和作业车间类似，开放车间的更一般性的例子是柔性开放车间，对应的车间调度问题为柔性开放车间调度。

2. 生产约束类型

生产调度问题通常需要考虑各种现实生产约束。常见的生产约束包括以下类型。

（1）机器适用性约束：在多机生产环境下，工件 j 可能经常不能在所有可用机器上处理，而只能在这些机器的特定子集 M_j 上被处理。

（2）优先顺序约束：调度问题中，工件常常需要按照一定的优先顺序进行加工处理，一个工件必须在一系列给定工件完成后才能开始。比如，优先顺序 1→2→3→4→5，表示工件 5 必须在工序 1～4 依次完成后才能开始。

（3）加工路径约束：在流水车间、作业车间等环境下，一个工件的加工涉及多个工序，且这些工序必须遵循特定的加工路径（处理顺序）在指定的机器上进行处理。比如，工件 1 包括工序 11～15，这 5 个工序需要分别在机器 1，2，3，5，6 上进行处理。

（4）准备时间与准备成本约束：某机器加工完成当前工件后，在加工另一个工件之前，经常需要进行重新配置或清理，这一过程称为机器准备。比如，机床在开始加工新工件前，需要进行清理与设置、更换刀具等操作。该过程需要一定的准备时间和准备成本。如果准备时间（或成本）与当前工件和新工件的加工顺序有关，则称准备时间（或成本）是顺序依赖的。

（5）抢占约束：假设某新工件是优先级很高的紧急订单，其需要立即在某机器上进行加工。但该机器上正在加工其他常规工件，在条件允许的情况下，现实生产中常将该机器上正在加工的工件中断，转而加工新工件。这种情况下，被中断的工件的加工顺序被新工件抢占。在新工件结束后，被抢占的工件如果从被抢占的位置恢复继续加工，则称为抢占恢复（preemptive resume)；被抢占的工件如果需要重新排队加工，则称为抢占重复（preemptive repeat）。

（6）储存空间约束：在许多生产系统中，可用于在制品（work in process，WIP）存放的空间是有限的，在某机器上等待加工的工件的数量也是有限的。车间在制品储存过多，可能导致生产堵塞。当两个相邻的机器之间的储存区被占满时，上游机器最后完成的工件将必须在原地等待，而不能转移到下游机器的储存区。

3. 生产调度目标

根据现实生产需求的不同，生产调度问题可能考虑各种各样的调度目标，常见的目标如下。

（1）生产量与完工时间目标：最大化生产量是许多生产系统最重要的目标。一个生产系统的生产量等价于其生产率，常常由其瓶颈机器所决定。最大化生产系统的生产量，等价于最大化其瓶颈机器的生产率。其可通过不同的方法实现，如确保瓶颈机器不出现空闲、最小化瓶颈机器上加工不同工件之间的准备时间之和等。当生产系统需要被处理的工件数量有限时，最小化所有工件的最大完工时间 $C_{\max}$ 是另一个常见的调度目标。令 C_j 为工件 j 的完工时间，$C_{\max}=\max(C_1,C_2,\cdots,C_n)$。此目标与生产量目标密切相关，最小化有限个工件的最大完工时间 $C_{\max}$，往往导致生产率的最大化。

（2）与交货日期相关的目标：按订单生产环境下，广泛存在着各种与交货期相关的调度目标，如最小化最大工件误期时间 $L_{\max}$、最小化总拖期时间、最小化延误工件数量等。令 d_j 为工件 j 的交货期，工件 j 的误期时间 L_j 为 C_j-d_j［见图 2-3（a）］，最大工件误期时间可表示为 $L_{\max}=\max(L_1,L_2,\cdots,L_n)$。令 T_j 为工件 j 的拖期时间，$T_j=\max\{0,C_j-d_j\}$［见图 2-3（b）］，最小化总拖期时间即 $\sum_j T_j$。假设不同工件的拖期成本（权重）不一致，

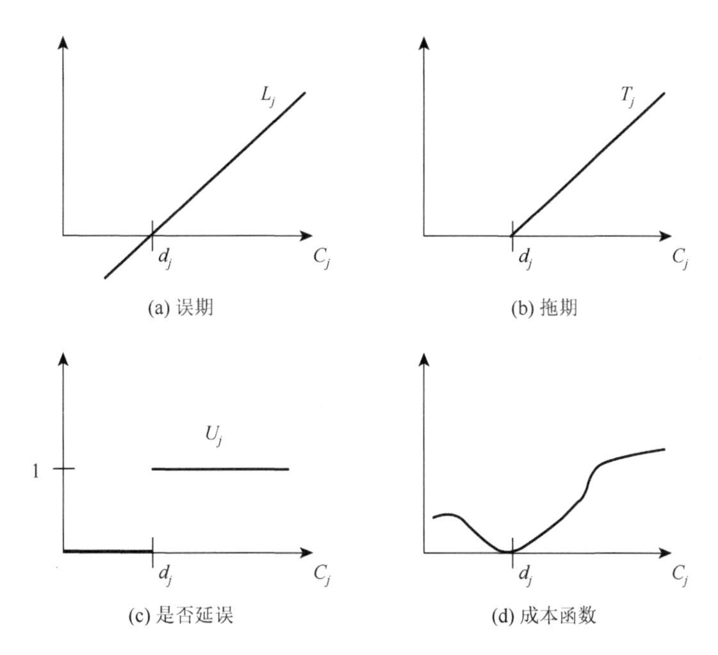

图 2-3　交货期相关的目标

令 w_j 为工件 j 的单位拖期成本，则可最小化总加权拖期时间（成本），即 $\sum_j w_j T_j$。最小化延误工件数量不考虑工件延误的时间长短，而聚焦于延误工件的数量。一个工件的拖期时间如果大于 0，则该工件是延误工件［见图 2-3（c）］。最小化延误工件数量可能导致一些工件的延误时间过长，这在现实生产运营中可能是不可接受的。

（3）提早/拖期惩罚目标：上述与交货日期相关的目标仅考虑了工件的误期或拖期，而没有考虑工件提早完成的影响。在现实生产中，由于工件提早完成会带来额外的存储与管理成本，常常需要考虑工件的提早完成成本，其成本函数通常如图 2-3（d）所示。工件 j 的提早交货时间定义为 $E_j = \max\{0, d_j - C_j\}$。令 w'_j 为工件 j 的单位提早完成成本，总加权提早完成成本可表示为 $\sum_j w'_j E_j$。加权总提早/拖期惩罚可表示为 $\sum_j w'_j E_j + \sum_j w_j T_j$。

（4）在制品库存成本目标：最小化在制品库存成本是另一个重要的调度目标。过多的在制品会带来资金占压、生产过程阻塞、生产浪费等问题。在一些生产中，在生产过程结束后才对产品进行质量检测。如果检测出产品瑕疵发生在生产过程初期，则需要对所有在制品进行检测，造成人力和物力的浪费。在此情况下，维持尽可能少的在制品数量至关重要，这与准时制（just-in-time，JIT）生产概念的思想一致。在一个特定的产出率下，最小化在制品库存，等价于最小化每个工件在生产系统所花费的平均时间（即最小化平均产出时间）。最小化平均产出时间，类似于最小化工件完成时间的总和（即 $\sum_j C_j$），后者等价于最小化系统中作业的平均数量。

2.2.2　装配线平衡问题

装配线，又称生产线或流水线，是由工作站和物料搬运设备共同组成的，进行连续重复生产的一种生产组织系统。每个工作站由一台或多台机器以及装配（操作）工人组成。在装配线上，被装配的零部件或半成品按照一定的工艺路线和一定的生产速度（节拍），依次在各个工作站被加工，直到最终产品被生产。每个工作站只专注处理特定的工序，以提高工作效率及产量。

1. 装配线的基本特征

（1）装配线上固定生产一种或少数几种产品，通过连续重复进行的生产过程，最大限度地减少在制品的等候时间和设备加工的间歇时间。

（2）在装配线上，各个工作站通常按照产品工艺过程的顺序排列，在制品按单向运输路线移动，工作站的专业化程度很高，每个工作站只固定完成一种或少数几种工序，且每个工作站具有一定的储存能力，用于存放装配线上流动的在制品。

（3）按照特定的生产节拍（cycle time）进行生产，生产节拍是装配线上连续生产出两件相同产品的时间间隔。

（4）装配线上各工序的生产能力大致是平衡、成比例的，即各道工序的工作站（设备）数同各道工序单件作业时间的比例大致相同。

（5）装配线上的工艺过程是封闭的。一个或多个生产订单在装配线上进行生产，每个订单需要生产一定数量的相同产品（工件），每个产品通过多个工序进行生产，这些工序必须遵循特定的加工路径（处理顺序）在特定的机器上进行处理。

装配线平衡是装配线设计与管理中非常重要的决策问题，对其的研究可追溯至 20 世纪 60 年代[38]。装配线平衡是指将生产工序分配给装配线上按特定顺序排列的机器，在规定的生产节拍下，使得各工作站之间的负荷均衡化，从而使得各工作站上的作业时间尽可能接近。装配线平衡与否直接影响到制造系统的生产率，其对于降低设备和工时利用率、降低生产周期、减少在制品、降低物资消耗与成本等，均具有重要意义。

2. 装配线分类

根据装配线上生产产品的数量或类型的不同，装配线可分为如下几类[39]。

（1）单品种装配线：生产单一且固定不变产品的生产线。该装配线要求生产线上的设备有足够的工作负荷，一般适用于大规模生产类型。

（2）可变装配线：生产多个产品的生产线，多个产品在生产线上被依次生产。

（3）混合装配线：生产多个产品的生产线，在同一条流水线上按固定顺序混合生产多个品种的产品。

装配线平衡问题需要考虑的各种现实生产约束主要包括机器适用性约束、加工路径约束等。根据现实装配线平衡需求的不同，装配线平衡问题可能考虑各种不同的平衡目标。

3. 常见的装配线平衡目标

（1）最小化总空闲时间（idle time）：最小化生产线上各机器（或工人）的空闲时间之和。空闲时间是指机器（或工人）在工作时间内因生产活动中断所耗费的时间。

（2）最小化生产节拍：最小化装配线上连续生产出两件相同产品的时间间隔。

（3）最小化工作站数量：即最小化装配线上所使用的工作站数量，常用于装配线设计阶段。

（4）最小化单位产品的人力成本：人力成本包括计时工资等固定成本和加班工资等变动成本等。

（5）最小化在制品库存成本：与生产调度问题类似，最小化在制品库存成本是装配线平衡问题的常见目标。

（6）最小化生产总成本：包括人力成本、工作站成本、在制品库存成本、机器设置成本、空闲成本等。

2.3　运输优化问题

产品生产完成后，需要从工厂将产品运输至不同的客户目的地。运输优化是指按照产品的流向，通过对产品的运输活动的合理组织与安排，在满足现实运输约束的情况下对特定的运输目标进行优化。有效的运输优化对于节约运输费用、降低物流成本、缩短运输时间、加快供应链响应速度等，具有重要意义。本节对两类被广泛研究的运输优化问题［即旅行商问题和车辆路径问题（vehicle routing problems，VRP）］进行介绍。

2.3.1 旅行商问题

旅行商问题，又称旅行推销员问题、货郎担问题，是组合优化领域的基础问题之一。对该问题的研究，可追溯至 1832 年的一本德文旅行商手册 *Der Handlungsreisende*[40]。尽管该手册中没有从数学上考虑该问题，但其为在德国与瑞士的旅行商建议了五条路径，并指出旅行商应该仔细规划其行程，以节省大量的旅行时间和成本。直到 20 世纪 30 年代，数学家门格尔（Menger）等研究者才从数学上考虑该问题[41]。如今，应用数学家和计算机科学家仍然在为如何更高效地求解大规模旅行商问题而努力。

给定起始节点（城市）、旅行商需要访问的客户节点（城市）的集合以及两两节点对之间的旅行成本，旅行商问题研究由起始节点出发，不重复地访问所有给定的客户点之后，最后再回到起点的最小旅行成本。令 $G=(V,E)$ 为由节点集合 $V=\{1,2,\cdots,n\}$ 和边的集合 $E=\{(x,y)\,|\,x,y\in V\}$ 组成的有向或无向图。每条边 $e\in E$ 对应的旅行成本为 C_e。令 $\boldsymbol{H}$ 为所有哈密顿回路①（Hamiltonian cycles）的集合。旅行商问题旨在找到路径 $h\in\boldsymbol{H}$，使得路径 h 中的成本 C_e 之和最小。假设图 G 是一个完全图，即每对不同的顶点之间都有一条边相连的简单无向图。令 c_{ij} 为连接节点 i 和 j 之间的边 (i,j) 的旅行成本，两两节点所组成的成本矩阵为 $C=(c_{ij})_{n\times n}$。旅行商问题中的旅行成本可以是旅行距离、时间或费用等。在经典旅行商问题中，图 G 中的节点对应城市，边对应城市间的路径。如果现实中两个城市间的连接边不存在，可在完全图中将该边的成本设置为非常大的值。

旅行商问题可分为以下两类。

（1）对称旅行商问题（sTSP）：在对称旅行商问题中，两座城市之间来回的距离或成本是相等的，形成一个无向图，即成本矩阵 C 为对称矩阵，$\forall i,j:c_{ij}=c_{ji}$。

（2）非对称旅行商问题（aTSP）：在非对称旅行商问题中，可能不是双向的路径都存在，或是来回的距离不同，形成了有向图，即成本矩阵 C 为不对称矩阵（$\exists i,j:c_{ij}\neq c_{ji}$）。交通事故、单行道、出发与到达某些城市机票价格不同等，都是导致非对称性的例子。

基于不同的现实需求和问题特征，旅行商问题具有多类问题变种。

（1）瓶颈旅行商问题：这类问题的目标是找到一条回路中成本最大的边的成本尽可能小的哈密顿回路。

（2）信使问题（messenger problem）：这类问题旨在寻找图 G 中从指定起点 1 到目标节点 i 之前成本最小的哈密顿路径②。通过将边 $(i,1)$ 的旅行成本设为一个足够大的负数，该问题等价于经典旅行商问题。

（3）分群旅行商问题：图 G 中的节点的集合 V 被分成 k 个两两不相交的节点子集 $V_1,V_2,\cdots,V_k$。这类问题旨在寻找成本最小的路径，使得每一个节点子集中的城市被全部访

① 给定图 G，若存在一条回路，经过图中每个节点恰好一次，这条回路称作哈密顿回路。

② 含有图 G 中所有节点但不闭合的路径称作哈密顿路径，闭合的哈密顿路径称作哈密顿回路。

问后，才进入下个节点子集进行访问。通过将不同节点子集的城市间的旅行成本设为一个足够大的正数，该问题等价于经典旅行商问题。

（4）广义旅行商问题：给定节点子集 $V_1, V_2, \cdots, V_k$ 的集合，这类问题旨在寻找在每个子集中访问一个节点的旅行成本最低的路径。如果每个子集中仅有一个节点（即 $|V_1| = 1$），则广义旅行商问题等价于经典旅行商问题。

（5）多旅行商问题（mTSP）：图 G 中的所有节点，由 m 个从相同起点 1 出发的旅行商共同访问，每个旅行商访问不同的城市后，均返回起点。m 个旅行商将访问图 G 中的所有节点且每个节点仅被访问一次，这类问题旨在寻找最小化 m 个旅行商的访问成本总和的路径。

作为组合优化问题领域的基本问题之一，旅行商问题常被当作基准问题，用于比较不同的优化算法的性能。另外，该问题在计算机科学、工程学等领域有着广泛的应用。

2.3.2　车辆路径问题

车辆路径问题，亦称车辆路径优化问题，由 Dantzig 和 Ramser[42]于 1959 年首次提出，其可看作旅行商问题的推广。它是指一定数量的客户，各自有不同数量的货物需求，由一个车队从仓库出发负责向客户发送货物，完成后返回仓库，通过适当的车辆分派和行车路线，在满足客户需求和约束的前提下，最优化特定的问题目标，如总路程最短、总成本最小、总耗时最短等。

令 $G = (V, E)$ 为由节点集合 $V=\{0,1,2,\cdots,n\}$ 和边的集合 $E=\{(x,y) \mid x,y \in V\}$ 组成的有向或无向图。节点 0 代表起始节点（仓库），其他 n 个节点为客户节点。K 辆车从仓库出发向 n 个客户送货，完成后返回仓库，每辆车的容量可能不同。每个客户具有特定的货物需求，车辆路径问题旨在寻找每辆车的最优行车路径，在满足每辆车的容量约束、每个客户的货物需求且每个客户均被服务一次的条件下，对特定的运输目标进行优化。

1. 车辆路径问题的变体

根据现实约束和问题特征的不同，现实中的车辆路径问题具有各种各样的变体。一些常见的例子如下。

（1）带容量约束的车辆路径问题（capacitated vehicle routing problem，CVRP）：车辆的装载容量有限，每辆车装载的物品不能超过其装载容量。

（2）带时间窗的车辆路径问题（vehicle routing problem with time windows，VRPTW）：车辆必须在指定的时间窗内访问各客户节点。

（3）多行程车辆路径问题（vehicle routing problem with multiple trips，VRPMT）：一个车辆在完成一个行程的服务返回仓库后，可重新开始新的服务行程继续访问其他客户。

（4）多仓库车辆路径问题（multi-depot vehicle routing problem，MDVRP）：考虑多个仓库点。不同的车从多个不同的仓库（起始节点）出发访问客户，完成后返回其仓库。

（5）开放车辆路径问题（open vehicle routing problem，OVRP）：车辆从仓库出发访

问客户点后，不需要返回仓库。

（6）同时取送货的车辆路径问题（vehicle routing problem with pickup and delivery，VRPPD）：车辆从仓库出发，不仅需要从特定的取货点取货，还要去特定的送货点送货，此类问题需要优化同时访问取货点和送货点的车队的路径。

（7）绿色车辆路径问题（green vehicle routing problem，GVRP）：考虑车辆路径方案对环境的影响，常常需要考虑燃油消耗或碳排放等环境约束和目标。

传统的车辆路径问题将道路网络简化为由仓库节点、客户节点以及这些节点之间两两相连的边组成的网络，每条边的长度固定不变。近年来，越来越多车辆路径问题考虑了由真实的道路网络节点和路段组成的网络。由于路网中路段行驶速度的时变性，仓库节点与客户节点两两之间的行驶距离和时间成本随出发时间不同可能发生变化。

根据车辆配送与物流问题现实需求的不同，车辆路径问题可能考虑各种不同的路径优化目标。

2. 常见的车辆路径问题目标

（1）最小化总运输成本：每辆车的运输成本可由该辆车的行驶距离或时间来度量，还可考虑每辆车的固定成本、服务客户的延误和提早成本等。

（2）最小化服务所有客户的车辆数：当每辆车的固定成本较高或车的数量有限时，最小化所使用的车辆数，有助于提高车辆利用率、降低总运输成本。

（3）行驶时间与车辆负荷的最小差异：最小化不同车辆行驶时间之间的差异以及不同车辆的装载负荷之间的差异。

（4）最大化服务的客户数：由于车辆容量约束以及车辆行驶时间的限制，一些客户不能被服务，如何服务更多的客户，是一个常见的车辆路径问题目标。

（5）最大化总利润：运输货物过程会带来一定的收益和运输成本。如何最大化运输过程的总利润，是另一个常见的车辆路径问题目标。

（6）最小化排放：这是绿色车辆路径问题中常见的优化目标。车辆排放与行驶距离、行驶时间等因素有关。在真实的道路网络下，道路行驶速度随时间变化。行驶时间或距离最短的路径，不一定排放最小。

2.4　其他典型决策问题

2.4.1　项目调度问题

现实中存在各种各样的项目，其可被定义为在一定的约束条件（如有限的时间和资源）下，为了创造独特的产品、服务或成果而进行的一次性工作。比如，生产线改造、房地产开发、新产品研发、演唱会举办、载人飞船发射等，均可称为项目。每个项目都有明确的起止时间要求，都是一项独一无二的、任务和目标明确的工作，该工作涉及一系列活动（过程），活动之间具有一定的优先顺序且每项活动具有特定的资源需求。

项目调度问题是一类广泛存在于制造业与服务业的重要调度问题，其可被定义为：如何随时间将可利用的项目资源（人、财、物等）分配给项目中的各项活动，在满足活动优先顺序等现实约束的条件下，确定各项活动的开始和完工时间，对特定的项目目标进行优化。常见的项目调度目标包括最小化项目完工时间、最大化项目活动的现金流、最小化项目瓶颈资源的空闲时间等。不考虑资源约束的项目调度问题等价于一个考虑优先顺序约束、机器数量不限、以最小化完工时间为目标的并行机调度问题。考虑资源约束的项目调度问题的求解复杂度大大增加。

2.4.2　装箱问题

装箱问题是广泛存在于生产和物流中的一类经典的组合优化问题。一个基本的装箱问题可定义为：假设有数量不限的结构相同的箱子，每个箱子的容量为 C，有 n 个大小各异的物品 $J_1,J_2,\cdots,J_n$ 需要装入箱中，寻找最优装箱方案，用尽可能少的箱子将 n 个物品全部装入箱中。

按照装箱物品所属的装箱空间，装箱问题可分为如下三类。

（1）一维装箱问题：只考虑物品的单一维度，如质量、体积或长度等。计算机领域中的内存分配[43]、信息存储等均属于一维装箱问题。

（2）二维装箱问题：需要考虑物品的两个维度，如长度和宽度。给定一张矩形的纸（布料、皮革等），要求从这张纸上剪出给定的大小不一的形状，寻找一种剪法使得剪出的废料的面积总和最小。常见的二维装箱问题包括包装材料裁切、服装布料裁切、皮鞋制作中的皮革裁切、堆场中考虑长和宽进行各功能区域划分、停车场区位划分等。

（3）三维装箱问题：需要考虑物品的三个维度，一般指长、宽、高。现实中的装车、装船、装集装箱等箱柜装载问题，均属于三维装箱问题。

2.4.3　设施选址问题

设施选址问题是组合优化领域的经典问题之一。一个基本的设施选址问题可定义为：假设 D 个需求点具有特定的服务需求，需要通过建立设施站点服务其需求，有 L 个候选设施站点，该问题旨在从 L 个候选站点中选择合适的站点子集，使得特定的选址目标最优。常见的选址目标包括最小化各需求点到其最近设施的距离之和、最小化总成本、最大化总利润等。成本可包括建立设施的成本、服务需求的运营成本、需求未能满足的惩罚成本等。设施选址问题可分为不带容量限制的设施选址问题与带容量限制的设施选址问题。两类问题分别假设每个设施能够提供无限和有限的服务量。

选址问题在日常生活、生产、物流等各方面都有着非常广泛的应用，如连锁门店、电动车充电站、工厂、垃圾处理中心、配送中心、快递网点等的选址。选址方案的好坏直接影响服务质量、服务效率、服务成本等。好的选址会给大众的生活带来便利，降低成本；差的选址往往会带来很大的不便和损失。

2.4.4 分类问题

在现实制造与服务业的运营决策中，常常需要面对各种各样的分类问题，如客户分类、供应商分类、产品分类、疾病分类、车牌识别、垃圾邮件识别等。分类问题的目标是，根据已知样本的某些特征，判断一个新的样本属于哪种已知的样本类。以线上零售的客户分类为例，其基于客户的属性特征（如个人基本信息、历史消费行为属性、浏览行为属性等），对客户进行有效性识别与差异化区分。有效的客户分类，对指导企业进行有效的客户管理，实现以客户为中心的个性化服务和专业化营销具有重要价值。

现实中的分类决策，可以采用分类方法或聚类方法实现。采用分类方法，需要预先给定各样本的目标类别（如高价值客户和低价值客户等），并确定可能影响分类结果的各种因素，然后选择合适的算法（如多元回归、神经网络等），构建影响因素与各样本分类结果之间的输入输出关系模型，并基于该模型对新样本进行分类。聚类方法是一种自然聚类的方式，不需要预先给定待分类对象的目标类别，事先也不知道其可以分为哪几类，只是根据对象的属性特征，按指定的类别数量，将待分类样本聚类为对应数量的类别；将数据聚类以后，再对每类中的数据进行分析，归纳出相同类中待分类对象的相似性或共性；在此基础上可确定新样本的类别。

2.5 本 章 小 结

本章对运营管理中的几类典型决策问题进行了介绍。由于现实问题的多样性和复杂性，现实运营管理中还存在各种各样复杂的决策问题，比如，供应链运作中的产品定价、制造与物流协同、供应链优化等，线上零售中的产品定价、产品推荐、订单履约与配送集成优化等，交通运输中的交通流量预测、需求预测、车货匹配等，医疗运作中的患者到达需求预测、床位分配、医疗资源调度等。这些决策问题在现实中广泛存在，由于篇幅限制，本章无法一一进行介绍，感兴趣的读者可以查阅相关文献进行了解。

➤习题

1. 进行有效的需求预测需要具备哪些条件，请说出你的理解。

2. 请举例说明一个企业所面临的牛鞭效应负面影响的实例，并结合本章介绍的决策问题，提出缓解牛鞭效应影响的思路。

3. 给定某企业三周的工作日需求数据，如表 2-1 所示。

表 2-1 某企业三周的工作日需求数据表

时间	第一周	第二周	第三周
星期一	16.0	17.2	14.5
星期二	12.3	11.5	13.1

续表

时间	第一周	第二周	第三周
星期三	14.1	15.3	13.5
星期四	17.3	17.6	16.9
星期五	21.5	22.5	21.9

请选择你熟悉的方法，对第四周的需求数据进行预测。

4. 已知 4 个零售点的坐标和物流需求如表 2-2 所示，货物的运输费用为 8 元/(t·km)。

表 2-2　4 个零售点的坐标和物流需求

零售点	需求量/t	横坐标/km	纵坐标/km
1	8	6	5
2	5	8	9
3	9	12	10
4	4	10	7

假设两点间的距离以两点间的直线距离计算，请为这 4 个零售点寻找一个最优的供货中心位置。

5. 考虑一个简单的旅行商问题。假设现在有四个城市 0、1、2、3，它们之间的旅行成本如图 2-4 所示。比如，城市 0 赴城市 1 的旅行成本为 2、返回成本为 6。现在要从城市 0 出发，最后又回到 0，其间城市 1～城市 3 都必须并且只能经过一次，请找出使得总旅行成本最小的行驶路径回路。若同时考虑 20 个城市间的旅行，共有多少种可能的行驶路径？

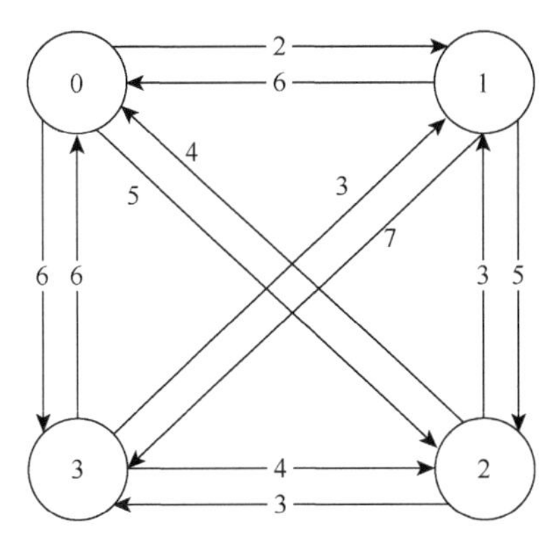

图 2-4　城市间旅行成本示意图

6. 某装配线上生产某产品的工序顺序及各工序作业时间如表 2-3 所示，总作业时间为 8.9 天。

表 2-3　某装配线工序顺序及单位工序作业时间表

工序编号	作业时间/天	紧前工序
A	0.5	—
B	1.4	A
C	1.0	A
D	0.9	A
E	0.6	B，C
F	0.8	D
G	0.4	E
H	0.4	G
I	0.7	F
J	0.6	I，E
K	1.0	H，J
L	0.6	K

假设每天工作 8 小时，午间停机 30 分钟休息，生产目标为 10 件/天。请回答如下问题：

（1）画出该产品的装配顺序图；

（2）计算所需要的最小工作站数量；

（3）给出最小工作站数量下的装配线平衡方案。

第3章　禁忌搜索算法

禁忌搜索是由Glover借鉴人的思维和记忆机制，在1986年提出的一类智能优化算法，是对局部邻域搜索算法的一种扩展，可用于解决各种各样的组合优化问题[44]。禁忌搜索的基本原则，是在搜索过程中允许非改进的移动，并使用禁忌表记录最近的搜索历史，通过禁忌表的记忆功能防止程序循环回到以前访问过的解[45]。

3.1　禁忌搜索算法的提出

禁忌搜索是基于局部搜索算法而提出的随机搜索算法。在介绍禁忌搜索算法之前，先简要介绍启发式算法。

3.1.1　启发式算法

启发式算法是一类基于直觉或经验而构造的算法，其能在可接受的计算时间和空间范围内，给出待解决优化问题的一个可行解，该可行解与最优解的偏离程度一般难以被评估。典型的启发式算法包括试错法、排除法、局部搜索算法等。在现实世界中，存在着各种精确算法难以解决的复杂优化问题，特别是非确定性多项式困难（NP-hard）问题[45]。这类问题的求解，常常需要使用启发式算法或智能优化算法。

局部搜索算法是一类启发式算法，常被用于求解计算复杂的优化问题。通过一个迭代搜索过程，该算法从一个初始可行解开始，通过一系列的局部修改（或移动）对当前解进行逐步改进。每次迭代中，都会从当前解搜索并移动到一个改进的可行解。如果在搜索过程中移动到某局部最优解，由于其邻域没有更好的解，搜索过程陷入局部最优，算法终止。从当前解搜索并移动到一个新的可行解的过程，通常由邻域搜索算子实现。对于组合优化问题，常见的邻域搜索算子包括互换、插入、移动、2-opt等。给定一个由序列构成的当前解$\text{sol}=(s_1,s_2,\cdots,s_N)$，这四个算子可简单定义如下。

互换算子：随机选取当前解序列中的两个元素位置i和k，对这两个位置上的值进行交换并得到新解。

插入算子：随机选取当前解序列中的一个插入点以及一段元素序列，将该完整序列分割为四部分：$(S_1\,|\,S_2\ \boxed{S_3}\ S_4)$，其中每个$S_i(i=1,2,3,4)$都代表一段元素序列，$S_3$为插入序列，插入算子通过将$S_3$插入到$S_1$与$S_2$之间，产生的新解序列为$(S_1\ S_3\ S_2\ S_4)$。

移动算子：随机选取当前解序列中的一个元素位置i及其后（前）面的元素j，将其位置i的元素插入到位置j之后，其他元素依次前（后）移以构成新解。

2-opt算子：也称为2-exchange算子。2-opt算子随机选取当前解序列中的两个元素位

置 i 和 k，将 i 之前及 k 之后的元素不变地添加到新解 sol 中，将 i 到 k 之间（含 i，k）的元素翻转其顺序后添加到新解中。

在局部搜索算法中，上述邻域搜索算子可以组合使用，构成更有效的搜索移动机制。局部搜索算法易于理解、易于实现，而且具有很好的通用性。然而，利用局部搜索算法求解特定的优化问题，其最终解的质量和计算时间通常高度依赖于算法迭代过程中的初始解及所考虑的变换（移动）集合的丰富性与有效性。若初始解和移动机制设置不合适，算法在搜索过程中极易陷入局部最优值。

3.1.2　禁忌搜索算法的基本思路

局部搜索算法易陷入局部最优，如何对其进行改进，提出性能更好的算法，吸引了优化领域的很多学者。1986 年，Glover 在局部搜索算法的基础上，通过考虑和借鉴人的思维与记忆机制，对局部搜索算法进行了扩展，提出了禁忌搜索算法[44]，在一定程度上克服了局部最优的问题。禁忌搜索算法的基本原则是在遇到局部最优时，通过允许非改进的移动来继续实现局部搜索。

具体来说，禁忌搜索算法借鉴人的思维和记忆机制，在搜索过程中，对已搜索过的地方不再立即进行重新搜索，而是去搜索其他尚未搜索的地方；若没有找到，可再次搜索已搜索过的地方。禁忌搜索算法从一个初始可行解出发，选择一系列的特定移动（搜索）方向作为候选移动，并从中选择使得目标函数值最优的移动。禁忌搜索算法通过建立禁忌表（一个特定长度的列表）来模拟类似于人类记忆的机制，即将新进行的解的移动，记录并放入禁忌表顶部，保持为最新的记忆，而将更早的解信息从禁忌表的顶部向底部方向逐步移动，直到移出禁忌表，这个过程可以理解为记忆的逐渐淡化。禁忌表中保存了最近若干次迭代过程中所实现的解的移动信息，凡是处于禁忌表中的移动（称为禁忌移动或禁忌对象），在当前迭代过程中是不被允许的，这样可以避免算法重复访问在最近迭代过程中已经访问过的解，从而防止多余的循环移动，有助于提高搜索效率。另外，为了提高搜索过程的多样性，禁忌搜索算法还采用了被称为赦免准则（或藐视准则）的策略，来赦免一些被禁忌但有望产生更好的解的移动，进而提高寻优性能。

3.2　基本禁忌搜索算法

3.2.1　禁忌搜索算法的主要元素

1. *移动与邻域*

移动是按照特定的搜索方向在解空间进行搜索，即从当前解移动到新解的过程。按照某种移动策略，从当前解可以进行的所有移动构成了当前解的邻域。移动与邻域一起构成了禁忌搜索算法的邻域结构，它是保证搜索产生优良解和影响算法搜索速度的重要因素之一。邻域结构的设计通常与问题相关。邻域结构的设计方法很多，对不同的问题应采用不同的邻域结构设计。邻域搜索算子的不同将导致邻域和邻域解个数不同，影响搜索质量和效率。

通过移动，目标函数值将发生变化，移动前后的目标函数值之差，称为移动差值。对于最小化问题，如果移动差值是非负值，则称此移动为改进移动；否则，称为非改进移动。最好的移动不一定是改进移动，也可能是非改进移动，因此在搜索陷入局部最优时，禁忌搜索算法有可能跳出局部最优。

2. 候选解选择

候选解的选择指的是从当前解的邻域中选择一个比较好的解作为下一次迭代的当前解。通常需要根据问题的性质和目标函数的形式，在候选解集中选择一个相对更好的解。候选解集的构成方式对搜索速度与性能具有很大的影响。两种常见的候选解集构成方式如下。

（1）候选解集为整个邻域。对于这种候选解集，候选解的选择就是从整个邻域中选择一个最佳的解作为下一次迭代的初始解。这种策略择优效果好，相当于选择了邻域中的最佳寻优方向，但是由于要对整个邻域进行评估，计算时间比较长，尤其对于大规模的问题，这种策略往往无法实现。

（2）候选解集为邻域的真子集。这种策略虽然不一定能得到邻域中的最优解，但是可以节省大量的计算成本。

3. 禁忌

禁忌是禁忌搜索算法的独特元素之一，禁忌搜索算法通过禁忌来防止搜索过程重复最近几次的移动。例如，对于旅行商问题，如果旅行商的路径 R_1 通过局部变化（移动）改变为另一个路径 R_2，那么路径 R_2 变化为路径 R_1 的移动，可称为一个禁忌。禁忌可以使得当前搜索远离搜索空间中最近访问（搜索）过的部分，从而使得搜索方向更加多样化。

4. 禁忌表

禁忌表是用于存放禁忌的一个列表。它通常记录最近发生的若干次移动，并在一定迭代次数之内禁止再次被访问；过了一定次数之后，这些移动被从禁忌表中移出，又可以重新被访问。

5. 禁忌对象

禁忌对象是指放入禁忌表中的那些反映禁忌的元素，禁忌对象的选择十分灵活，可以是最近访问的点、解、解的变化以及目标值等。

6. 禁忌长度

禁忌长度即禁忌表可存放的禁忌数，是禁忌对象不允许被选取的最大迭代次数。在算法的设计和构造过程中，一般要求计算量和存储量尽量小，这就要求禁忌长度尽量小。但是，禁忌长度过小可能会造成搜索的循环。禁忌长度的选取与问题特征相关，在很大程度上决定了算法的计算复杂性。禁忌长度可以是一个固定常数或者是一个与问题规模相关的量，也可以是动态变化的量。比如，根据搜索性能和问题特征设定禁忌长度的变化区间，禁忌长度可按某种规则或公式在该区间内变化。静态的设定易于实现，好的动态设定有利于提高搜索效率。

7. 赦免准则

在禁忌搜索算法中，可能会出现当前解的邻域候选解全部被禁忌，或者存在一个优于当前最佳解的禁忌候选解。此时，需要利用赦免准则将某些禁忌对象解禁，以实现更好的优化性能。赦免准则的常用方式如下。

（1）基于目标值的原则：某个禁忌候选解的目标值优于当前最佳解，则解禁此候选解，作为当前解和新的当前最佳解。

（2）基于搜索方向的准则：若禁忌对象上次被禁忌时使得目标值有所改善，并且目前该禁忌对象对应的候选解的目标值优于当前解，则解禁该禁忌对象。

8. 终止准则

理论上，除非事先知道待解决问题的最优解，禁忌搜索等智能优化算法在搜索过程中很难知道算法是否得到最优解，搜索可以永远持续下去。终止准则（或称终止条件）被用来定义智能优化算法的搜索过程何时终止。常用的终止准则如下。

（1）搜索过程经历某给定次数的迭代（或固定的运行时间）后，终止搜索。

（2）目标函数值在一定次数的连续迭代中没有改进，终止搜索。

（3）当目标函数值达到预先指定的阈值时，终止搜索。

在复杂的禁忌搜索方案中，搜索通常在完成一系列阶段后停止，每个阶段的持续代数（时间）由上述准则之一确定。

3.2.2 基本禁忌搜索算法的算法流程

基本禁忌搜索算法的算法流程如图 3-1 所示。

其算法步骤可描述如下。

步骤 1：给定禁忌搜索算法参数，随机产生初始解作为当前解与当前最佳解，置禁忌表为空。

步骤 2：判断是否满足终止条件：若是，则转步骤 7；否则继续步骤 3。

步骤 3：利用合适的邻域搜索算子产生当前解的若干邻域解，并从中确定若干候选解。

步骤 4：判断候选解是否满足赦免准则：若满足，转步骤 6；否则，转步骤 5。

步骤 5：判断候选解对应的各对象的禁忌属性，选择候选解集中非禁忌对象对应的最佳解为新的当前解，同时用与之对应的禁忌对象替换最早进入禁忌表的禁忌对象。如果新的当前解的性能优于当前最佳解，则用其替换当前最佳解。然后转步骤 2，判断算法是否终止。

步骤 6：用满足赦免准则的最优解替代当前解成为新的当前解，并用与该最佳解对应的禁忌对象替换最早进入禁忌表的禁忌对象。如果新的当前解的性能优于当前最佳解，则用其替换当前最佳解。然后转步骤2，判断算法是否终止。

步骤7：输出当前最佳解及优化过程中的相关参数，结束算法。

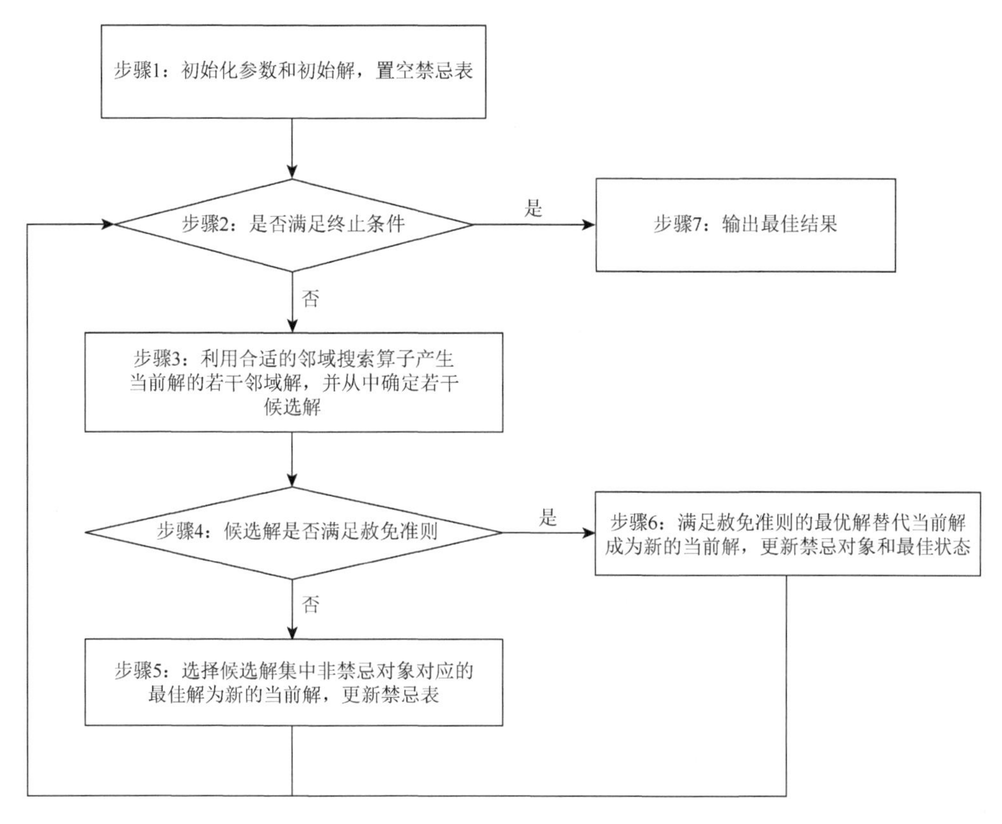

图3-1 基本禁忌搜索算法的算法流程

3.2.3 基本禁忌搜索算法的特点

区别于传统的局部搜索算法，禁忌搜索算法的主要特点如下。

（1）由于禁忌搜索具有灵活的记忆功能和赦免准则，并且在搜索过程中可以接受较劣解，因此禁忌搜索算法搜索时可能跳出局部最优解，转向解空间的其他区域，从而增加获得更好的全局最优解的概率，具有较强的寻优能力。

（2）禁忌搜索算法的新解并非从当前解的邻域中随机产生，其或是优于当前最佳解，或是非禁忌的最佳解，因此，选取优良解的概率远远大于其他解。

（3）通过构造合适的邻域结构，禁忌搜索算法具有较好的集中性搜索能力，可在当前解的邻域做充分的搜索。

禁忌搜索算法也存在自身的局限性，在以下方面可进一步改进。

（1）对初始解有较强的依赖性，好的初始解可使禁忌搜索算法在解空间中搜索到好的解，而较差的初始解则会降低禁忌搜索的收敛速度。

（2）迭代搜索过程是串行的，仅是单一解的移动，而非多个解的并行搜索。

（3）禁忌搜索算法具有很好的集中性搜索能力，但多样化搜索能力不足。良好的多样化搜索能力有助于拓宽搜索区域，跳出局部最优。

3.3 禁忌搜索算法的改进

基本禁忌搜索算法具有比传统的局部搜索算法更好的寻优性能。但是，对于大部分复杂的优化问题，其往往易陷入局部最优而难以获得最优或近优解。为了解决此问题，前人在基本禁忌搜索算法中引入了其他的算法组件，用以提升算法的寻优性能。

3.3.1 集中性搜索

集中性搜索的思想是，试图更彻底地探索搜索空间中可能“更有前途的”部分，确保以更高的效率找到最优解。

集中性搜索策略用于加强对当前搜索到的优良解的邻域做进一步更为充分的搜索，以期望能找到全局最优解。该搜索可以在一定步数的迭代后基于当前最佳解重新进行初始化，并对其邻域进行再次搜索。其原理在于，在大多数情况下，重新初始化后的邻域空间与上一次的邻域空间是不一样的，也有一部分邻域空间可能是重叠的。

在许多禁忌搜索算法的实现中都使用了集中性搜索，但有些时候它并不是必要手段。在许多情况下，正常搜索过程执行的搜索已经足够彻底，因此没有必要花更多时间（集中性搜索往往会增加搜索时间）更仔细地探索已经访问过的搜索空间部分。

3.3.2 多样化搜索

禁忌搜索等基于局部搜索的算法，都存在一个问题，即尽管存在禁忌因素，但它们仍然往往过分拘泥于“局部性”。这个问题造成的结果是，尽管算法可以获得较好的解，但也可能永远无法探索搜索空间中最有用的部分，因此最终得到的解与最优解相差太大。多样化是一种算法机制，它通过强制搜索以前未探索的搜索空间区域来减轻上述问题所带来的负面影响。特别是，当搜索陷于局部最优时，多样化搜索可改变搜索的方向，跳出局部最优，从而实现全局优化。

目前主要有两种多样化搜索技术。第一种为重新启动多样化，包括强制当前解（或最佳解）重新初始化并从该点重新开始搜索。第二种为持续多样化，即将多样化直接应用于常规搜索过程中。通过向目标添加一个与分量频率相关的小项来偏置可能移动的评价，可以实现持续多样化。关于这两种技术的更多讨论，可参考文献[46]。

3.3.3 允许不可行解

问题中的约束有时会过多地限制搜索过程，因此只能得到较差的解。例如，在带容量约束的车辆路径问题中，若时间限制太紧，产生的新解很可能违反该时间约束而不可行。在这种情况下，放松约束可以创建一个更大的搜索空间，并可以用“更简单的”邻域结构来探索解空间。可以通过从搜索空间中删除选定的约束，并对违反约束增加加权惩罚来实现约束放松。然而，问题在于如何为违反约束设置合理的权重。规避这个问题的一个方法是使用自适应惩罚权重，也就是说，权重可以根据最近的搜索历史动态调整：如果在最近的几次迭代中只遇到了不可行的解，权重就会增加；如果所有最近的解都可行，权重就会减少。惩罚权重也可以被系统地修改，从而使搜索可以跨越搜索空间的可行性边界，这一动态调整权重的技术，称为策略性震荡（strategic oscillation），有助于增加搜索过程解的多样性。策略性震荡于 1977 年由 Glover 提出[47]，并被成功引入禁忌搜索算法。

3.3.4　代理与辅助目标

对于有些问题，评估其真实目标函数的计算成本可能非常高，因此对每个移动的性能进行评估也可能会令人望而却步。处理此类问题的一种有效方法是使用代理目标进行评估。代理目标指的是与真实目标相关但计算要求较低的函数。用代理目标对一组候选解进行评估后，再筛选出一组更有希望的解，用真正的目标函数对这一组候选解进行计算，并挑选最好的候选解作为新的当前解。

目标函数可能无法提供足够的信息来有效地将搜索驱动到搜索空间中“更有前途”的区域。以一个带容量约束的车辆路径问题的变体为例，假定需要考虑的车队规模不是固定的，而是需要被求解的目标之一，即需要找到允许可行解的最小车队规模。那么往往会出现所有允许的移动产生相同数量车辆的解的情况。在这种情况下，可以设定一个辅助目标函数，使用某种方式来衡量解决方案的理想属性，从而使搜索变得更为有效[45]。值得注意的是，提出一个有效的辅助目标并不容易，可能需要经历一个反复试错的过程。

3.4　应用案例

禁忌搜索算法最早是为了求解组合优化问题而提出的，广泛应用于旅行商问题、车辆路径问题、作业车间调度问题、项目调度问题、0-1 背包问题等组合领域。

本节以旅行商问题为例，给出禁忌搜索的具体应用实例。

3.4.1　问题描述

一个旅行商需要访问我国 31 个城市，在访问每个城市一次后，最终回到初始出发的城市。已知这些城市的经纬度坐标和相互之间的距离，需要为旅行商选择合适的旅行路径，使得该路径的总里程为所有候选路径之中的最小值。31 个城市的经纬度坐标如表 3-1 所示，任意两个城市之间的距离定义为两个城市之间的欧氏距离。

表 3-1　31 个城市的经纬度坐标

城市编号	北纬坐标	东经坐标
1	39.55	116.24
2	31.14	121.29
3	39.02	117.12
4	29.59	106.54
5	45.44	126.36
6	43.54	125.19
7	41.48	123.25
8	40.48	111.41
9	38.02	114.30
10	37.54	112.33
11	36.40	117.00
12	34.46	113.40
13	34.17	108.57
14	36.04	103.51
15	38.27	106.16
16	36.38	101.48
17	43.45	87.36
18	31.52	117.17
19	32.03	118.46
20	30.16	120.10
21	28.12	112.59
22	28.40	115.55
23	30.35	114.17
24	30.40	104.04
25	26.35	106.42
26	26.05	119.18
27	23.08	113.14
28	20.02	110.20
29	22.48	108.19
30	25.04	102.42
31	29.39	91.08

3.4.2　算法设计与实现

针对上述问题的禁忌搜索算法过程如下。

步骤 1：参数与解的初始化。置空禁忌表，设置禁忌长度为 10；设置候选集个数

N 为 100，最大迭代次数为 1000，计算任意两个城市的距离间隔矩阵 D，随机产生一个由数值 1～31（代表城市编号）组成的序列作为初始解 S_0，并将其作为当前解与当前最佳解。

步骤 2：判断是否满足终止条件。若是，则转步骤 7；否则继续步骤 3。

步骤 3：使用互换算子从当前解的邻域中产生 N 个邻域解。计算这些邻域解的目标值，并作为候选解。

步骤 4：判断候选解是否满足赦免准则：若满足，转步骤 6；否则，转步骤 5。

步骤 5：判断候选解对应的各对象的禁忌属性，选择候选解集中非禁忌对象对应的最佳解为新的当前解，同时更新禁忌表。如果新的当前解的性能优于当前最佳解，则用其替换当前最佳解。然后转步骤 2，判断是否满足终止条件。

步骤 6：用满足赦免准则的最佳解替代当前解成为新的当前解，并更新禁忌表。如果新的当前解的性能优于当前最佳解，则用其替换当前最佳解。然后转步骤 2，判断是否满足终止条件。

步骤 7：输出当前最佳解及优化过程中的相关参数，结束算法。

3.4.3　结果

经多次实验后，得到该旅行商问题的解（旅行路径），如图 3-2 所示。其对 31 个城市的旅行路径为：

1→3→5→6→7→11→12→13→24→4→21→22→23→18→19→2→20→26→27→28→29→25→30→31→17→16→14→15→8→10→9→1。

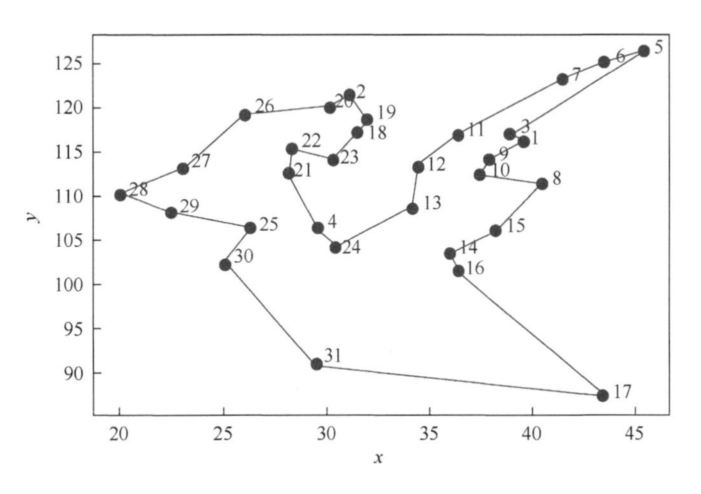

图 3-2　旅行商问题的最终路径

该路径的总里程为 15073km。

最终路径里程随算法迭代次数的变化情况如图 3-3 所示。

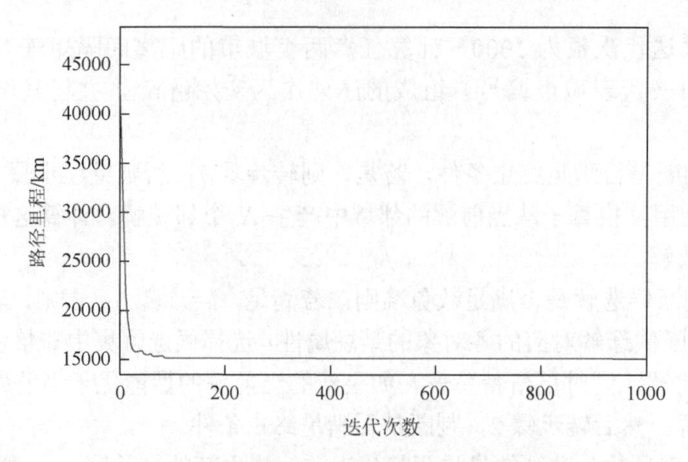

图 3-3　最终路径里程随算法迭代次数的变化情况

3.5　本 章 小 结

本章主要介绍了基本禁忌搜索算法及其常见的算法改进，包括集中性搜索、多样化搜索、允许不可行解以及代理与辅助目标。这些改进方式，也可应用于其他智能算法中。最后，本章介绍了利用基本禁忌搜索算法求解一个旅行商问题的应用案例。除了 3.3 节所述的算法改进，还有各种类型的禁忌搜索算法变种被提出，例如，同时利用集中性搜索与多样化搜索的自适应策略、基于 LSTM 网络的禁忌搜索、可变禁忌长度的禁忌搜索等。另外，也有各种不同的邻域搜索算子被提出。对于不同的优化问题，往往需要有针对性地构建和选择合适的邻域搜索算子和算法改进形式。想了解禁忌搜索算法及其应用的更多信息，可参考相关文献[48, 49]。

➢习题

1. 请简述禁忌搜索算法的设计原理及其与局部搜索算法的区别。

2. 请简述集中性搜索与多样化搜索的差异。

3. 请简述 3.1.1 节提到的几个邻域搜索算子所适用的优化问题类型。

4. 请列举 5 个适用于旅行商问题的邻域搜索算子。

5. 给定某初始解[3, 2, 1, 4]，假设禁忌长度为 2，请利用 3.2.2 节的基本禁忌搜索算法求解如下单机调度问题，并给出经过 5 次迭代的算法过程和最终解。

某单机调度问题需要加工 4 个工件，其加工时间分别为 8、10、12、6，交期分别为 6、5、10、18，权重分别为 10、15、8、1，请求出使得加权拖期和最小的加工顺序。

6. 某背包问题简述如下：给定 m 个背包，背包 i $(i=1,2,\cdots,m)$ 的最大容量为 b_i。现将 n 种物品装入背包，第 j $(j=1,2,\cdots,n)$ 种物品占用背包 i 的空间大小为 a_{ij}、收益为 c_{ij}，需要找出背包装载收益最大的方案。请设计一个求解该问题的禁忌搜索算法，并清晰描述解的表达、邻域定义和算法步骤。

第 4 章　模拟退火算法

模拟退火算法的思想最早由 Metropolis 等在 1953 年提出[50]，直到 1983 年才被 Kirkpatrick 等成功引入到求解组合优化问题中[51]。与禁忌搜索算法类似，模拟退火算法也是局部搜索算法的扩展。与局部搜索算法不同，模拟退火算法不要求每次产生的新解质量都有提高，而是使局部最优解能以一定概率跳出并最终趋于全局最优。

4.1　模拟退火算法的提出

4.1.1　物理退火过程

模拟退火算法受金属退火的原理启发而提出。退火是一种金属热处理工艺，指的是将金属加热到高于再结晶温度的一定温度，保持足够时间，然后以合适的速度缓慢冷却，以达到降低金属硬度与残余应力、增强延展性、消除组织缺陷等目的。其主要涉及升温过程、等温过程和降温过程三个阶段。

（1）升温过程。根据热力学原理，随着温度的升高，金属内部应力的释放速度加快。在一定的高温下，原子彼此之间处于相对自由的状态而做大幅度无序运动，晶体内部缺陷（如晶格空位）会移动恢复到正常晶格位置，同时内部应力场也会跟着消失，金属内部系统达到高温时的平衡态。

（2）等温过程。物理退火过程中，金属内部系统在每一个温度下达到平衡态的过程可以用封闭系统的等温过程来描述。等温过程可以保证系统在每个特定温度下都可以达到平衡态，最终达到固体的基态（即零开时能量最低且有序的固体状态）。对于与周围环境交换热量而温度保持不变的封闭系统，系统状态的自发变化总是朝着自由能减少的方向进行。当自由能达到最小值时，系统达到平衡态。

（3）降温过程。随着金属慢慢冷却，系统中原子的热运动程度减弱，并逐渐趋向有序状态。当温度降低至结晶温度时，原子运动变为围绕晶体格点的微小振动，大量原子常常能够自行排列成行，形成稳定的晶态。在冷却过程中，系统熵值也在不断减小，最后在常温时达到标准态，内能减为最小。

实际上，如果金属从高温被迅速冷却，它不会达到最低能量状态，而只能达到一种只有较高能量的多晶体状态或非结晶状态。因此，退火过程的关键点在于要缓慢地冷却，以争取足够的时间，让大量原子有机会进行重新分布，确保系统达到稳定的低能量状态。

4.1.2　模拟退火算法原理

如上所述，物理退火过程中，先将金属加热至充分高的温度，再缓慢冷却，加热时，固体内部粒子热运动不断增强，运动状态趋于无序，内能增大；缓慢降温时，热运动逐渐减弱，运动状态渐趋有序，系统在每个温度下都达到平衡态；最后在常温时达到标准态，内能减为最小。物理退火过程，实际上是在缓慢降温的过程中，寻找使得系统内能最低的系统内原子状态的过程。

若将系统内能类比为优化问题的目标函数，将系统内原子状态类比为优化问题的候选解，将温度设定为优化算法的控制参数，将等温过程中寻找平衡态的过程类比为解的搜索过程。随着温度的下降，寻找系统内能最小的原子状态的过程，可以类比为寻找全局最优解的迭代过程。表 4-1 给出了物理退火过程与模拟退火算法过程的类比关系。

表 4-1　物理退火过程与模拟退火算法过程的类比关系

物理退火过程	模拟退火算法过程
系统内能	目标函数
系统内原子状态	优化问题的候选解
系统内能最小的原子状态	全局最优解
温度	控制参数
升温过程	设定初始高温
等温过程	解的搜索过程
降温过程	控制参数下降

在模拟退火算法的搜索过程中，可以设定在高温情况下，系统处于任意能量状态的概率接近，允许算法在候选解空间内广泛搜索；在低温情况下，系统处于低能量状态的概率逐步增加，算法可以在部分高质量解区域进行重点搜索，提高搜索效率。当温度趋向 0 时，系统将无限接近最小能量状态，其中处于其他能量状态的概率将趋于 0，系统最终以概率 1 处于具有最小能量的标准态，模拟退火算法无限接近全局最优解。

4.2　基本模拟退火算法

4.2.1　退火过程的数学描述

假设热力学系统 S 有 m 个离散的状态，$\overline{E}$ 为系统能量的一个随机量；E_i 为状态 i 的系统能量，设在温度 T 下系统达到热平衡，此时系统处于状态 i 的概率满足玻尔兹曼（Boltzmann）分布：

$$P\left\{\overline{E}=E_i\right\}=\frac{1}{Z(T)}\exp\left(-\frac{E_i}{K_BT}\right) \tag{4-1}$$

其中，$Z(T)$ 为概率分布的归一化因子，定义为 $Z(T)=\sum_{i=1}^{m}\exp\left(-\frac{E_i}{K_B T}\right)$；$K_B>0$ 为玻尔兹曼常数；$\exp\left(-\frac{E_i}{K_B T}\right)$ 为玻尔兹曼因子[52]。

当在同一个温度 T 下，存在两个不同的能量状态 E_1 和 E_2 时，如果 $E_1<E_2$，则根据公式（4-1）可以得到

$$P\{\overline{E}=E_1\}-P\{\overline{E}=E_2\}=\frac{1}{Z(T)}\exp\left(\frac{-E_1}{K_B T}\right)\left[1-\exp\left(-\frac{E_2-E_1}{K_B T}\right)\right] \tag{4-2}$$

根据公式（4-2），由于 $E_1<E_2$，$\exp\left(-\frac{E_2-E_1}{K_B T}\right)<1$，即 $P\{\overline{E}=E_1\}>P\{\overline{E}=E_2\}$。可见，在任何温度 T 下，系统处于能量低的状态概率大于处于能量高的状态概率。同时，在温度足够高的情况下，$P\{\overline{E}=E_1\}-P\{\overline{E}=E_2\}$ 的值将逐渐趋向于 0；其表明，系统任意能量状态在高温情况下的概率基本相同，即接近 $1/m$。随着温度降低，玻尔兹曼分布集中在能量最低的状态，最后当温度趋向零时，最低能量状态出现的概率也将趋于 1。

金属在固定温度 T 下的热平衡演变过程可以用蒙特卡罗方法模拟，该方法较简单，但需要通过大量采样才能得到比较理想的结果，且计算量很大。因此，Metropolis 等[50]在 1953 年提出了重要性采样法，即 Metropolis 准则，其以概率决定是否接受新状态。在模拟退火算法中，该准则体现在以一定概率接受较差的系统状态，可减少计算量，且从理论上可趋于实现全局搜索，避免搜索过程陷入局部最优。

令 E_i 和 E_j 分别表示当前状态 i 和新状态 j 的能量。在温度 T 下，Metropolis 准则接受新状态的过程可具体表示为：若 $E_j<E_i$，则系统接受此状态；若 $E_j>E_i$，则要根据此时系统处于状态 j 的概率 p_j 进一步判断是否可以接受。令 $\Delta E=E_j-E_i$，概率 p_j 可表示为

$$P(i\to j)=\exp\left(\frac{-(E_j-E_i)}{K_B T}\right)=\exp\left(-\frac{\Delta E}{K_B T}\right) \tag{4-3}$$

从式（4-3）可以看到，基于 Metropolis 准则采样，高温下可接受与当前状态能量差较大的新状态；但在低温下只能接受与当前能量差较小的新状态。当温度趋于零时，系统不能接受比当前状态能量高的新状态。这种接受机制符合不同温度下热运动产生的影响规律，其计算量相对蒙特卡罗方法要显著减少。

上述数学描述可有效反映物理系统在高温条件下各能量状态概率相近、温度越低能量越低、等温过程向平衡态转移的规律。假设模拟退火算法的起始点是在某特定的初始高温 T_0，那么如何根据退火过程展示的热力学原理构建模拟退火算法，使其在温度下降与等温过程中，在解空间内进行候选解的搜索。

4.2.2　基本模拟退火算法流程

模拟退火算法的基本思路可表述为：给定一个初始温度和初始解，在模拟退火缓慢

降温的过程中，根据 Metropolis 准则，在搜索空间内不断搜索候选解，并最终找到全局最优解。其中，温度是 Metropolis 准则中的一个重要控制参数，温度控制了搜索过程向最优解移动的快慢，通过控制改变温度的值，实现基于 Metropolis 准则的重复抽样过程。以最小化问题为例，基本模拟退火算法的流程图如图 4-1 所示。

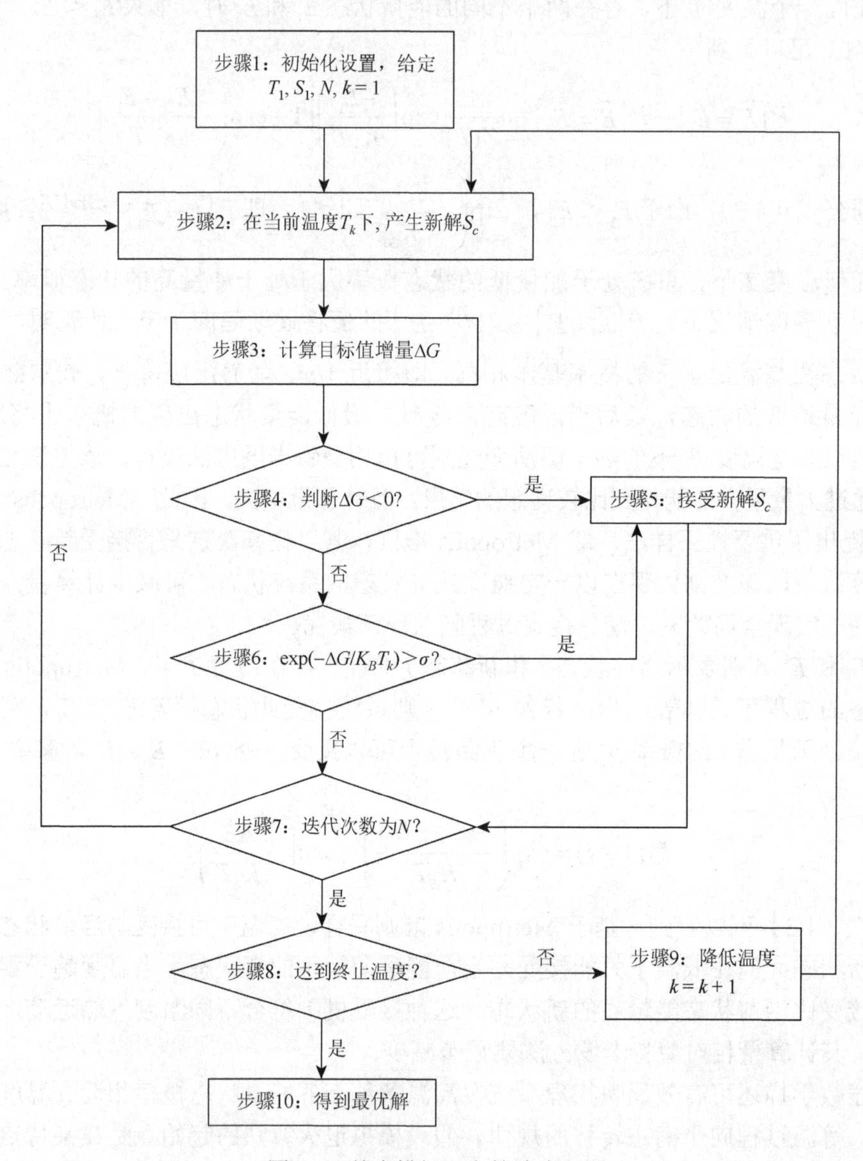

图 4-1 基本模拟退火算法流程图

基本模拟退火算法的实现流程可描述如下。

步骤 1：进行初始化设置，包括当前温度的初始值 T_1（充分大）、$k=1$、随机生成的初始解状态 S_1（算法迭代的起点）以及在每个温度 T_k 下的重复搜索次数 N。

步骤 2：在当前温度 T_k 下，利用某邻域搜索算子在当前解 S_k 的邻域内搜索一个新

解 $S_c \in N(S_k)$。

步骤 3：计算新解导致的目标值增量 $\Delta G = G(S_c) - G(S_k)$。

步骤 4：判断 $\Delta G < 0$ 是否成立。若是，转步骤 5，否则转步骤 6。

步骤 5：接受新解 S_c，将其作为下一次迭代的当前解，转步骤 7。

步骤 6：取随机数 $\sigma \in [0,1]$，并判断概率 $\exp\left(-\dfrac{\Delta G}{K_B T_k}\right) > \sigma$ 是否成立。若是，转步骤 5，否则转步骤 7。

步骤 7：判断重复搜索次数 $U = N$ 是否成立。若是，转步骤 8，否则转步骤 2。

步骤 8：判断是否满足终止条件；若是，转步骤 10，否则转步骤 9。

步骤 9：按照 $T_{k+1} = \alpha \cdot T_k$ 的退温规则（α 为温度衰减速率，即（0, 1）的常数），降低当前温度值，设置 $k = k+1$，转步骤 2。

步骤 10：输出当前最佳解，算法终止。

4.2.3　模拟退火算法的特点

算法计算过程简单通用，鲁棒性强，适用范围广，可用于求解复杂的非线性优化问题。最重要的是，模拟退火算法的搜索策略可有效解决搜索过程中陷入局部最优解的问题。与传统的局部搜索算法相比，模拟退火算法所具备的特点主要体现在以下几个方面。

（1）具备较好的全局搜索能力。模拟退火算法在全局搜索过程中能以一定的概率接受目标函数值较差的状态，即算法不但可以往好的方向走也可以往差的方向走，因此算法即使落入局部最优的困境中，理论上经过足够长的时间也能跳出局部最优解。而且在迭代过程中，各新状态随机产生，同时不强求新状态一定优于当前状态，对新状态的接受概率会随着温度慢慢下降而逐渐减小。许多传统优化算法的搜索方向往往确定性较强，搜索点之间完全根据确定好的转移方法和转移关系转移，从而造成最终解远离全局最优。模拟退火算法则借助一定概率跳出局部最优，实现全局搜索，使整个寻优过程更加灵活高效。

（2）引入算法控制参数。模拟退火算法引入了类似物理过程中退火温度的算法控制参数，该参数对算法整个优化过程起到决定作用。模拟退火算法优化过程包括两个重要步骤：一是在每个控制参数下，由前一个状态点出发，产生邻近的新状态，由确定的 Metropolis 准则判断新状态被接受还是舍弃，并由此形成具备一定长度的随机状态链；二是缓慢降低控制参数，直至控制参数趋于零，状态链处于问题的最优状态时最稳定，从而提高了模拟退火算法寻优过程的可靠性[53]。

（3）不过度依附于目标函数。传统搜索算法在确定搜索方向的过程中，不仅用到目标函数值，还会用到目标函数的导数值等部分辅助信息，因此，当这些辅助信息不存在时，算法就会失效。模拟退火算法不需要这些辅助信息，仅仅通过定义邻域结构，用目标函数对在邻域结构内随机选取的相邻解评估即可。

4.3　模拟退火算法的改进

随着优化问题规模和复杂性的提高，传统的模拟退火算法往往难以满足有效求解。一些学者对模拟退火算法进行了深入研究，从不同角度进行了改进，进一步提升了算法性能。下面简要介绍两类常见的改进方法。

4.3.1　加温退火算法

传统模拟退火算法的关键难点在于，控制参数 T 的初始值 T_1 难以确定，而加温退火算法通过在传统的模拟退火算法中引入加温过程，达到根据算法自身运行选取合适的初始温度与初始解的改进效果。以最小化问题为例，加温退火算法流程图如图 4-2 所示。

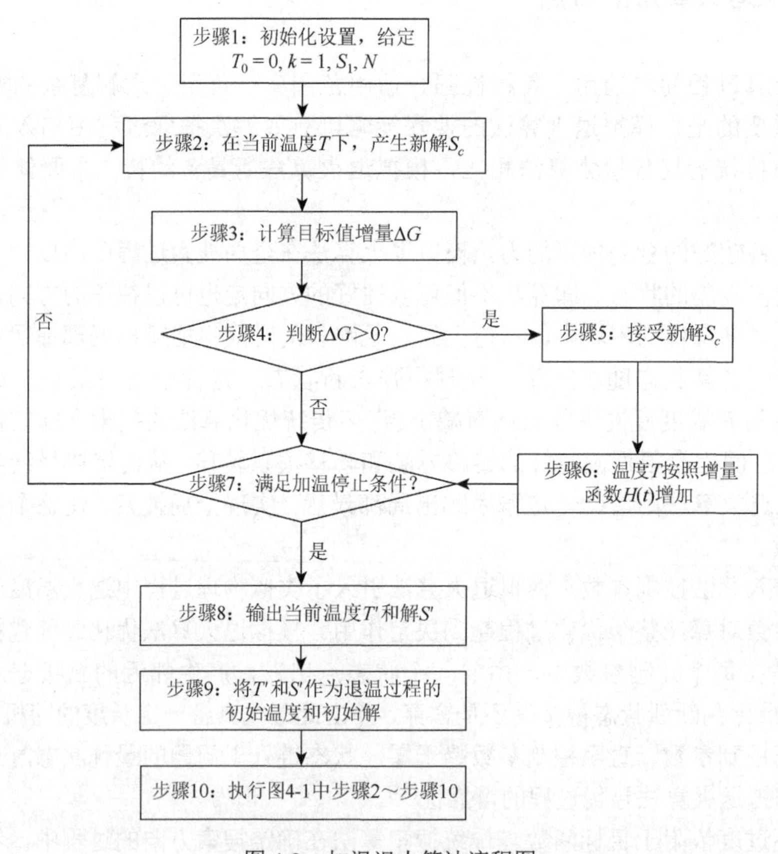

图 4-2　加温退火算法流程图

与图 4-1 所示的基本模拟退火算法相比，加温退火算法主要是在退火过程之前增加了一个加温过程，即图 4-2 的步骤 2～步骤 9。其中，步骤 2～步骤 5 与图 4-1 的对应步骤类似。先令步骤 1 中$T_0 = 0$，执行步骤 2 后，判断新解S_c目标函数值是否增大，当且仅当差值$\Delta G > 0$（表明升温导致系统能量增加、解性能变差）时接受新解，同时令温度 T 按照增量函数 H（t）增加，增量函数可定义为$H(t) = t + \Delta t$，其中Δt称为t的增量。加温过程重复循环多次，直至满足加温停止条件，输出所得温度T'和初始解S'。将T'和S'作为退温过程的初始温度和初始解，即$T_1 = T'$，$S_1 = S'$。然后执行图 4-1 基本模拟退火算法流程的步骤 2～步骤 10。

上述改进有助于提高算法运行效率，有效避免了基本模拟退火算法中由人工经验确定初始温度值可能导致的优化性能不佳等问题，使最终解的质量有所提高。

4.3.2　有记忆的模拟退火算法

基本模拟退火算法虽然能以一定概率接受新状态，实现从局部最优跳出并收敛到全局最优，但这样也会使当前状态可能比搜索过程中的某些中间状态更差，影响搜索效果。因此，为了不错过搜索过程中遇到的当前最佳解，提出一种带有记忆功能的模拟退火算法[54, 55]。

相对于基本模拟退火算法，有记忆的模拟退火算法在步骤 1 中增加一个记忆解 R 和一个记忆函数值 F。R 用于记忆当前遇到的最佳解，F 记忆解的目标函数值。开始时，令 R 和 F 分别等于初始解S_1及其目标函数值$G(S_1)$，R 中只有一个最佳解，$F = G(S_1)$；此后，每一次接受新解S_c时，就将该新解的目标函数值$G(S_c)$与 F 作比较，若$F > G(S_c)$，则令$F = G(S_c)$，同时将S_c存入 R 中。经过多次更新，在算法停止后，将所得的最佳解与 R 中保存记录的解对比，选出其中最好的解作为算法的最终解。这种改进算法可以提高解的质量，也可能降低算法效率。

4.4　应 用 案 例

模拟退火算法已广泛应用于解决各种组合优化问题，如旅行商问题、生产调度问题、装箱问题、0-1 背包问题、图着色问题等。本节将以一类经典的 NP-hard 问题——作业车间调度问题为例，介绍模拟退火算法求解组合优化问题的一个实现方案。

4.4.1　问题描述

以一个考虑 10 个工件和 10 台机器的经典作业车间调度问题（FT10/MT10）[56] 为例进行说明。本问题对应的机器约束矩阵和加工时间矩阵如表 4-2 所示。在机器约束矩阵中的 10 行数据表示工件 0～工件 9 按照其加工工序依次对应的机器编号。比如，第 1 行数据表示，工件 0 在各台机器上的加工顺序为：机器 0→机器 1→机器 2→机器 3→机器 4→机器 5→机器 6→机器 7→机器 8→机器 9，第 2 行数据表示工件 1 在各台机器上的加工顺序为：机器 0→机器 2→机器 4→机器 9→机器 3→机器 1→机器 6→机器 5→机器 7→机器 8。加工时间矩阵中的 10 行数据依次表示工件 0～工件 9 在各机器上加工所对应的加工时间。比如，第 2 行数据表示，工件 1 在机器 0 上的加工时间是 43，在机器 2 上的加工时间是 90，……，在机器 8 上的加工时间是 30。

表 4-2 机器约束矩阵和加工时间矩阵

工件编号	机器约束矩阵	加工时间矩阵
0	0 1 2 3 4 5 6 7 8 9	29 78 9 36 49 11 62 56 44 21
1	0 2 4 9 3 1 6 5 7 8	43 90 75 11 69 28 46 46 72 30
2	1 0 3 2 8 5 7 6 9 4	91 85 39 74 90 10 12 89 45 33
3	1 2 0 4 6 8 7 3 9 5	81 95 71 99 9 52 85 98 22 43
4	2 0 1 5 3 4 8 7 9 6	14 6 22 61 26 69 21 49 72 53
5	2 1 5 3 8 9 0 6 4 7	84 2 52 95 48 72 47 65 6 25
6	1 0 3 2 6 5 9 8 7 4	46 37 61 13 32 21 32 89 30 55
7	2 0 1 5 4 6 8 9 7 3	31 86 46 74 32 88 19 48 36 79
8	0 1 3 5 2 9 6 7 4 8	76 69 76 51 85 11 40 89 26 74
9	1 0 2 6 8 9 5 3 4 7	85 13 61 7 64 76 47 52 90 45

同时，该问题还考虑以下约束条件。

（1）每个工件的工序必须依次加工，后工序不能先于前工序被加工。

（2）任一时刻 1 台机器最多只能加工 1 道工序。

（3）每个工件在每台机器上最多只能加工 1 次。

（4）每个工件在每台机器上的加工顺序可以不同。

（5）各工件的加工顺序和加工时间已知，不随加工排序的改变而改变。

（6）工序加工过程中不允许新工件加入，工序加工开始后不得中断或取消。

4.4.2 算法设计与实现

针对上述问题，设计模拟退火算法。算法步骤如下。

步骤 1：进行初始化设置。设初始温度 $T_1 = 10^8$、$k = 1$、单一温度下的迭代次数 $N = 20000$；按照工序要求，为工件 0～工件 9 分别构建 J0，J1，…，J9 共 10 个加工队列。每个队列包含该工件 10 道加工工序，比如，J0 表示工件 0 的所有 10 个加工工序。在不影响其他工件加工顺序的情况下，每个工件按照其在机器约束矩阵的加工顺序依次在对应机器上排列加工。随机生成 0～9 的工件编号，将工序按照顺序依次放在相应机器上进行加工，直到所有工件工序完成加工，最终得到一个加工矩阵，作为该问题的初始解（初始加工方案）S_1，如图 4-3 所示，其对应的加工时间为 1774。

图 4-3 中，横轴表示工件工序的加工时间，纵轴表示工件要加工的机器编号。为了便于区分，图中 10 个工件的加工队列分别以不同颜色的矩形块在甘特图中显示，即同一颜色的不同矩形块表示加工同一工件的不同工序。每个矩形块上第 1 行表示工件编号，第 2 行表示该工件在对应机器上完成特定工序的加工时间。

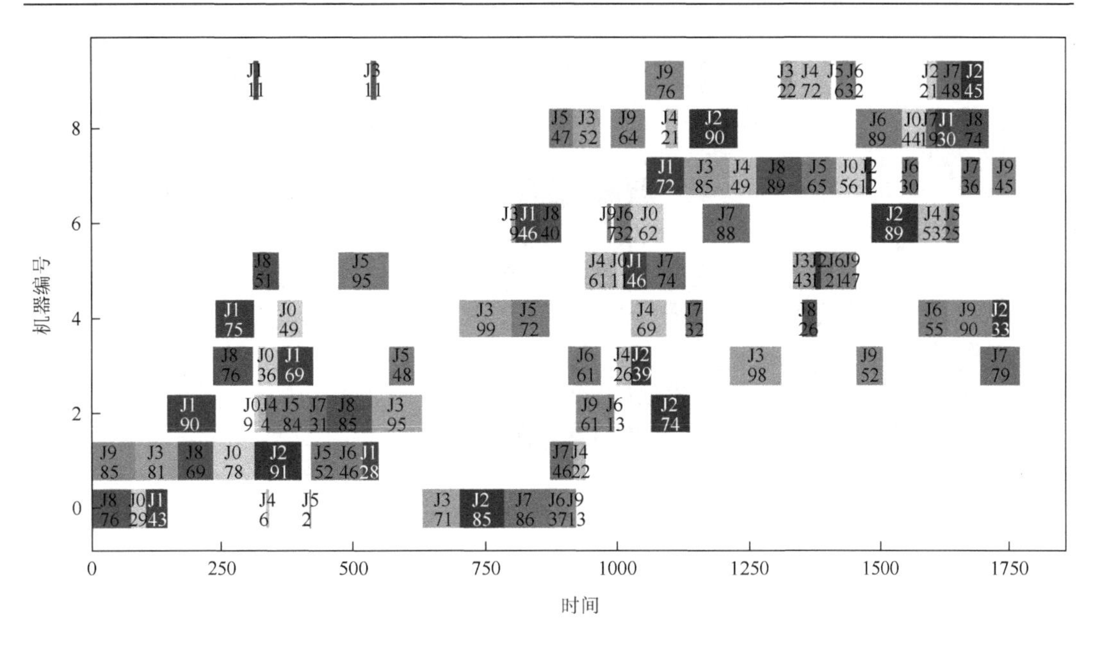

图 4-3　初始加工方案甘特图

步骤 2：在当前温度 T_k 下，任意选择 $\ln T_k$ 对工件工序进行交换，以得到一个新解 S_c 。

步骤 3：计算新状态增量，这里以新方案的加工时间与当前方案加工时间的差值 ΔG 来表示，根据 Metropolis 准则，确定是否接受新解 S_c 。

步骤 4：判断 $\Delta G < 0$ 是否成立，若是，转步骤 5，否则转步骤 6。

步骤 5：接受新解 S_c ，将其作为下一次迭代的当前解，转步骤 7。

步骤 6：取随机数 $\sigma \in [0,1]$ ，并判断概率 $\exp\left(-\dfrac{\Delta G}{K_B T_k}\right) > \sigma$ 是否成立。若是，转步骤 5，否则转步骤 7。

步骤 7：判断温度 T_k 下的搜索次数是否满足 $N = 20000$ ，若是，转步骤 8，否则转步骤 2。

步骤 8：判断是否达到终止温度 $T_{\min} = 0.1$ ，若 $T = T_{\min}$ ，转步骤 10，否则转步骤 9。

步骤 9：按照 $T_{k+1} = \alpha \cdot T_k$ 的退温规则降低当前温度值，设置温度衰减速率 $\alpha = 0.99$ ，令 $k = k+1$ ，转步骤 2。

步骤 10：输出当前最佳解，算法终止。

4.4.3　结果

运行上述算法，最终得到该作业车间调度问题的最佳加工方案（实为该问题的最佳解）如图 4-4 所示，最佳调度方案下的总加工时间为 930。最佳解随迭代次数变化轨迹如图 4-5 所示。

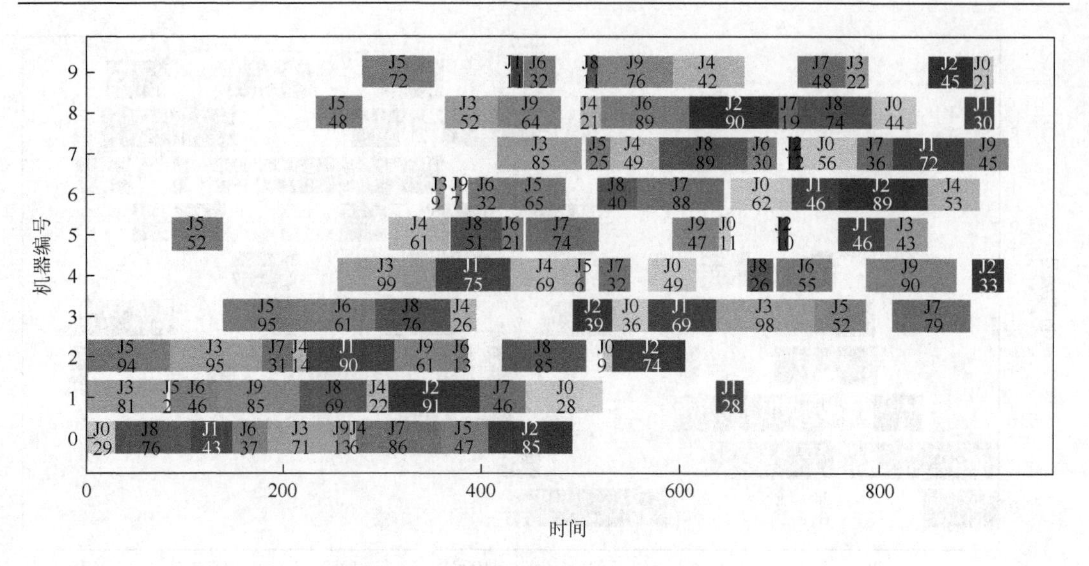

图 4-4　最佳解对应的加工方案甘特图

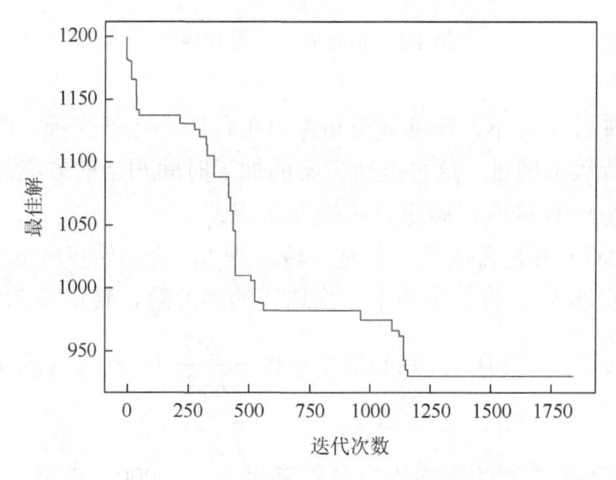

图 4-5　最佳解随迭代次数变化轨迹

4.5 本 章 小 结

本章主要介绍了基本模拟退火算法及其两类变种，并以一个经典的作业车间调度问题为例，介绍了模拟退火算法在组合优化问题上的应用。尽管模拟退火算法理论上具有较好的全局最优能力，但在求解问题规模和复杂度较大的现实优化问题时，往往易于陷入局部最优，难以找到最优或近优解。如何选择合适的初始温度以及每个温度上的迭代次数，如何选择合适的退火过程等，都是设计有效的模拟退火算法需要考虑的因素。另外，模拟退火算法在其搜索空间逐个搜索，在寻优过程中可能会多次访问同一个候选解，因此会产生额外的计算时间。可以引入禁忌搜索算法中禁忌表的概念，引导算法的搜索过程，避免候选解的重复访问，提高优化效率。想了解模拟退火算法及其应用的更多信息，可参考相关文献[57, 58]。

➢习题

1. 请简述模拟退火算法的基本思想。

2. 请简述模拟退火算法与禁忌搜索算法的异同。

3. 请简述蒙特卡罗方法与 Metropolis 准则在随机抽样上的区别。

4. 在模拟退火算法的降温过程中应该注意哪些问题?

5. 与传统局部搜索算法相比，模拟退火算法具有哪些优势?

6. 请画出 4.3.2 节有记忆的模拟退火算法的流程图。

7. 请使用 4.3.1 节的加温退火算法，求解 4.4 节的作业车间调度问题。并将其求解性能与基本模拟退火算法的性能进行对比。

8. 工作指派问题可简述为：n 个工作可以由 n 个工人分别完成，工人 i 完成工作 j 的时间为 d_{ij}，需要通过合理的工作分配使得总工作时间最小。请描述利用模拟退火算法求解该问题的算法设计思路。

第5章　遗传算法基础

遗传算法是受达尔文的自然选择与孟德尔的遗传变异理论启发，通过计算机对生物演化过程中的繁殖、变异、竞争和选择这四种基本形式进行模拟而提出的一类智能优化算法。遗传算法自提出以来，在众多优化领域得到了广泛关注与成功应用，现已发展成为应用最广泛的智能优化算法。

5.1　遗传算法的提出

5.1.1　遗传算法的起源和历史

20 世纪 60 年代初期，一些学者开始尝试使用计算机对生物遗传系统的行为和功能进行模拟[59, 60]。1962 年，美国密歇根大学的 Holland 教授提出了适应系统的逻辑理论框架[61]，为遗传算法和复杂适应系统的研究奠定了基础。之后，Holland 教授及其学生受到生物模拟技术的启发，创造性地提出了一种基于生物演化与遗传机制的优化技术——遗传算法。遗传算法这一术语首次出现在 Holland 教授的学生 Bagley 的博士论文[62]中，该论文介绍了复制、交叉、变异、倒转等遗传算子，以及自适应遗传算法的概念。

1971 年，Hollstien 的博士论文首次把遗传算法用于函数优化[63]。1975 年，Holland 出版了第一本系统论述遗传算法的专著《自然与人工系统中的适应》(*Adaptation in Nature and Artificial Systems*)[64]。该书系统阐述了遗传算法的基本原理与方法，并提出了遗传算法的基本定理——模式定理。模式定理从理论上证明了遗传算法是一个可以用来寻求全局最优解的优化过程，从此奠定了遗传算法的理论基础。1975 年，在 Holland 教授的学生 De Jong 的博士论文《一类遗传自适应系统的行为分析》(*An Analysis of the Behavior of a Class of Genetic Adaptive Systems*)中[65]，将选择、交叉和变异操作进一步完善和系统化，结合模式定理进行了大量数值函数优化的计算实验，并在此基础上给出了一系列遗传算法参数的设置建议；建立了著名的 de Jong 五函数测试平台，定义了评价遗传算法性能的在线指标和离线指标，为遗传算法及其应用发展打下了坚实的基础。

1989 年，Goldberg 出版了专著《搜索、优化和机器学习中的遗传算法》(*Genetic Algorithms in Search, Optimization and Machine Learning*)，全面论述了遗传算法的基本原理及其应用，并系统总结了遗传算法的主要研究成果，奠定了现代遗传算法的科学基础[66]。1991 年，Lawrence 出版了《遗传算法手册》(*Handbook of Genetic Algorithms*)，该书中包括了遗传算法在科学计算、工程技术和社会经济中的大量应用实例，为推广和普及遗传算法的现实应用起到了重要的作用。

5.1.2 遗传算法的生物学基础

遗传算法的生物学基础包括生物的遗传和演化。遗传是指亲代表达相应性状的基因通过繁殖传递给子代，从而使子代获得其上代个体遗传信息的现象；个体之间的差异可以通过遗传积累，物种通过自然选择进化。演化是指由一群可以互相进行繁殖行为的个体组成的生物种群中的遗传性状（即基因的表现）在繁殖过程中的变化。

根据现代细胞学和遗传学知识，染色体本质上是脱氧核糖核酸（Deoxyribonucleic acid，DNA）和蛋白质的组合（即核蛋白组成），不均匀地分布于细胞核中，是生物遗传信息的主要载体；基因是具有遗传效应的 DNA 片段，是控制生物性状的结构和功能的基本单位，特定的基因控制特定的性状，基因存储着遗传信息，可以准确地复制，也可以发生突变。细胞分裂是生物体生长和繁殖的基础，通常由一个母细胞产生若干子细胞。细胞在分裂时，母细胞的遗传物质转移到新产生的子细胞中，子细胞继承了母细胞的基因。有性生殖生物在繁殖下一代时，两个同源染色体之间进行交叉重组而形成两个新的染色体。另外，细胞分裂时，尽管基因通常能精确地复制自己，但在一定的条件下，基因也可能发生变异，即在染色体的一个位点上，突然出现一个新基因代替原有基因的现象。基因的变异也会导致新染色体的产生，这些新染色体表现出新的性状。

在生物演化过程中，种群中的遗传性状（即基因的表现）在繁殖过程中，会通过基因复制而传递到子代。每个子代个体对其生存环境都有不同的适应能力，这种适应能力称为个体的适应度。达尔文的自然选择学说认为，自然选择能使有利于生存与繁殖的遗传性状变得普遍，而使不利于生存与繁殖的遗传性状变得稀有。这是因为带有较有利性状的个体，能将相同的性状遗传给更多的后代。经过许多代的繁殖，种群中个体的性状会经历一系列微小且随机的变化。根据适者生存原则，更适应环境的性状变化和具有更高适应度的个体有更大的机会被保留下来，物种将逐渐向适应生存环境的方向演化，从而越来越适应环境。

5.1.3 从生物种群进化到遗传算法

生物种群在进化过程中体现的自然选择、优胜劣汰、适者生存、遗传变异等特征，实际上是生物种群随环境变化，不断自我进化产生更优个体、逐渐适应环境的过程，对环境适应度更高的个体是种群中的更优个体。若将环境类比为一个待求解的最大化优化问题，将生物种群中的每个个体类比为优化问题的一个候选解（每个种群可看作问题解空间的一个子集），将每个个体对环境的适应程度类比为一个候选解的目标函数值，则生物种群在进化过程中不断进化产生最适应环境个体的过程可类比为求解一个优化问题的迭代过程中逐步寻找最优解的过程。

基于上述思路，结合生物种群的进化原理，可以构建遗传算法的基本思路。采用一个特定的编码方式代表优化问题的候选解（称为解的编码），将每个编码后的候选解称为一个染色体。每个染色体由一系列元素（称为基因）组成，基因的位置称为基因座。假设随机产生一个由一定数量的染色体组成的初始种群，最优化问题的求解过程实际上是该初始种群在一定的演化规则下不断进化、寻找最优解的过程。在每一代种群内，遗传算法利用交叉操作模拟父体和母体结合产生子代的过程（即将两个染色体进行交叉并产生新的染色体），利用变异操作模拟基因变异的过程（即将某个染色体中的某些元素值进行改变），利用选择操作模拟适者生存的过程（即目标值更优的染色体具有更大的概率被保留进入下一代种群）。

根据个体编码方式的不同，遗传算法主要可分为位串编码遗传算法、实数编码遗传算法、顺序编码遗传算法三类。第 1 类是基本遗传算法，在第 5 章介绍。后两类是进阶遗传算法，在第 6 章介绍。

5.2 位串编码遗传算法

位串编码遗传算法采用位串编码来代表候选解。遗传算法的早期形式，即基本遗传算法，属于位串编码遗传算法，是其他遗传算法的基础。

5.2.1 算法流程

遗传算法在某初始解种群的基础上通过一系列的迭代操作，得到所求解优化问题的最优解。基本遗传算法的一般流程如图 5-1 所示，其算法步骤如下。

步骤 1：初始化算法参数。设置种群大小、迭代次数、交叉概率和变异概率等参数的值。

步骤 2：生成初始种群。基于某候选解编码方式，构建由一定数量（指定的种群大小）的染色体组成的初始种群。每个染色体一一对应一个候选解。

步骤 3：评价种群中染色体适应度。染色体的适应度函数由所求解优化问题的目标函数转化而来。

步骤 4：检查是否满足算法终止条件。如果算法满足终止条件（如达到最大迭代次数），则转步骤 9，将优化过程所得到的最佳（最大适应度）的染色体作为问题的最优解输出；若未满足终止条件，则执行步骤 5～步骤 8 继续迭代过程。

步骤 5：执行选择操作。根据种群中各个染色体的适应度值，利用选择算子从种群中选择出进入下一代繁衍过程的优胜染色体。

步骤 6：执行交叉操作。将步骤 5 中产生的优胜染色体进行随机的两两配对，并按照一定的交叉概率，利用交叉算子产生子代染色体。

步骤 7：执行变异操作。按照一定的变异概率，利用变异算子改变某些染色体中的基因值。

步骤 8：计算步骤 6～步骤 7 中新种群中染色体适应度；然后，返回至步骤 4，检查是否满足算法终止条件。

步骤 9：输出最佳染色体为最佳解。

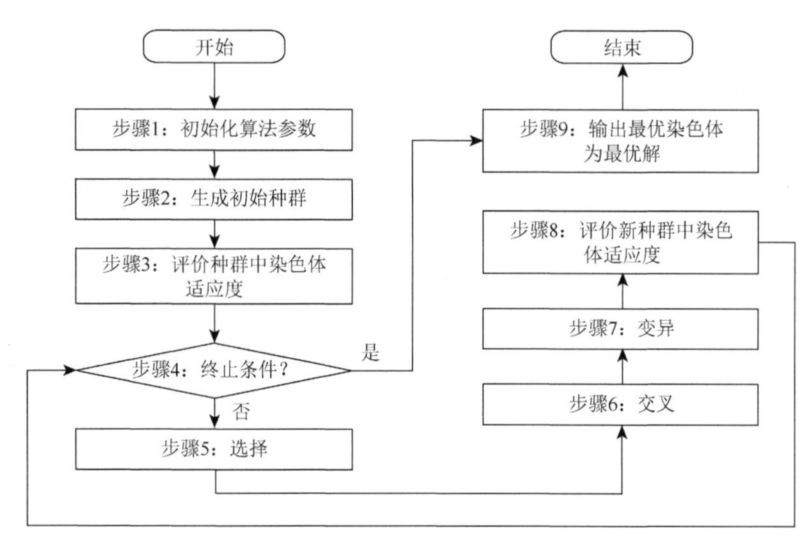

图 5-1　基本遗传算法的一般流程

5.2.2　算法的构成要素

如上所述，基本遗传算法可以定义为由 7 个关键要素组成的一个 7 元组，即 $BGA=(E,F,P_0,S,C,M,T)$。其中 E 为候选解的编码方式，F 为染色体的适应度函数，P_0 为初始种群，S、C 与 M 分别为选择、交叉、变异算子，T 为算法终止条件。下面分别对这些要素进行介绍。

1. 解的位串编码

1）二进制编码

按照二进制编码，每个染色体由一个固定长度的二进制串组成。图 5-2 所示为一个由 20 个基因（长度为 20）组成的二进制染色体。该编码方式可直接用于表示一个选址问题和 0-1 背包问题等 0-1 优化问题的候选解。以某城市的快递网点选址问题为例，假设在某区域有 20 个候选快递网点，现在需要决定选择其中哪些网点进行建设，使得总建站和运营成本最低。图 5-2 的染色体示例可作为此问题的一个候选解，其中第 1～20 个基因依次表示第 1～20 个候选网点，基因取值为 1 表示该网点被选中、为 0 则表示该网点未被选中。该染色体表示网点 1、4～6、10、12～15、18、19 共 11 个网点被选中。

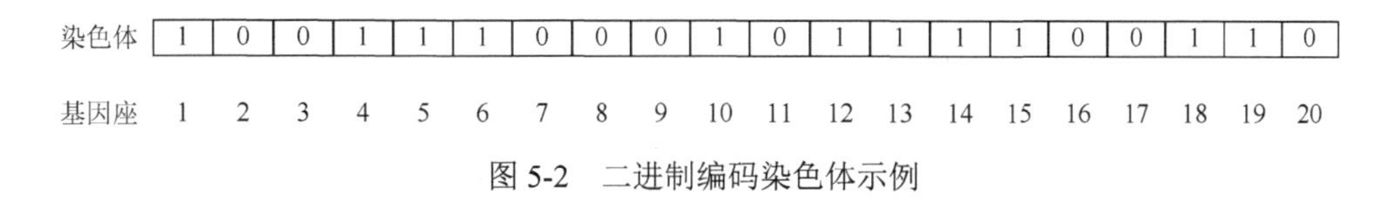

图 5-2　二进制编码染色体示例

除了表示 0-1 优化问题的解，二进制编码还广泛用于表示变量取值为整数或实数的数值优化问题的解。以最大化函数 $\max f(x_1,x_2,x_3,x_4)=\sum_{i=1}^{4}x_i^2, x_i\in\{0,1,2,\cdots,31\}$ 为例，由于 x_i 可由长度为 5 的二进制编码串来表示，该函数的候选解可由长度为 20 的二进制编码串表示。图 5-2 的染色体可用于表示该问题的一组候选解。在该染色体中，第 1～20 个基因从前往后被均分为 4 部分，依次代表 $x_1 = 19$， $x_2 = 17$， $x_3 = 15$， $x_4 = 6$ 。

若 x_i 取值为实数，用二进制串代表该变量时，二进制编码串的长度决定该变量表示的精度。假设 x_i 的取值范围是 $\left[x_i^{\min}, x_i^{\max}\right]$，用长度为 λ 的二进制串来表示该变量，可产生 2^λ 种不同的编码。令 δ 为该二进制编码的精度，各编码与变量取值的对应关系如下：

$$
\begin{array}{ll}
00000000\cdots00000000 = 0 & x_i^{\min} \\
00000000\cdots00000001 = 1 & x_i^{\min} + \delta \\
00000000\cdots00000010 = 2 & x_i^{\min} + 2\delta \\
\cdots\cdots & \\
11111111\cdots11111111 = 2^\lambda - 1 & x_i^{\max}
\end{array}
\tag{5-1}
$$

其中

$$
\delta = \frac{x_i^{\max} - x_i^{\min}}{2^\lambda - 1} \tag{5-2}
$$

2）格雷编码

二进制编码面临汉明悬崖（Hamming cliff）的问题，即两个相邻的数值，其二进制编码的差异较大，也称汉明距离较大。汉明距离是两个等长字符串（可为二进制或符号）中各对应位置上取值不同的位数，可用于衡量从一个字符串变换为另一个字符串所需的最少转换位数。以整数 15 和 16 及其对应的二进制编码 01111 和 10000 为例，其汉明距离为 5。如果某优化问题的最优解为 16，而当前最佳解为 15，那么尽管两个数值相邻，但由于汉明悬崖的存在，遗传算法的交叉和变异操作将其从编码 01111 转换为编码 10000 并不容易，因此难以快速找到最优解。

格雷编码（Gray code），又称反射二进制码（reflected binary code），可以解决这个问题。格雷编码是任意两个相邻数值的编码只有一位二进制数不同的二进制编码形式。也就是说，格雷编码保证相邻数值之间的汉明距离都为 1，其有助于增强二进制遗传算法求解连续函数优化问题的局部搜索能力。

格雷编码虽然是由二进制数组成的字符串，但并不是二进制编码。n 位元的格雷编码可以从 $n-1$ 位元的格雷编码以上下镜射后加上新位元的方式快速得到，如图 5-3 所示。

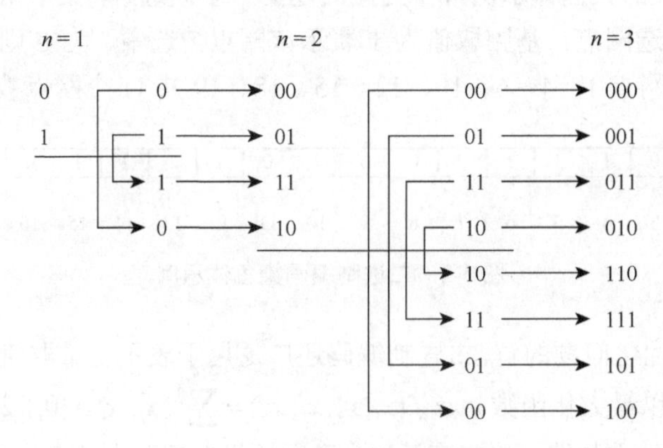

图 5-3　格雷编码构建示例

定义 $G(n)$ 和 $B(n)$ 分别为格雷编码和二进制编码的第 n 位。假设以二进制为 0 的值作为格雷码的 0 值，二进制编码与格雷编码之间的转换可由异或操作 $\oplus$ 实现：

$G(n)=B(n+1)\oplus B(n)$，从低位至高位进行运算；

$B(n)=B(n+1)\oplus G(n)$，从高位至低位进行运算。

例如，四位二进制编码 0101，其对应的格雷编码为 0111，计算过程如下：

$G(0)=B(1)\oplus B(0)=0\oplus 1=1$，

$G(1)=B(2)\oplus B(1)=1\oplus 0=1$，

$G(2)=B(3)\oplus B(2)=0\oplus 1=1$，

$G(3)=B(4)\oplus B(3)=0\oplus 0=0$。

2. 适应度函数

遗传算法利用适应度函数对算法种群中的每个染色体的适应度进行评价，用于衡量该染色体进入下一代繁衍过程的概率。由于每个染色体一一对应一个候选解，因此可将其适应度对应于该候选解的性能。适应度函数对应于所求解优化问题的目标，其通常包含所需优化的所有目标。适应度值越大的染色体，其对应的候选解性能越好。由于选择、交叉、变异等遗传算子的操作均基于种群中各个染色体的适应度值，适应度函数被认为是遗传算法中最重要的因素。

现实中的优化问题存在着各种各样的优化目标。有些目标函数较简单，如最大化（或最小化）某线性目标函数，可直接使用该目标函数（或其负数或倒数）作为适应度函数。有些目标函数非常复杂，甚至难以直接用数学公式进行描述。复杂目标对应的适应度函数，往往难以一次性直接定义，需要通过多次试错才能找到合适的适应度函数。

如果适应度函数设置不当，在算法搜索过程中，可能会出现个别染色体的适应度远优于其他染色体的情况，按照优胜劣汰的原则，该染色体很可能会控制选择过程而导致种群过早收敛；另外，也可能会出现种群中各个染色体的平均适应度接近最优染色体的适应度，则种群中不存在竞争而导致进化停滞。为了解决这两个问题，可以对适应度函数进行尺度变换，提高算法的搜索性能。常见的尺度变换方法包括线性变换法、幂函数变换法、指数变换法等。相关变换方法的详细描述可参考文献[67]。

3. 种群及其形成

种群是优化问题解空间中一定数量的候选解对应的染色体的集合，初始种群是遗传算法中种群进化的起点。图 5-4 是一个种群大小为 50、染色体长度为 20 的种群示例。

产生初始种群中染色体的方法主要有如下两种。

（1）随机初始化：按照给定的编码规则，随机产生初始种群中的染色体。

（2）启发式初始化：利用简单的启发式规则得到待优化问题的可行解，并将其对应的染色体作为初始种群中的染色体。

随机初始化方法产生的初始种群，具有较好的多样性，但是初始染色体的性能往往较低。启发式初始化方法有助于产生比随机初始化方法更好的初始染色体，然而，如果完全使用启发式初始化方法产生初始种群，可能导致初始种群的多样性较低，反而降低优化性能。因此，一个更好的方法通常是，利用启发式初始化方法产生几个较好的初始解，利用随机初始化方法产生更多其他初始解，两者相结合形成初始种群。

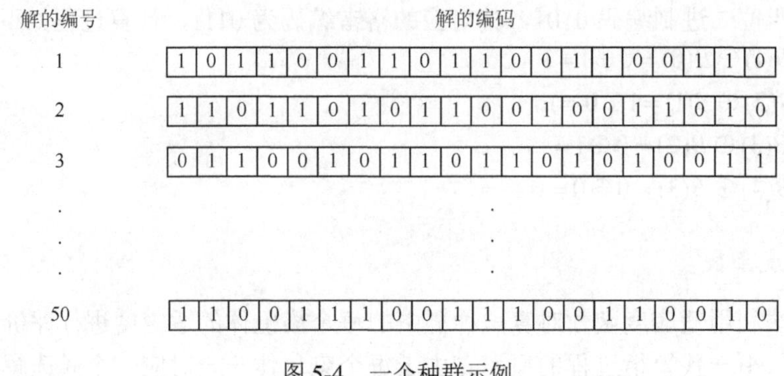

图 5-4 一个种群示例

遗传算法演化过程中的种群由选择、交叉、变异等遗传操作产生。种群的质量对于遗传算法的搜索过程与寻优性能具有很大的影响，其与种群规模和种群多样性等因素有关。通常，一个较小的种群规模能够更快地使算法收敛但可能收敛到较差的解，一个较大的种群规模可能收敛到更好的解但需要花费更多的搜索时间。因此，决定合适的种群规模，需要面对搜索时间与解的质量之间的权衡。最优的种群大小，通常在综合考虑搜索空间、问题难度、适应度函数、选择压力等因素的基础上，通过试错法确定。另外，种群多样性对于遗传算法性能具有很大的影响。种群多样性一般由种群中不同染色体的数量以及这些染色体的差异来决定，衡量它的指标较多，可参考文献[68]。

在遗传算法演化过程中，形成多样性强的种群对于提高算法性能具有重要作用。在算法的搜索过程中，种群多样性不仅需要在产生初始种群时被考虑，还要引导算法避免种群过早收敛（早熟收敛）的重要指标。早熟收敛是指优化算法在迭代过程中陷入局部最优解而不能找到全局最优解。造成早熟收敛的原因主要有三类，即种群多样性的缺失、过多地选择最优解参与繁殖、搜索无法突破现有种群特征范围。可通过增加种群大小、增加交叉和变异概率、替换近似个体等方式缓解或避免早熟收敛。

4. 位串编码的选择算子

遗传算法利用选择算子进行选择操作，根据种群中个体的适应度值来确定当前种群（父代）中哪些染色体能够进入下一代（子代）继续演化。遗传算法中常用的几种选择算子包括比例选择算子、锦标赛选择算子、排序选择算子、精英选择算子。这些算子不仅适用于位串编码遗传算法，也适用于其他编码形式的遗传算法。

1）比例选择算子

比例选择算子，也称“轮盘赌”算子。按照该算子，染色体被选中进入下一代繁衍过程的概率与该染色体的适应度成正比。令 F_i 为第 i 个染色体的适应度函数值，比例选择算子的算法步骤如下。

步骤 1：计算染色体 i 被选择的概率 p_i：

$$p_i = \frac{F_i}{\sum_{i=1}^{N} F_i} \tag{5-3}$$

步骤 2：计算各染色体的累计选择概率 q_i：

$$q_0 = 0,\quad q_i = \sum_{j=1}^{i} p_j,\quad i = 1, 2, \cdots, N \tag{5-4}$$

步骤 3：随机产生一个 (0,1) 区间的随机数 r；

步骤 4：寻找使得 $q_{i-1} < r \leqslant q_i$ 的染色体 V_i 进入子代；

步骤 5：将步骤 3～步骤 4 重复 N 次，得到 N 个染色体作为子代种群。

2）锦标赛选择算子

锦标赛选择算子，也是一种基于染色体适应度的选择方法，其基本思想是每次选取几个染色体之中适应度最高的一个染色体进入下一代种群。具体而言，从种群中随机选择 $k(k \geqslant 2)$ 个染色体，将其中适应度最高的染色体保存到下一代。这一过程反复执行，直到保存到下一代的染色体数达到预先设定的种群数量。

3）排序选择算子

排序选择算子的基本思想是对种群中的所有染色体按其适应度大小进行排序，基于这个排序来分配各个染色体被选中的概率[69]。其具体操作步骤如下。

步骤 1：对种群中的所有染色体按其适应度进行降序排序。

步骤 2：根据具体求解问题，设计一个概率分配表，将各个概率值按上述排列次序分配给各个染色体。

步骤 3：以各个染色体所分配到的概率值作为其能够被遗传到下一代的概率，基于这些概率值用比例选择的方法来产生下一代种群。

步骤 2 中可以使用线性函数或指数函数为排序后的个体分配生存概率，其分别对应于线性排序选择和指数排序选择[69]。

4）精英选择算子

精英选择（elite selection）算子将 1 个或多个最佳的染色体，直接复制到下一代中参与繁衍。这样有助于记住目前找到的最佳染色体，使得遗传算法不必浪费时间重新发现之前发现的优良染色体。但过多地保留最佳染色体，可能会导致算法收敛到局部最优。

5. 位串编码的交叉算子

根据位串编码的特点，适用于位串编码遗传算法的交叉算子包括单点交叉算子、两点交叉算子、均匀交叉算子等。

1）单点交叉算子

单点交叉算子是最基本的交叉算子。给定两个父代染色体，单点交叉算子通过如下步骤产生子代染色体。

步骤 1：在染色体编码串中随机设置某一基因座之后的位置为交叉点。若染色体长度为 λ，则共有 $\lambda-1$ 个可能的交叉点位置。

步骤 2：随机生成一个 (0,1) 区间内的数 r。

步骤 3：若 r 小于交叉概率 P_c，则在交叉点处相互交换两个染色体的部分染色体，从而产生两个新染色体作子代染色体；否则不产生子代染色体。

单点交叉算子的示例图如图 5-5（a）所示。

2）两点交叉算子

两点交叉算子又称双点交叉算子。给定两个父代染色体，两点交叉算子通过如下步骤产生子代染色体，其示例如图 5-5（b）所示。

步骤 1：在染色体编码串中随机设置两个基因座作为交叉点。

步骤 2：随机生成一个 (0,1) 区间内的数 r。

步骤 3：若 r 小于交叉概率 P_c，则交换两个染色体在两个交叉点之间的基因值，产生两个新染色体作为子代染色体；否则不产生子代染色体。

3）均匀交叉算子

均匀交叉算子又称一致交叉算子，是指两个父代染色体的每一个基因座上的基因值都以相同的交叉概率进行交换，从而形成两个新的染色体。其示例如图 5-5（c）所示。

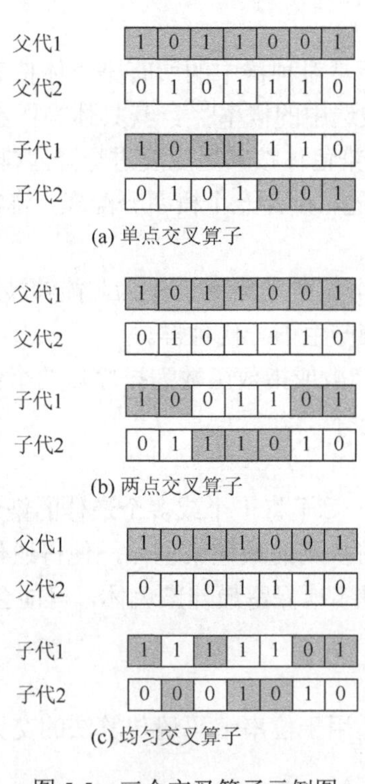

图 5-5　三个交叉算子示例图

6. 位串编码的变异算子

位串编码遗传算法常用变异算子包括基本位变异算子、逆转变异算子、互换变异算子等。

（1）基本位变异算子：对染色体编码串中以变异概率 P_m、随机指定的某一位或某几位基因座上的值做变异运算。若原基因值为 1，则变异为 0；反之变异为 1。

（2）逆转变异算子：在染色体中随机挑选两个基因座作为变异点，从第一个变异点到第二个变异点之间的基因倒置。如染色体 0111001 变异为染色体 0001111 的变异点是 2 和 6。

（3）互换变异算子：在染色体中随机挑选两个基因座作为变异点，再将两个变异点的基因互换。如染色体 0111000 变异为染色体 0011010 的变异点是 2 和 6。

上述变异算子的示例如图 5-6 所示，其中各例的变异位均取第 2 和第 6 位。

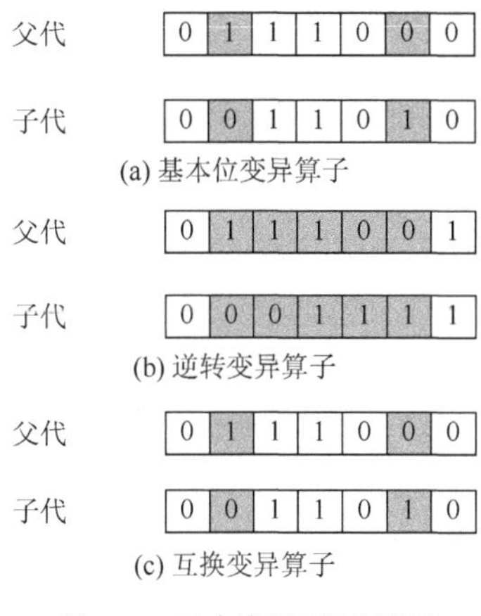

图 5-6　三个变异算子示例

7. 遗传算法的终止条件

遗传算法的终止条件用于决定算法什么时候停止运行。在遗传算法的迭代过程中，前几代种群通常会有较快的进化速度，更好的染色体不断出现；但随着迭代代数的增大，更好的染色体出现的概率逐渐下降。由于遗传算法启发式的搜索特征，我们并不知道其是否（何时）能找到最优解。因此，何时终止算法的运行涉及算法运行时间和解的质量之间的权衡。常用的算法终止条件可参见第 3 章终止准则的描述。与遗传算法的其他参数一样，在具体的应用中，可根据问题特征的不同，选择最适合该问题的终止条件。

5.3　本章小结

本章介绍了遗传算法的起源与生物学基础，并在此基础上引出了通过模拟生物进化过程来求解优化问题的基本思想，并对基本的位串编码遗传算法进行了介绍。位串编码遗传算法是其他遗传算法的基础，其算法流程同样适用于其他编码类型的遗传算法。另外，模式定理表明[70]，采用固定染色体长度的二进制编码、比例选择算子、单点交叉以及基本位变异算子的基本遗传算法，种群中确定位数少、定义长度短、适应度高于平均适应度的模式，在算法迭代过程中以指数形式增长，证明了遗传算法在理论上的全局最优性。

遗传算法提供了一种求解复杂优化问题的通用框架，不依赖于问题的具体领域，可适用于广泛的优化问题类。搜索从群体出发，具有潜在的并行性。使用概率机制进行迭代，具有较强的随机性，增加了搜索过程的灵活性。这些特征为遗传算法的广泛应用奠定了坚实的理论基础。

➢习题

1. 利用基本遗传算法求解如下问题：

$$\min f(x_1,x_2)=(x_1-1)^2+(x_2-3)^2-100\text{，}\ -10\leqslant x_i\leqslant 10\ (i=1,2)$$

请给出两个适合该问题的适应度函数。

2. 在一个含有 6 个染色体的种群中，各个染色体的适应度值分别是 6、14、40、25、15、20，如果利用比例选择算子，适应度值为 40 的染色体出现在下一代的期望次数是多少？

3. 请计算二进制编码 010100111 对应的格雷编码。

4. 请计算格雷编码 010100111 对应的二进制编码。

5. 给定 $5\leqslant x_1\leqslant 10$，$3\leqslant x_2\leqslant 6$，$-2\leqslant x_3\leqslant 1$，使用位串编码遗传算法来求函数 $f(x_1,x_2,x_3)=(x_1-x_2)\cdot x_3$ 的最小值。染色体的表示形式是 $[x_1,x_2,x_3]$，每个变量分别用 5 位二进制编码表示。

（1）给定两个染色体的二进制编码分别是 110000101010110 和 001101110110011，请计算其对应的变量值与目标函数值。

（2）将单点交叉算子应用于（1）中的两个染色体，假设交叉点为第 7 位，请计算其产生的两个子代染色体。

（3）采用逆转变异算子对（2）中获得的两个子代染色体进行变异操作，假设两个变异位分别是 3 与 6 和 7 与 12，请计算最终得到的子染色体的适应度值。

6. 利用位串编码遗传算法求解如下问题：

$$\max f(x_1,x_2)=100\left(x_1^2-x_2^2\right)^2+\left(1-x_1^2\right)^2\text{，}\ -2.048\leqslant x_i\leqslant 2.048(i=1,2)$$

请构造与实现该问题的求解算法。在其他算法构成要素相同的情况下，分别用二进制编码和格雷编码代表候选解，请比较其求解过程与结果的异同。

7. 利用基本遗传算法求解如下问题：

$$\min f(x_1,x_2)=(x_1-1)^2+(x_2-3)^2-100\text{，}\ -32\leqslant x_i\leqslant 32(i=1,2)$$

请构造与实现该问题的求解算法。在其他算法构成要素相同的情况下，分别采用负数形式和倒数形式的适应度函数，请比较其求解过程与结果的异同。

第 6 章　遗传算法进阶

位串编码遗传算法采用位串编码的形式进行候选解的表达和遗传操作，其逻辑简单且易于实现。然而，由于位串编码固有的特点，该类遗传算法难以有效求解复杂的连续优化与离散优化问题。在此基础上，采用实数编码与顺序编码的遗传算法及其各种变种被提出。考虑基本遗传算法的 7 个构成要素，在不同编码类型的遗传算法中，初始种群构成、适应度函数和算法终止条件三大要素不受编码类型差异的影响，本章在介绍实数编码遗传算法与顺序编码遗传算法时，不对这些内容进行重复介绍。

6.1　实数编码遗传算法

对于复杂的连续优化问题，位串编码遗传算法的求解精度由二元字符串的长度决定。二元字符串的长度越长，精度越高，但会加大搜索空间、降低搜索效率；且往往难以事前知道合适的编码长度，不可避免地存在映射误差。另外，为了代表实数解，位串编码需要通过编码和解码操作进行数制转换，这个过程需要额外的计算时间。

实数编码遗传算法直接采用代表实数变量的实数串组成的编码（即实数编码）来表示候选解，不需要进行数制转换，计算精度不受数制转换中的映射误差影响，更适合求解连续优化问题。

6.1.1　实数编码概述

考虑带有 N 个决策变量的某连续优化问题 $\max f(x_1, x_2, \cdots, x_i, \cdots, x_N)$，其对应的实数编码染色体由 N 个基因组成，每个基因代表一个变量，基因的取值代表变量的值，其必须位于对应变量的值域范围内。假设 N=4，且每个变量的值域为[0, 31]，图 6-1 是实数编码染色体示例。在该染色体中，4 个变量的取值分别是 $x_1 = 19.2$，$x_2 = 17$，$x_3 = 15$，$x_4 = 6.8$。对于这组变量，实数编码仅需 4 个基因即可实现足够高的精度，若采用二进制编码，则使用 20 个基因（图 5-2）也只能表示整数值。

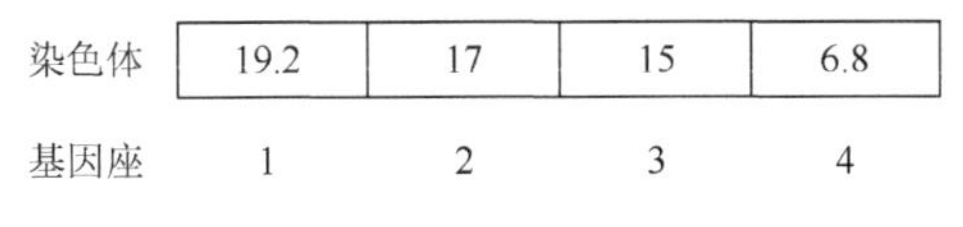

图 6-1　实数编码染色体示例

6.1.2　实数编码的交叉算子

在实数编码中，必须保证基因值 x_i 位于给定的值域 $\left[x_i^{\min}, x_i^{\max}\right]$，必须保证算法中使用交叉、变异等遗传算子产生的新染色体的基因值也在这个值域内。一些针对位串编码的交叉算子（如单点交叉算子、两点交叉算子和均匀交叉算子），理论上可直接用于实数编码染色体之间的交叉并产生可行解，但存在较大的局限。以两个变量编码组成的染色体$P^1=(x_1^1,x_2^1)$和$P^2=(x_1^2,x_2^2)$为例，利用单点交叉算子对两个变量进行交换操作，得到这两个染色体的子代染色体分别为$O^1=(x_1^1,x_2^2)$，$O^2=(x_1^2,x_2^1)$，如图 6-2 所示。可见，单点交叉算子产生的子代染色体非常有限，有必要针对实数编码的特点提出相应的交叉算子。

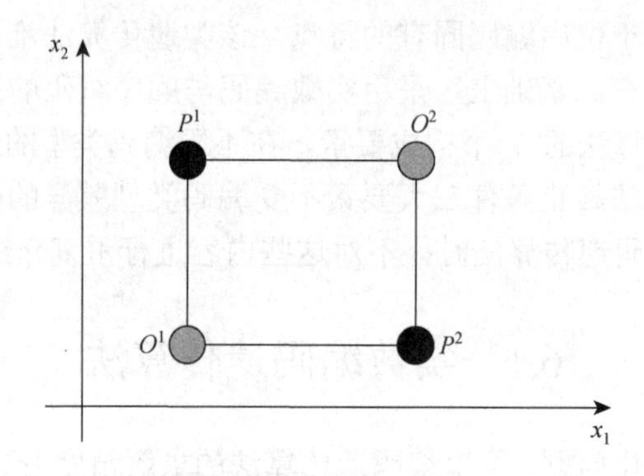

图 6-2　两变量实数编码的单点交叉操作示例

常见的针对实数编码的交叉算子有三类，包括线性交叉算子、混合交叉算子和模拟二进制交叉算子。

1. 线性交叉算子

给定两个父代染色体P^1和P^2，线性交叉算子采用线性函数可产生多个子代染色体。

令$P^1=(p_1^1,p_2^1,\cdots,p_i^1,\cdots,p_N^1)$，$P^2=(p_1^2,p_2^2,\cdots,p_i^2,\cdots,p_N^2)$，$O^k$为$P^1$和$P^2$产生的第$k$个子代染色体，有

$$O^k=(o_1^k,o_2^k,\cdots,o_i^k,\cdots,o_N^k) \tag{6-1}$$

$$o_i^k=\alpha_i p_i^1+\beta_i p_i^2 \tag{6-2}$$

其中，α_i,β_i取值在[0, 1]，且$\alpha_i+\beta_i=1$。图 6-3 是线性交叉算子示例。其中，$P^1=13.76$，$P^2=16.65$，分别设置①$\alpha_1=0.4,\ \beta_1=0.6$，以及②$\alpha_1=0.9$，$\beta_1=0.1$，可得到 2 个子代染色体$O^1$和$O^2$。

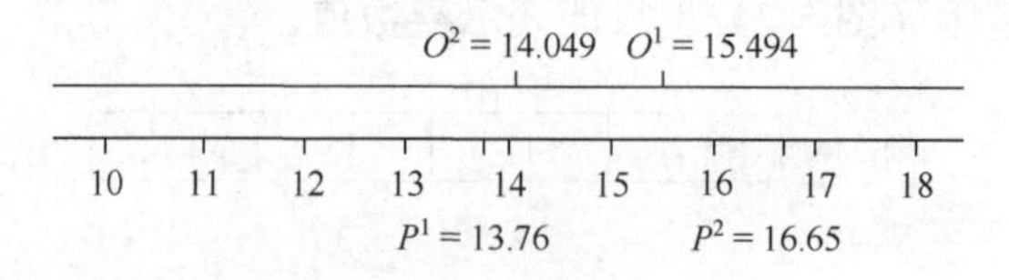

图 6-3　线性交叉算子示例

线性交叉算子计算简单，可从两个父代染色体中产生大量的子代染色体，有助于提高种群的多样性；也可以从所产生的众多染色体中选择出两个最佳染色体作为子代染色体。但是，在线性交叉算子中，确定α_i和β_i的值缺乏成熟的理论支撑，往往需要依赖经验。

2. 混合交叉算子

给定两个父代染色体 P^1 和 P^2 中第 i 个基因的值 p_i^1 和 p_i^2，假设 $p_i^2 > p_i^1$，混合交叉算子从 $[p_i^1-\alpha(p_i^2-p_i^1),\ p_i^1+\alpha(p_i^2-p_i^1)]$ 中随机选取一个值作为其子代染色体 O^k 中的第 i 个基因的值 o_i^k。其中，α 是一个取值在 0 到 1 之间的常数。α 值越大，随机取值的范围越大，通常取 $\alpha=0.5$。与线性交叉算子类似，混合交叉算子也可以从两个父代染色体中产生大量的子代染色体。以 $p_i^1=13.76$，$p_i^2=16.65$ 为例，o_i^k 的值在 $[13.76-2.89\alpha,13.76+2.89\alpha]$ 中随机选取。若 $\alpha=0.5$，其对应的取值范围为[12.32, 15.21]，如图 6-4 所示。

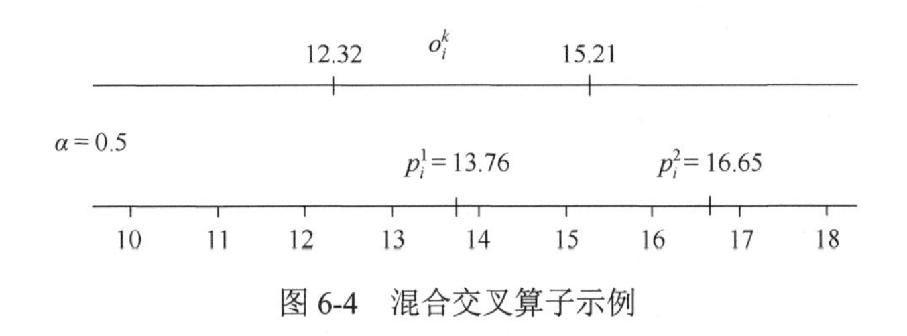

图 6-4　混合交叉算子示例

3. 模拟二进制交叉算子

模拟二进制交叉算子因为模拟二进制编码染色体常用的单点交叉算子而得名。对于二进制编码的单点交叉算子，两个子代染色体的基因值的均值与两个父代染色体的基因值的均值相等；由于染色体的每个基因被选择作为交叉点的概率相同，低位的基因座被选择为交叉点将导致较小的基因值变化。模拟二进制交叉算子产生的两个子代染色体的基因值的均值与其两个父代染色体基因值的均值也相等。

给定两个父代染色体 P^1 和 P^2，模拟二进制交叉算子采用如下步骤产生两个子代染色体 O^1 和 O^2。

步骤 1：产生一个[0，1]的随机数 u。

步骤 2：计算扩展因子 β 值：

$$\beta=\begin{cases}(2u)^{\frac{1}{\eta_c+1}}, & u\leqslant 0.5\\ \left(\dfrac{1}{2(1-u)}\right)^{\frac{1}{\eta_c+1}}, & \text{其他}\end{cases} \tag{6-3}$$

其中，η_c 为扩展因子分布指数的非负常数。η_c 值越大，将越倾向于产生更接近父代的子代。

步骤 3：计算两个子代染色体的值：

$$O^1=0.5[(1+\beta)P^1+(1-\beta)P^2] \tag{6-4}$$

$$O^2=0.5[(1-\beta)P^1+(1+\beta)P^2] \tag{6-5}$$

图 6-5 是模拟二进制交叉算子示例。其中 $P^1=13.76$，$P^2=16.65$，假设 $\beta=1.1037$，根据式（6-4）和式（6-5）得到子代染色体 $O^1=13.61$ 和 $O^2=16.80$。

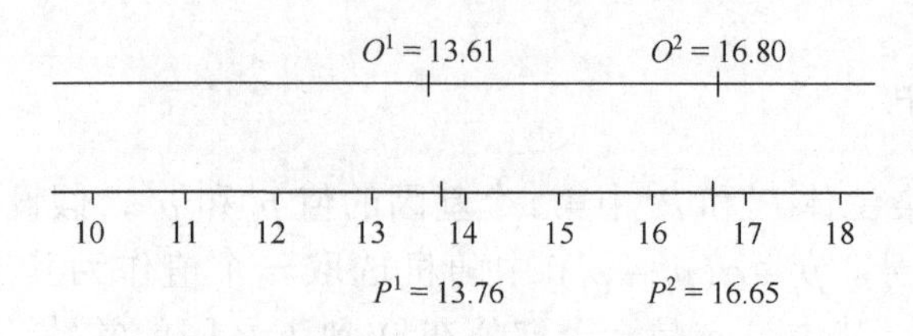

图 6-5 模拟二进制交叉算子示例

6.1.3 实数编码的变异算子

实数编码遗传算法常用的变异算子包括随机变异算子、正态分布变异算子、非均匀变异算子等。与基本位变异算子类似，这些变异算子以变异概率 P_m 随机选取染色体编码串中的某一位或几位基因值进行变异。令 x_i 与 x_i^{new} 分别为某变量变异前后的值，这三类算子的定义如下。

（1）随机变异算子：从其对应变量的值域范围中随机选取一个值代替原基因值 x_i。

（2）正态分布变异算子：使用均值为零和给定标准差的正态分布生成随机数，并利用该随机数与原基因值 x_i 的和来代替原基因值 x_i，即 $x_i^{\text{new}} = x_i + N(0,\sigma)$。

（3）非均匀变异算子：新基因值 x_i^{new} 由如下公式决定：

$$x_i^{\text{new}} = x_i + \tau(x_i^{\max} - x_i^{\min})(1 - r^{(1-t/t_{\max})^b}) \tag{6-6}$$

其中，τ 以 0.5 的概率取值为 1 或者−1，$x_i^{\max}$ 与 $x_i^{\min}$ 分别为 x_i 值域的上下边界值，r 为[0, 1]的随机数，$t_{\max}$ 为最大迭代代数，t 为当前迭代代数，b 为设计参数。随着迭代代数的增大，x_i 的变异幅度越来越小。

使用正态分布变异或非均匀变异时，如果产生 x_i 值域范围外的值，则重新运行该算子产生新的可行值，或在 x_i 的值域内随机选取一个值，作为其变异值 x_i^{new}。

6.2 顺序编码遗传算法

流水线平衡问题、旅行商问题、车辆路径优化问题等组合优化问题的可行解是由不重复的整数组成的数字序列，目标函数的值不仅与表示解的字符串的值（染色体中各个基因值）有关，还与其在字符串中的位置有关。对于这类问题，位串编码遗传算法和实数编码遗传算法都很难处理，顺序编码遗传算法可有效解决这类问题。

6.2.1 顺序编码

顺序编码，又称序列编码、有序编码或符号编码，其每个染色体是由一组无数值意义而只有编号意义的数值或符号组成的序列。以访问 5 个城市的旅行商问题为例，可以利用符号 A～E 来代表这些城市，其对应的可行解是符号序列（如 B，D，C，A，E）；

可以利用数值 1～5 来代表这五个城市，其对应的可行解是数值序列（如 2，4，3，1，5），该序列表示旅行商依次访问城市 2→4→3→1→5，顺序编码染色体示例如图 6-6 所示。

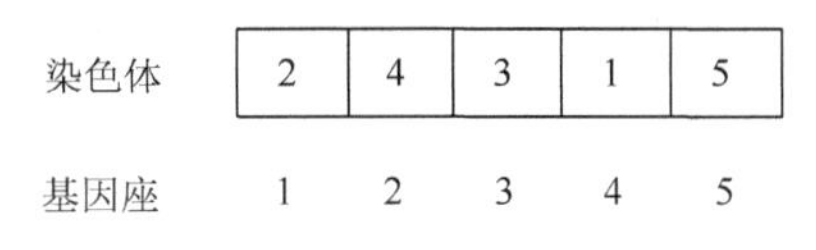

图 6-6　顺序编码染色体示例

6.2.2　顺序编码的交叉算子

针对位串编码或实数编码的交叉算子，无法适用于顺序编码。以考虑访问 9 个城市的旅行商问题为例，图 6-7 所示为利用单点交叉算子对两个顺序编码染色体进行交叉操作的示例，可以看到所产生的两个子代染色体均为不可行解。因此，需要针对顺序编码和待求解问题的特点提出相应的交叉算子。

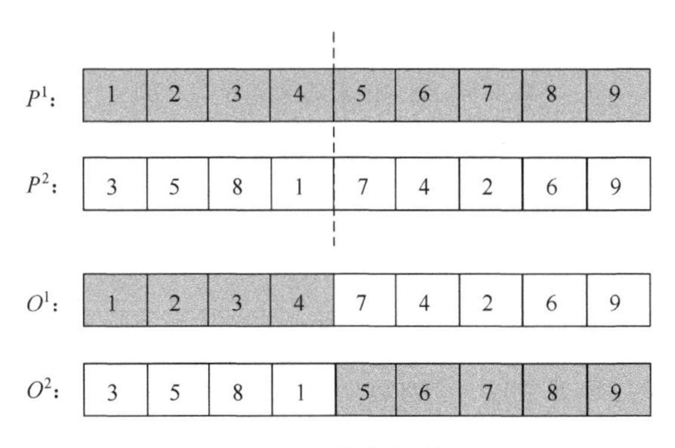

图 6-7　顺序编码染色体的单点交叉示例

常见的针对顺序编码的交叉算子有多种，包括基于位置的交叉算子、部分匹配交叉算子、循环交叉算子等。本节对这三种算子依次进行介绍。

1. 基于位置的交叉算子

给定父代染色体 P^1 和 P^2，基于位置的交叉算子的具体步骤如下。

步骤 1：在染色体中随机选择 n（$n \leqslant L$，L 为染色体长度）个基因座，$k_1,k_2,\cdots,k_n$ 作为交叉位。

步骤 2：将父代染色体 P^1 中 $k_1,k_2,\cdots,k_n$ 基因座的基因值复制到子代染色体 O^1 的对应基因座上。

步骤 3：子代染色体 O^1 中剩下的基因值，按照其出现在 P^2 中的顺序，从左至右依次填入 O^1 的剩余基因座上。

步骤 4：交换 P^1 和 P^2 的角色，重复步骤 2～步骤 3，获取另一个子代染色体 O^2。

图 6-8 是基于位置的交叉算子示例，其中基因座 2，5，6，8 被选为交叉位。如果上

述步骤 1 中随机选取 n 个连续的基因座为交叉位，而其他步骤保持不变，对应的算子称为顺序交叉算子，是基于位置的交叉算子的一个特例。

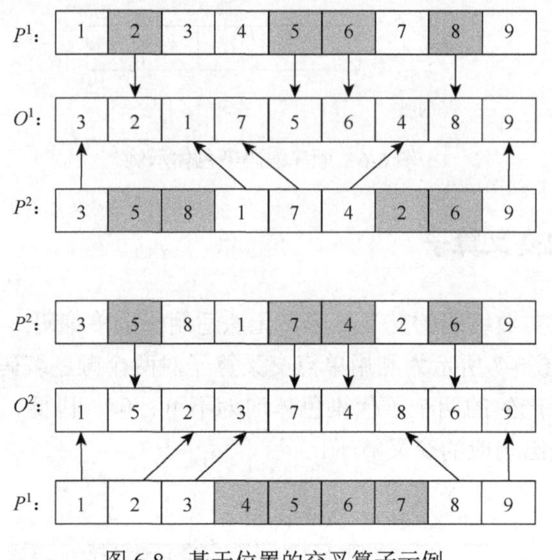

图 6-8　基于位置的交叉算子示例

2. 部分匹配交叉算子

部分匹配交叉算子，又称部分映射交叉算子。给定父代染色体 P^1 和 P^2，部分匹配交叉算子的具体步骤如下。

步骤 1：在染色体中随机选择几个连续基因座作为交叉位。

步骤 2：将父代染色体 P^1 和 P^2 中所选中基因座的基因值相互交换，形成 $O^{1'}$ 和 $O^{2'}$。

步骤 3：在 $O^{1'}$ 和 $O^{2'}$ 找出非交叉位上出现的重复基因值。

步骤 4：按照从左到右的顺序，对于每一个重复基因值，利用步骤 2 中基因值交换时的映射关系，用其对应的映射值进行替代，直到 $O^{1'}$ 和 $O^{2'}$ 中不存在重复基因值。

步骤 5：设定两个子代染色体的值，$O^1 = O^{1'}$，$O^2 = O^{2'}$。

图 6-9 是部分匹配交叉算子示例，其中基因座 4～7 被选为交叉位。

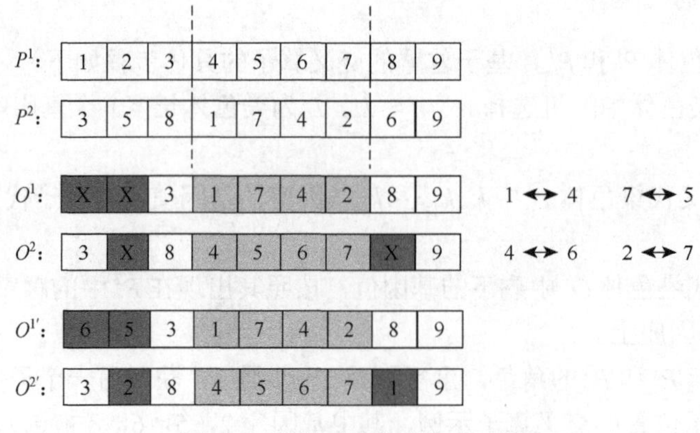

图 6-9　部分匹配交叉算子示例

3. 循环交叉算子

循环交叉算子产生的子代染色体中的每个基因值，均源于两个父代染色体对应基因座上的基因值之一。给定父代染色体 P^1 和 P^2，循环交叉算子的具体步骤如下。

步骤 1：在染色体 P^1 中随机选择 1 个基因座，找到染色体 P^2 中相应基因座上的基因值，再回到 P^1 中找到该基因值对应的基因座位置。

步骤 2：重复步骤 1，直至形成一个闭环（即找到步骤 1 在 P^1 中最初选择的基因值），闭环中的所有基因值在 P^1 中的位置，即为最后选中的位置。

步骤 3：将 P^1 中选中的基因放入子代染色体 O^1 的对应基因座位置。

步骤 4：染色体 O^1 中其他位置上的基因值由染色体 P^2 中对应位置的值填充。

步骤 5：交换父代染色体 P^1 和 P^2，重复步骤 1～步骤 4 产生子代染色体 O^2 。

图 6-10 是循环交叉算子示例，其中基因座 2 被选为交叉位。

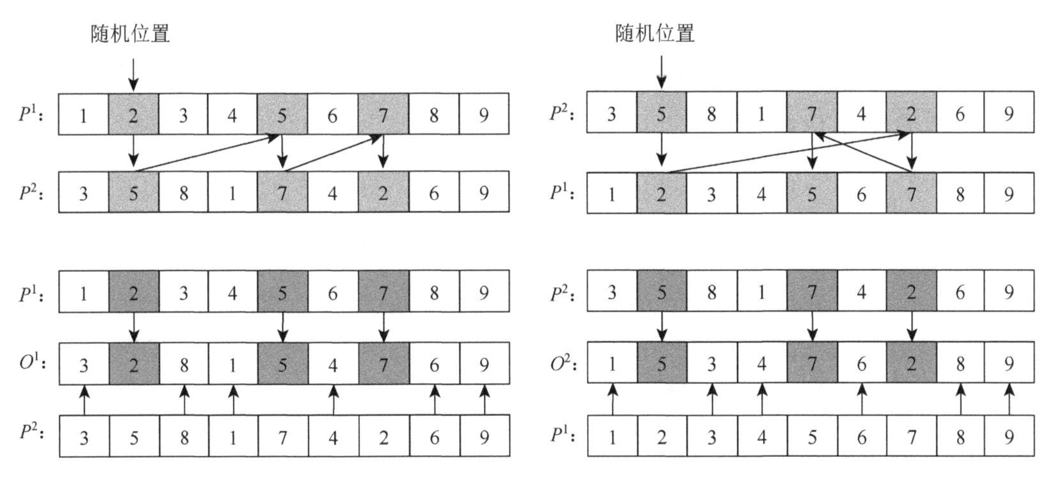

图 6-10　循环交叉算子示例

6.2.3　顺序编码的变异算子

顺序编码遗传算法的变异算子通过基因值顺序的变化实现基因变异。显然，与序列变化相关的变异算子，如逆转变异算子、互换变异算子和移动变异算子等，同样适用于顺序编码。

（1）逆转变异算子：在染色体中随机挑选两个基因座作为变异点，将从第一个变异点到第二个变异点之间的基因倒置。如染色体 1234567 变异为染色体 1654327 的变异点是 2 和 6。

（2）互换变异算子：在染色体中随机挑选两个基因座作为变异点，再将两个变异点的基因互换。如染色体 1234567 变异为染色体 1634527 的变异点是 2 和 6。

（3）移动变异算子：随机挑选两个小于染色体长度的整数 c_1 和 c_2，将第 c_1 个基因座的基因值向右移动 c_2 个位置，若超出染色体长度，则继续从染色体第 1 位依次移动。如将基因座 2 向右移 6 位，染色体 1234567 变异为染色体 2134567。

6.3　遗传算法的变体

前面介绍的三类遗传算法，都采用与基本遗传算法相同的算法流程。基本遗传算法基于种群进行搜索和寻优，且假设种群在进化过程中保持种群规模、交叉概率和变异概率等算法参数不变。若种群规模太大，则搜索时间长、收敛速度慢；若种群规模太小，则多样性较低、容易早熟收敛。另外，若交叉概率和变异概率设置过大，则搜索过程类似于随机搜索，导致种群更新过快、不利于种群收敛；若设置过小，则难以产生新个体，种群更新过慢、搜索速度慢耗时长。如何设置合适的种群规模以及交叉和变异概率等算法参数，如何引导算法的搜索过程，对于遗传算法的性能具有较大影响。

随着遗传算法近 60 年的发展，已有众多遗传算法的变体被提出。比如，基于两个种群的双种群遗传算法[71]，双倍体遗传算法[72]，涉及参数自适应变化的自适应遗传算法[73]、混合遗传算法[74]等。本节接下来简要介绍典型的自适应遗传算法和混合遗传算法。

6.3.1　自适应遗传算法

1. 基本思想

利用遗传算法求解优化问题，在算法迭代的初期，种群的质量通常较差，需要加快种群的更新速度，在解空间进行大范围的探索；在算法迭代的后期，种群的质量已有较大改善，最佳的潜在区域可能已经出现，有必要在优良解的邻域做更细致的搜索。基于这一思路，根据种群进化的实际情况，自适应地调整种群规模、交叉概率和变异概率等算法参数，原理上是可行且必要的。根据种群中染色体适应度值自适应地改变 P_c 和 P_m 的值的遗传算法，称为自适应遗传算法。

普通自适应遗传算法中，个体适应度值越接近最大适应度值，交叉概率与变异概率就越小；当等于最大适应度值时，交叉概率和变异概率为零。其自适应的交叉概率和变异概率可按式（6-7）和式（6-8）进行设置，其中，k_1～k_4 为给定常数，k_2 和 k_4 分别为给定的最大交叉概率和变异概率（$k_2 \geqslant k_1$，$k_4 \geqslant k_3$），$f_{\max}$ 和 f_{avg} 分别为种群中染色体的最大值和平均值，f_i 为候选染色体 i 的适应度。

$$P_c = \begin{cases} \dfrac{k_1(f_{\max} - f_i)}{f_{\max} - f_{\text{avg}}}, & f_i > f_{\text{avg}} \\ k_2, & f_i \leqslant f_{\text{avg}} \end{cases} \tag{6-7}$$

$$P_m = \begin{cases} \dfrac{k_3(f_{\max} - f_i)}{f_{\max} - f_{\text{avg}}}, & f_i > f_{\text{avg}} \\ k_4, & f_i \leqslant f_{\text{avg}} \end{cases} \tag{6-8}$$

也可以按照式（6-9）和式（6-10）设置自适应概率，其中，P_{c1} 和 P_{c2} 为给定交叉概率变化范围的最大值和最小值，P_{m1} 和 P_{m2} 为给定变异概率变化范围的最大值和最小值。

$$P_c=\begin{cases}P_{c1}-\dfrac{(P_{c1}-P_{c2})(f_i-f_{\text{avg}})}{f_{\max}-f_{\text{avg}}}, & f_i>f_{\text{avg}}\\ P_{c1}, & f_i\leqslant f_{\text{avg}}\end{cases} \tag{6-9}$$

$$P_m=\begin{cases}P_{m1}-\dfrac{(P_{m1}-P_{m2})(f_{\max}-f_i)}{f_{\max}-f_{\text{avg}}}, & f_i>f_{\text{avg}}\\ P_{m1}, & f_i\leqslant f_{\text{avg}}\end{cases} \tag{6-10}$$

2. 算法流程

一个代表性的自适应遗传算法的算法流程如下。

步骤 1：初始化算法参数。设置种群大小、迭代次数、交叉概率和变异概率等相关参数的值。

步骤 2：生成初始种群。基于某染色体编码方式，随机生成 N（N 为偶数）个染色体作为初始种群。

步骤 3：评价染色体适应度。将初始种群作为当前种群，并计算种群中每个染色体 i 的适应度 $f_i(1\leqslant i\leqslant N)$。

步骤 4：执行选择操作。利用选择算子从当前种群中选择 N 个染色体作为进入下一代繁衍过程的父代染色体，并计算其对应的 f_{avg} 和 $f_{\max}$。

步骤 5：执行交叉操作。将步骤 4 中的染色体随机配对。对每一对染色体，按照自适应交叉概率公式计算自适应交叉概率 $P_{c'}$，随机生成一个 0～1 的随机数，如果该随机数小于 $P_{c'}$，则对该对染色体进行交叉操作产生子代染色体，并计算其适应度。

步骤 6：执行变异操作。对步骤 4 和步骤 5 中的每个染色体，按照自适应变异概率公式计算自适应变异概率 $P_{m'}$，随机生成一个 0～1 的随机数，如果该随机数小于 $P_{m'}$，则对该染色体进行变异操作产生新的子代染色体，并计算其适应度。

步骤 7：形成新的当前种群。将步骤 4 中的父代染色体与新生成的子代染色体组合形成新的当前种群。

步骤 8：检查算法终止条件是否被满足。若满足，则返回当前种群中适应度最大的染色体作为最佳解，算法停止运行；否则转步骤 4 继续执行。

6.3.2　混合遗传算法

1. 基本思想

传统的遗传算法在求解复杂的优化问题时，往往易于陷入局部最优解而停止搜索、造成早熟收敛问题。混合遗传算法将遗传算法与其他搜索算法（如爬山法、贪婪搜索算法、禁忌搜索算法、模拟退火算法等）相结合，兼具基于种群的全局搜索能力和基于个体的局部启发式搜索能力，有助于大大提高优化性能。

2. 算法流程

混合遗传算法的代表性流程如下。

步骤 1：初始化算法参数。设置种群规模、迭代次数、交叉概率和变异概率等相关参数的值。

步骤 2：生成初始种群。基于某候选解编码方式，随机生成 N（N 为偶数）个染色体作为初始种群，将初始种群设置为当前种群。

步骤 3：计算当前种群中每个染色体 i 的适应度 $f_i(1 \leqslant i \leqslant N)$。

步骤 4：执行局部搜索。对每个染色体的邻域进行局部搜索，即以该染色体为初始个体，利用其他搜索算法（如禁忌搜索算法等）寻找该染色体邻域内的最佳个体，并用其替代原染色体。

步骤 5：执行选择操作。利用选择算子从当前种群中选择 N 个染色体作为父代种群。

步骤 6：执行交叉操作。将父代种群中的染色体随机配对。对每一对染色体，随机生成一个 0 到 1 的随机数，如果该随机数小于给定的交叉概率 P_c，则对该对染色体进行交叉操作产生子代染色体，并计算其适应度。

步骤 7：执行变异操作。对于步骤 5 和步骤 6 中的每个染色体，随机生成一个 0～1 的随机数，如果该随机数小于给定的变异概率 P_m，则对该染色体进行变异操作产生新的子代染色体，并计算其适应度。

步骤 8：形成新的当前种群。按照步骤 4 对子代染色体进行局部搜索，将所有新染色体与父代种群组合形成新的当前种群。

步骤 9：检查算法终止条件是否满足。若满足，则返回当前种群中适应度最大的染色体作为最终解，算法停止运行；否则转步骤 5 继续执行。

6.4 应 用 案 例

遗传算法提供了一类求解复杂优化问题的通用框架，适用于各种不同类型的优化问题，已被广泛应用于求解函数优化和组合优化领域的众多现实问题。本节将以一个服装生产中的流水线平衡问题为例，介绍遗传算法的具体应用。

6.4.1 问题描述

考虑某服装产品的缝纫工艺，由 41 道工序按照一定的工艺顺序组成，交给 41 个工人 i（$i=1,2,\cdots,41$）去完成，每人执行一道工序，因 41 个工人专长不同，他们完成不同工序所需的时间也不同。各道工序的生产顺序如图 6-11 所示，其中，$J_j(j \in N, 1 \leqslant j \leqslant 41)$ 表示第 j 道工序。已知完成各道工序的标准时间，令 ST_j 表示完成第 j 道工序 100 次的标准时间，工序 1～41 对应的 $\mathrm{ST}_1,\mathrm{ST}_2,\cdots,\mathrm{ST}_{41}$ 分别为[41，30，25，48，30，65，28，46，57，56，32，41，37，19，28，30，29，47，66，54，33，20，34，55，47，67，44，36，65，58，64，23，32，28，57，49，50，55，32，43，48]分钟。如果工序 j 由工人 i 完

成，则 $x_{ij}=1$；否则 $x_{ij}=0$。工人 i 完成工序 j 所花的时间为 $t_{ij}=\sigma_i \cdot \mathrm{ST}_j$，$\sigma_i$ 表示工人完成各道工序的效率。现需要以最小化生产节拍为目标完成 1000 件产品的生产，该如何安排这 41 个工人去执行 41 道不同的工序？

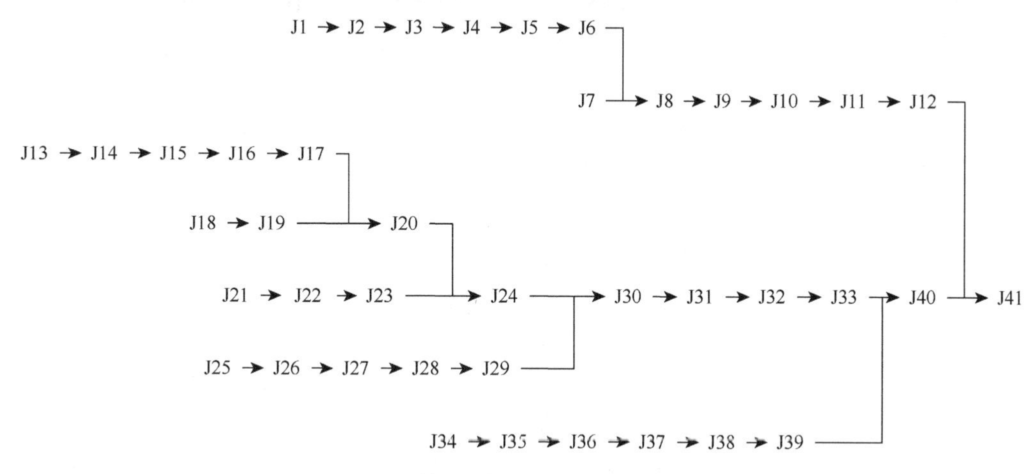

图 6-11　某服装产品的缝纫工序顺序图

6.4.2　算法设计与实现

可利用 6.2 节所述的顺序编码遗传算法对上述问题进行求解。

由于该问题是 41 个工人与 41 道工序一一对应的分配问题，可设置染色体长度为 41，其中从左至右 41 个基因座分别代表工序 1～41，对应的基因值代表操作该工序的工人编号。图 6-12 的染色体示例表示由工人 2、3、8、5、7、9、6、4、10 和 1 分别操作工序 1～10。

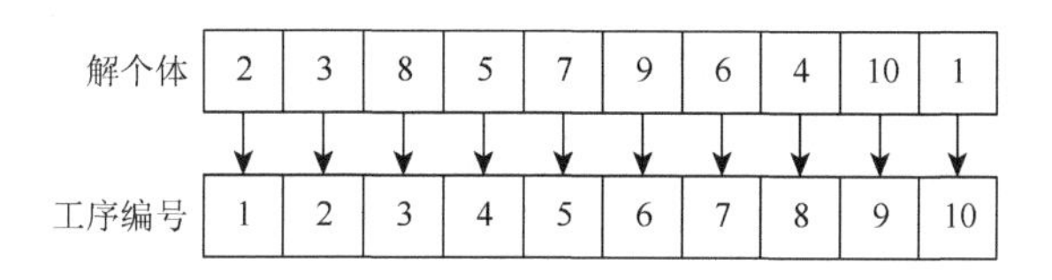

图 6-12　染色体表示示例

令 T_i 为执行工序 i 实际所需要的时间，则 $T_i=\sum_{j=1}^{41}(t_{ij}x_{ij})$。令 C_i 为工序 i 实际完成时间，则有

$$C_{12}=\max(T_1+T_2+T_3+T_4+T_5+T_6,T_7)+T_8+T_9+T_{10}+T_{11}+T_{12}$$
$$C_{20}=\max(T_{13}+T_{14}+T_{15}+T_{16}+T_{17},T_{18}+T_{19})+T_{20}$$
$$C_{24}=\max(C_{20},T_{21}+T_{22}+T_{23})+T_{24}$$
$$C_{33}=\max(C_{24},T_{25}+T_{26}+T_{27}+T_{28}+T_{29})+T_{30}+T_{31}+T_{32}+T_{33}$$
$$C_{40}=\max(C_{33},T_{34}+T_{35}+T_{36}+T_{37}+T_{38}+T_{39})+T_{40}$$
$$C_{41}=\max(C_{12},C_{40})+T_{41}$$

基于上述设定与计算，算法流程的具体步骤如下。

步骤 1：初始化算法参数。算法的种群规模设置为 100，交叉概率 P_c 为 0.9，变异概率 P_m 为 0.09，算法的最大迭代次数 T 为 200。

步骤 2：生成初始种群。按照上述顺序编码方式随机产生 100 个染色体。

步骤 3：计算种群中各染色体的适应度值。染色体的适应度函数设置为目标函数值的倒数，即 $f = 1/C_{41}$。

步骤 4：执行选择操作。利用锦标赛选择算子，从种群中随机选择 4 个染色体，将其中适应度最高的染色体保存到新的种群。这一过程反复执行，直到保存到新种群中的染色体数等于预先设定的种群规模。

步骤 5：执行交叉操作。将种群中的染色体随机两两配对，对于每对染色体，随机生成一个 0～1 的数，如果该随机数小于交叉概率 P_c，利用部分匹配交叉算子执行交叉操作产生子代染色体，并计算其适应度。

步骤 6：执行变异操作。对于种群中的染色体，随机生成一个 0～1 的数，如果该随机数小于变异概率 P_m，则利用逆转变异算子进行变异操作产生子代染色体，并计算其适应度。

步骤 7：检查是否满足算法终止条件。若算法迭代次数大于最大迭代次数 T，则算法停止运行，返回全局最佳染色体作为问题的最终解；否则，返回步骤 3。

6.4.3　结果

随机生成的初始种群中适应度最高的染色体为：[37，18，40，8，6，35，7，12，41，4，2，21，28，17，31，29，36，10，39，33，5，13，34，11，16，19，32，25，20，9，3，38，14，23，27，24，30，26，1，15，22]，按照该指派方案完成所有工序的节拍为 7.67 分钟。经过 200 代的演化迭代后，算法收敛于最佳解。该解对应的染色体为：[15，17，10，7，41，16，32，12，4，23，38，34，35，22，21，29，9，33，2，14，11，8，5，18，1，13，19，6，25，26，40，20，31，39，24，3，30，37，28，36，27]，其对应的生产节拍为 3.21 分钟。遗传算法迭代过程中最佳解对应的目标函数值的变化趋势如图 6-13 所示。

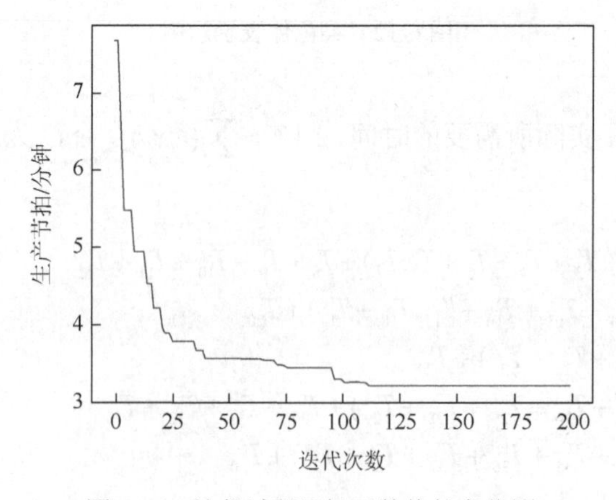

图 6-13　迭代过程目标函数值的变化图

6.5 本章小结

本章介绍了实数编码遗传算法、顺序编码遗传算法以及自适应遗传算法与混合遗传算法等遗传算法变种。在遗传算法领域，还有很多其他的编码方式和遗传算子被提出，由于篇幅限制，本章无法一一呈现。比如，用于表示函数程序演化的树形编码及其对应的遗传算子，用于旅行商问题等特定问题的子路径交叉算子、边重组交叉等交叉算子等。尽管遗传算法可适用于任意优化问题类，但其也存在一些算法局限性。比如，对于复杂问题容易收敛到局部最优解，且通常计算时间较长；另外，由于其通过候选解之间的相互比较找出更好的解，算法的终止条件往往难以实现精确指定。对于不同的问题，往往需要根据特定问题的具体特征进行有针对性的算法改进。要了解更多遗传算法及其应用可参考相关文献[75]和[76]。

➢习题

1. 给定父代染色体P^1和P^2，$P^1=(0.5,0.6,1.6,3.8,6.2)$，$P^2=(8.2,7.2,6.0,5.8,2.4)$，假设$\alpha=(0.5,0.6,0.8,0.4,0.3)$，请利用线性交叉算子计算其子代染色体。

2. 给定如下父代染色体P^1和P^2，其中两条竖线的中间部分为交叉位，请分别利用部分匹配交叉和顺序交叉得到其子代染色体。

（1）P^1：[1 2 3 | 4 5 6 7 | 8 9]，P^2：[4 5 2 | 1 8 7 6 | 9 3]。

（2）P^1：[2 1 5 4 | 7 8 9 3 | 6 10]，P^2：[1 5 4 6 | 10 2 8 7 | 3 9]。

3. 针对3.4节所述的旅行商问题，请设计合适的遗传算法进行求解。

4. 请设计自适应遗传算法求解3.4节所述的旅行商问题，并将其与习题3中使用方法的性能进行对比。

5. 针对第5章习题7中的优化问题，请设计实数编码遗传算法进行求解，并比较实数编码与两种位串编码形式对优化结果的影响。

6. 请设计混合遗传算法求解第5章习题7中的优化问题，并将其与习题5中使用方法的性能进行对比。

第7章 蚁群算法

蚁群优化（ant colony optimization，ACO）算法，又称蚁群算法，是受蚂蚁的觅食行为启发的一类智能优化算法。最早的蚁群算法，称为蚂蚁系统（ant system），其提出之初被用于解决旅行商问题[77]，取得了良好效果。在这之后，已有各种蚁群算法变体被提出。

7.1 蚁群算法的提出

7.1.1 蚂蚁的觅食行为

蚂蚁的视觉属于二维视觉，且大部分蚂蚁最多只能分辨十几厘米内物体的大概形状；然而，蚂蚁的觅食距离往往可逾百米。蚂蚁这类视力不佳的动物建立从它们的巢穴到食物源并返回巢穴的最短觅食路径的过程，引起了很多动物学家的研究兴趣[78-80]。动物学家发现，蚂蚁以一种其可以闻到的特殊化学物质（即信息素）为媒介，在个体之间传递路径信息，移动中的蚂蚁将数量不等的信息素释放到其行经的路径上，以此来标记路径。虽然一只孤立的蚂蚁基本上是随机移动的，但蚁群中的蚂蚁可以通过感知群体中其他蚂蚁释放的信息素，以高概率选择跟随信息素强度更高的轨迹进行移动，并利用它自己的信息素来加强其行经的轨迹。行经某一条路径的蚂蚁越多，这条路径就变得越有吸引力，这是一个自催化（正反馈）过程。

图7-1所示为一个蚂蚁觅食过程的示意图。从食物源A到巢穴E，蚁群原本的爬行路径是一条直线，如图7-1（a）所示。由于一个障碍物的出现，道路在B、D点之间被切断［图7-1（b）］。这时，在位置B、D，蚂蚁必须决定是向右或向左移动绕过障碍物。每只蚂蚁的决定，取决于左右两边路径上蚁群留下的信息素的强度，其倾向于选择信息素强度更高的轨迹。第一批到达B点（或D点）的蚂蚁到达障碍物时，由于左右两条路径上暂时没有先行蚂蚁留下的信息素，蚂蚁以相同的概率选择向左或向右移动。由于路径B→C→D比B→F→D短，选择路径B→C→D的蚂蚁将比选择路径B→F→D的蚂蚁更早到达D。结果是，从E到D返回的蚂蚁将在路径D→C→B上获取到强度更高的信息素，这是由已经通过路径 B→C→D 到达的蚂蚁和一半偶然决定通过路径D→C→B→A 绕过障碍物的蚂蚁释放的。因此，它们将以更高的概率选择路径D→C→B，而非路径D→F→B；单位时间内选择路径B→C→D的蚂蚁数量，将高于选择路径 B→F→D 的蚂蚁数量。因此较短路径上的信息素强度，相比较长路径上的信息素强度增长得更快。因此，所有蚂蚁选择较短路径的概率，都将很快高于选择较长路径。最后的结果是，所有的蚂蚁都会选择较短的路径。

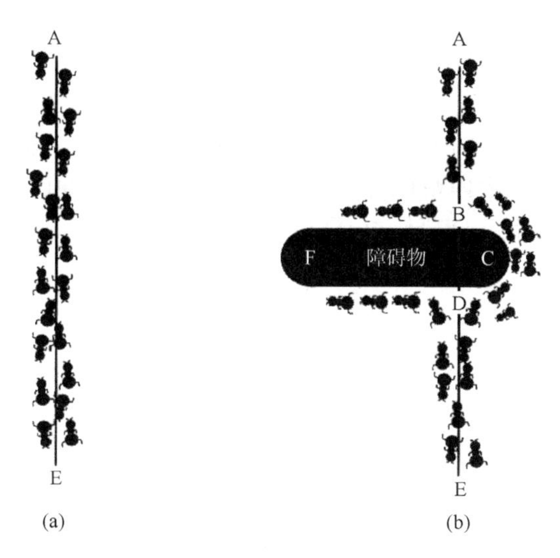

图 7-1　蚂蚁觅食过程示意图

7.1.2　蚁群算法的基本思路

蚂蚁寻找最优觅食路径的过程，可类比为寻找优化问题的最优解的过程。以旅行商问题为例，旅行商问题的候选解（候选路径方案）对应于蚁群觅食的一条可行路径，最小化旅行商旅行距离目标对应于寻找蚂蚁觅食的最短距离，最优化问题的寻优过程对应于蚁群中蚂蚁觅食过程中通过释放信息素逐步收敛到最优路径的过程。因此，可以构造人工蚁群来解决旅行商问题等最优化问题。人工蚁群由一群具有简单功能的工作单元（即人工蚂蚁）组成，人工蚂蚁具有双重特性，一方面，它们是真实蚂蚁的抽象，具有真实蚂蚁的特性；另一方面，它们还有一些真实蚂蚁没有的特性，在解决优化问题时具有更好的搜索较优解的能力。

人工蚁群与自然界中的真实蚁群的主要区别是：

（1）人工蚁群有一定的记忆能力；

（2）人工蚁群存在于时间离散的环境中。

针对图 7-1 所示蚂蚁觅食过程，下面以一个人工蚁群系统的简单示例来说明蚁群算法的基本思路。如图 7-2 所示，假定路径 D→H、B→H、B→C→D 的距离均为 1，其中 C 位于 B 和 D 之间的中点［图 7-2（a)］。在等间隔的离散时间点 $(t=0,1,2,\cdots)$ 内，人工蚁群如何工作呢？假设在每个单位时间内，有 30 只新蚂蚁从 A 到 B，30 只新蚂蚁从 E 到 D，蚂蚁的爬行速度均为 1（即一个单位时间内爬行距离为 1)。在觅食过程中，一只蚂蚁将在时刻 t 留下一条强度为 1 的信息素轨迹。为了简单起见，假设在连续时间间隔 $(t+1,t+2)$ 的中间时刻 $t+1.5$，信息素轨迹瞬间完全挥发。

在 $t=0$ 时刻，没有任何信息素轨迹，但分别有 30 只蚂蚁在 B 点、30 只蚂蚁在 D 点等待出发，它们对走哪条路径的选择是完全随机的。假设概率均等，在 B 节点会分别有 15 只蚂蚁向 C 走、15 只蚂蚁向 H 走，在 D 节点也一样，如图 7-2（b）所示。

在 $t=1$ 时刻，从 A 来到 B 的 30 只新蚂蚁在通往 H 的路径上发现一条强度为 15 的信息素轨迹，这是在(0,1)的时间间隔内，15 只从 B 走向 H 的先行蚂蚁留下的。而在通往 C 的路径上它们发现一条强度为 30 的信息素轨迹，这是由 15 只由 B 走向 D（经过 C）的先行蚂蚁，以及 15 只由 D 走向 B（经过 C）的先行蚂蚁留下的信息素强度之和［图 7-2(c)］。这时，30 只新蚂蚁选择路径的概率就有了偏差，可以预计走向 C 的蚂蚁数量将是走向 H 的蚂蚁数量的两倍：分别是 20 只和 10 只。对于从 E 来到 D 的蚂蚁也是如此。

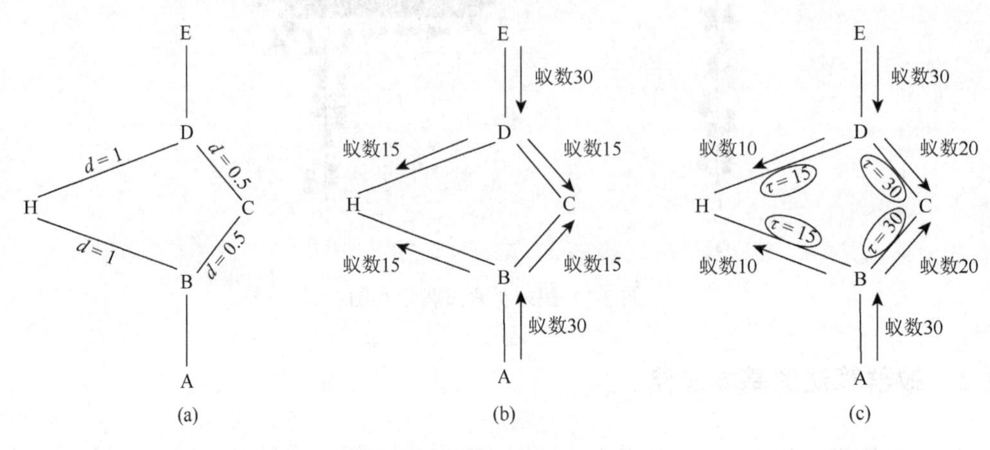

图 7-2 人工蚂蚁搜索过程示例

这个过程一直持续到所有的人工蚂蚁最终选择最短的路径。

综上所述，蚁群算法的基本思路可总结为：在一个给定的路径节点，如果一只蚂蚁需要在不同的候选路径中做出选择，那么，那些被先行蚂蚁更多选择的路径，也就是有更高的信息素强度的路径，被选择的概率更高。换言之，较高的信息素强度意味着更好的路径，也意味着更优的解决方案。

7.2 基本蚁群算法

7.2.1 蚂蚁系统

蚂蚁系统在 20 世纪 90 年代早期由意大利学者 Marco Dorigo 在其博士学位论文中提出[77]，是最早的蚁群算法。由于大量蚁群算法的变体均基于蚂蚁系统提出，蚂蚁系统又称为基本蚁群算法。

下面将以一个简单的对称旅行商问题（即城市 i 到城市 j 的距离与城市 j 到城市 i 的距离相等的旅行商问题）为例，对蚂蚁系统进行介绍。

令 $G=(V,E)$ 为由节点集合 $V=\{1,2,\cdots,n\}$ 和边的集合 $E=\{(i,j)\,|\,i,j\in V\}$ 组成的无向图。每个节点对应一个城市，每条边对应两个城市间的连接。给定任意城市对 i 和 j 之间的距离 d_{ij}，对称旅行商问题旨在确定一条访问无向图 G 中每一座城市一次并回到起始城市的总距离最短的行程回路。每个回路，对应于蚂蚁从起点出发、访问所有城市后回到起点的一次周游。

令 $b_i(t)\ (i \in V)$ 为 t 时刻在城市 i 上的蚂蚁数量，则 $m=\sum_{i=1}^{n} b_i(t)$ 为总的蚂蚁数量。每只蚂蚁都可认为是有如下特征的简单智能体。

（1）为了让蚂蚁进行符合要求的周游，在一次周游完成之前，不允许蚂蚁访问已访问过的城市（这可由禁忌表加以控制）。

（2）当完成一次周游时，它在每条访问过的边 (i,j) 上留下一种称为信息素的物质。

（3）其选择城市的概率，是由城市之间的距离和城市间连接边上存在的信息素余量的函数所决定的。

令 $\tau_{ij}(t)$ 表示边 (i,j) 在时刻 t 的信息素强度，并设定每只蚂蚁在 t 时刻选择下一个访问的城市，并假定在 $t+1$ 时刻已到达那里。因此，若把由 m 只蚂蚁在时间间隔 $(t,t+1)$ 内做的 m 次移动称为蚁群算法的一次迭代，则算法每迭代 n 次（称为一个周期），每只蚂蚁就完成了一次周游。在这个时间点，信息素强度根据下面的公式进行更新：

$$\tau_{ij}(t+n)=(1-\rho)\tau_{ij}(t)+\Delta\tau_{ij}(t) \tag{7-1}$$

式中，$\rho(\rho<1)$ 为 t 时刻和 $t+n$ 时刻之间信息素的挥发率；$\Delta\tau_{ij}(t)$ 为在 t 时刻和 $t+n$ 时刻之间边 (i,j) 上的信息素增量，其计算方式见式（7-2），可将0时刻的信息素强度 $\tau_{ij}(0)$ 设为一个小的正常数 c。令 $\Delta\tau_{ij}^k(t)$ 为第 k 只蚂蚁在 t 时刻和 $t+n$ 时刻之间留在边 (i,j) 上的单位长度的信息素量。

$$\Delta\tau_{ij}(t)=\sum_{k=1}^{m}\Delta\tau_{ij}^k(t) \tag{7-2}$$

$\Delta\tau_{ij}^k(t)$ 可按下式进行计算：

$$\Delta\tau_{ij}^k(t)=\begin{cases}\dfrac{Q}{L_k}, & \text{若第}k\text{只蚂蚁在本次周游中经过边}(i,j)\\ 0, & \text{否则}\end{cases} \tag{7-3}$$

式中，Q 为常数；L_k 为第 k 只蚂蚁的周游长度。

为了满足蚂蚁访问所有 n 个不同城市的约束，将每只蚂蚁与一个称为禁忌表的数据结构联系起来，令 tabu_k 为第 k 只蚂蚁的禁忌表，$\text{tabu}_k(s)$ 为表中的第 s 个元素（即第 k 只蚂蚁在当前周游中访问的第 s 个城市），该表存储了蚂蚁 k 直至时刻 t 之前访问过的城市，并禁止蚂蚁在 n 次迭代（即一个周期）结束之前再次访问它们。一次周游结束时，该禁忌表可以用来计算蚂蚁所代表的当前解的目标值（即蚂蚁所走路线的长度），之后清空禁忌表，这时蚂蚁又可以自由选择路径了。

定义第 k 只蚂蚁从城市 i 到 j 的转移概率为

$$P_{ij}^k(t)=\begin{cases}\dfrac{[\tau_{ij}(t)]^\alpha\cdot[\eta_{ij}]^\beta}{\sum\limits_{s\in J_k(i)}[\tau_{is}(t)]^\alpha\cdot[\eta_{is}]^\beta}, & j\in J_k(i)\\ 0, & \text{否则}\end{cases} \tag{7-4}$$

式中，η_{ij} 为能见度系数，设定 $\eta_{ij}=\dfrac{1}{d_{ij}}$，$J_k(i)$ 为蚂蚁 k 下一步允许访问的城市集合，即 $J_k(i)=\{1,2,\cdots,n\}-\text{tabu}_k$，$\alpha$ 和 β 为控制信息素和能见度之间相对重要性的参数。从式（7-4）

可见，转移概率可反映能见度（意味着越近的城市被选中的概率越大，这样就执行了贪婪性试探法）和 t 时刻信息素强度（意味着若边 (i,j) 上有更大的交通量，则这条路是更值得选的，这样就实现了正反馈过程）之间的权衡。

上述蚂蚁系统采用式（7-3）进行信息素增量的计算，称为蚁周（ant cycle）系统。根据信息素更新方式的不同，蚂蚁系统还包括蚁密（ant density）系统和蚁量（ant quantity）系统。在蚁密系统中，一只蚂蚁在经过边 (i,j) 时释放的信息素量为 Q；在蚁量系统中，一只蚂蚁经过边 (i,j) 时释放的信息素量为 $\dfrac{Q}{d_{ij}}$。

在蚁密系统模型中：

$$\Delta\tau_{ij}^{k}(t)=\begin{cases}Q, & \text{若第}k\text{只蚂蚁在本次周游中经过边}(i,j)\\ 0, & \text{否则}\end{cases} \tag{7-5}$$

在蚁量系统模型中：

$$\Delta\tau_{ij}^{k}(t)=\begin{cases}\dfrac{Q}{d_{ij}}, & \text{若第}k\text{只蚂蚁在本次周游中经过边}(i,j)\\ 0, & \text{否则}\end{cases} \tag{7-6}$$

在蚁密系统中，当一只蚂蚁从 i 到 j 时，边 (i,j) 上的信息素的增强与 d_{ij} 无关；在蚁量系统中，信息素的增强与 d_{ij} 成反比，即短路径对蚁群更有吸引力。

7.2.2 蚂蚁系统的算法流程

蚂蚁系统的算法流程图如图 7-3 所示。其具体实现步骤表述如下。

步骤 1：参数初始化。将 m 只蚂蚁随机放置在 n 个不同的城市上，并设置初始时刻 $t=0$，周期数 $\mathrm{NC}=0$，边 (i,j) 的信息素初始值 $\tau_{ij}(0)=c$。为避免蚂蚁重复访问已经访问过的城市，设置禁忌表来记录蚂蚁访问过的城市，把 m 只蚂蚁的出发城市位置存入禁忌表 $\mathrm{tabu}_k(s)$ 中，其中 s 为蚂蚁在当前周游中访问的第 s 个城市，令 $s=0$。步骤 2～步骤 7 是一个循环过程，每一次循环都代表着 m 只蚂蚁完成一次遍历 n 个城市的周游（一个路径回路），并从 m 只蚂蚁在当前周游中产生的 m 条路径回路中找到一条最短路径。

其中步骤 2～步骤 4 是这一循环过程中的子循环，每循环一次表示 m 只蚂蚁都按照转移概率移动一步（一次迭代）。

步骤 2：计算蚂蚁的转移概率。根据当前周期中边 (i,j) 的信息素值和长度 d_{ij}，由式（7-4）计算每只蚂蚁 k 在时刻 t 选择访问城市 j 的概率 $p_{ij}^{k}(t)$，由此得出 m 只蚂蚁在当前时刻访问各个城市的转移概率。

步骤 3：蚂蚁移动到下一个城市。按照转移概率确定每只蚂蚁 k 下一步选择访问的城市 j_t^k，并在禁忌表 $\mathrm{tabu}_k(s)$ 中存入该城市 j_t^k，设置 $t=t+1$。

步骤 4：判断禁忌表是否全满，即蚂蚁是否已访问全部 n 个城市。若禁忌表已满，进入步骤 5；若未满，则返回至步骤 2，蚂蚁继续按转移概率移动。

步骤 5：更新最短路径。由禁忌表中记录的各个城市节点得到 m 只蚂蚁的移动路径，并计算其路径回路的长度，找到截至当前周期的最短路径；设置周期数 $\mathrm{NC}=\mathrm{NC}+1$。

步骤 6：更新信息素值。根据步骤 5 得到的 m 只蚂蚁在当前周期行经的路径长度，结合信息素挥发率 ρ 以及边 (i, j) 的信息素值，可由式（7-1）计算出各边上更新后的信息素值。

步骤 7：判断是否满足结束条件。若不满足则跳转至步骤 2，否则进入步骤 8。与其他智能优化算法类似，结束条件有多种。比如，周期数达到用户定义的最大值（即 $\mathrm{NC} \geqslant \mathrm{NC}_{\max}$）或所有蚂蚁都在做相同的周游。将后一种情况称为停滞行为，因为它表示算法停止了可行解的搜索。

步骤 8：输出优化结果与最短路径回路。

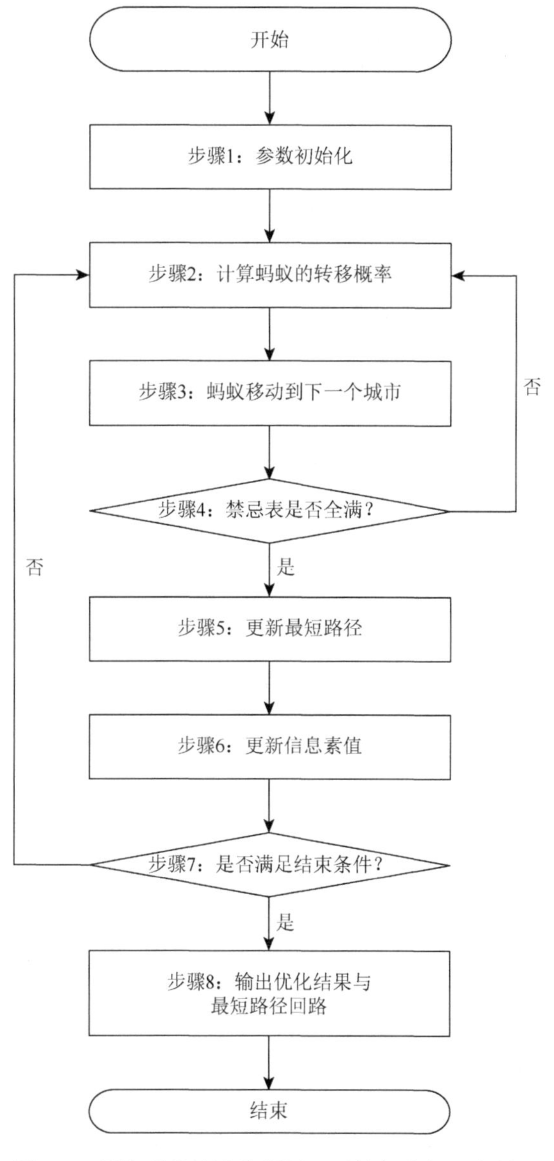

图 7-3　蚂蚁系统算法流程图（以旅行商问题为例）

7.3 改进的蚁群算法

对蚂蚁系统进行改进，提升其寻优性能，吸引了众多研究者的关注。本节介绍三种常见的改进策略。

7.3.1 精英策略蚁群算法

精英策略蚁群算法[81]在蚂蚁系统的基础上，利用精英策略进行信息素的更新。精英策略利用目前找到的性能最佳的蚂蚁（称为精英蚂蚁）所对应的最佳路径的信息，更新每条边的信息素。具体而言，每次周游结束更新各条边的信息素时，那些属于全局最优路径的边 (i,j) 会获得额外的信息素 $\Delta\tau_{ij}^{\mathrm{bs}}(t)$，类似于精英蚂蚁选择并强化了这条路径。对应的信息素更新公式如下：

$$\tau_{ij}(t+n)=(1-\rho)\tau_{ij}(t)+\Delta\tau_{ij}(t)+\Delta\tau_{ij}^{\mathrm{bs}}(t) \tag{7-7}$$

其中

$$\Delta\tau_{ij}(t)=\sum_{k=1}^{m}\Delta\tau_{ij}^{k}(t) \tag{7-8}$$

$$\Delta\tau_{ij}^{k}(t)=\begin{cases}\dfrac{Q}{L_k}, & \text{第}k\text{只蚂蚁在本次周游中经过边}(i,j)\\ 0, & \text{否则}\end{cases} \tag{7-9}$$

$$\Delta\tau_{ij}^{\mathrm{bs}}(t)=\begin{cases}e\dfrac{Q}{L_{\mathrm{bs}}}, & \text{最佳路径包含边}(i,j)\\ 0, & \text{否则}\end{cases} \tag{7-10}$$

式（7-9）计算信息素增加强度，与蚂蚁系统中的计算方式相同；式（7-10）计算精英蚂蚁在边 (i,j) 上增加的信息素量，L_{bs} 是精英蚂蚁对应的最佳路径的长度，e 是精英蚂蚁的数量。

7.3.2 排序蚁群系统

排序蚁群系统[82]在某种程度上是精英策略蚁群系统的一种拓展，在 m 只蚂蚁都完成一次周游后，按照周游长度对蚂蚁进行排序 $(L_1\leqslant L_2\leqslant\cdots\leqslant L_m)$，并根据蚂蚁的排序来确定其沉积信息素的量。除了由精英蚂蚁沉积的信息素，每次周游中只有前 ω 只蚂蚁被允许沉积信息素，以此来避免次优路径上存在信息素强度过高的现象。

令 σ 为蚂蚁在最佳路径上释放信息素值的权重（类似于精英策略中精英蚂蚁的数量），为了保证最佳路径上的信息素强度最高，最佳路径上信息素值的权重不应该被任何路径超过。因此，在排序蚁群系统中，排序为 μ 的蚂蚁在其周游路径上释放信息素值的权重为 $\sigma-\mu$，并设置 $\omega=\sigma-1$，这意味着信息素值的权重不会小于 1，同时也不会超过最佳路径上的信息素权重σ。在这样的组合设置下，同时考虑精英策略和排序，新的信息素强度更新公式如下：

$$\tau_{ij}(t+n)=(1-\rho)\tau_{ij}(t)+\Delta\tau_{ij}(t)+\Delta\tau_{ij}^{\text{bs}}(t) \tag{7-11}$$

其中

$$\Delta\tau_{ij}(t)=\sum_{\mu=1}^{\omega}\Delta\tau_{ij}^{\mu}(t)=\sum_{\mu=1}^{\sigma-1}\Delta\tau_{ij}^{\mu}(t) \tag{7-12}$$

$$\Delta\tau_{ij}^{\mu}(t)=\begin{cases}(\sigma-\mu)\dfrac{Q}{L_{\mu}}, & \text{排序为}\mu\text{的蚂蚁在本次周游中经过边}(i,j)\\ 0, & \text{否则}\end{cases} \tag{7-13}$$

$$\Delta\tau_{ij}^{\text{gb}}(t)=\begin{cases}\sigma\dfrac{Q}{L_{\text{gb}}}, & \text{最佳路径包含边}(i,j)\\ 0, & \text{否则}\end{cases} \tag{7-14}$$

其中，$\Delta\tau_{ij}^{\mu}(t)$和L_{μ}分别是排序为μ的蚂蚁本次周游在边(i,j)上沉积的信息素量和周游的路径长度；$\Delta\tau_{ij}^{\text{gb}}(t)$为精英蚂蚁在边$(i,j)$上沉积的信息素量；$L_{\text{gb}}$为已知最佳路径的长度；$\sigma$为最佳路径上信息素值的权重。

7.3.3　最大最小蚁群系统

相对于蚂蚁系统，最大-最小蚁群系统[83]有以下三方面的改进。

（1）在每次周游结束后，只允许最佳蚂蚁的行经路径新增信息素。这只蚂蚁可能是本次周游中性能最佳的蚂蚁（当前代最佳蚂蚁），也可能是从历次周游中性能最佳的蚂蚁（全局最佳蚂蚁）。因此，信息素的更新公式修改为

$$\tau_{ij}(t+n)=(1-\rho)\tau_{ij}(t)+\Delta\tau_{ij}^{\text{bs}}(t) \tag{7-15}$$

$$\Delta\tau_{ij}^{\text{bs}}(t)=\begin{cases}\dfrac{1}{L_{\text{bs}}}, & \text{最优路径包含边}(i,j)\\ 0, & \text{否则}\end{cases} \tag{7-16}$$

其中，L_{bs}可以是当前代最佳蚂蚁对应的路线长度$L_{\text{bs}}^{\text{iterat}}$，也可以是全局最佳蚂蚁所对应的路线长度$L_{\text{bs}}^{\text{global}}$。

（2）为了防止某条路径上的信息素出现过大或者过小的极端情况，每条路径上的信息素强度被限制在$[\tau_{\min},\tau_{\max}]$区间内。

（3）为了避免出现搜索过早停滞的现象，获得更多的搜索路径。在最大最小蚂蚁系统中，将信息素强度初始化为所有边的最大可能信息素强度$\tau_{\max}$，并选定一个较小的挥发系数（即设置较高的ρ值）。

这样，在最大最小蚁群系统中，最优解的搜索过程可以用以下方式解释：在算法每次迭代之后，信息素强度会因为挥发而减小。因为只有当前代最佳蚂蚁或全局最佳蚂蚁被允许更新信息素，所以只有在最佳路线上的边才被允许增加它们的信息素强度或保持

在最大可能的信息素强度。因此，没有得到强化的路径会持续降低它们的信息素强度，并且以更小的概率被蚂蚁选择。这样，最大最小蚁群系统可以避免在初始阶段搜索到较差的解。另外，在最大最小蚁群系统中，ρ 值可以被解释为学习速度，ρ 值越高，其他路径上的信息素强度下降得越慢，意味着学习较优解的速度越慢。因此，设置较高的 ρ 值有利于避免在算法运行初始阶段过度强化某些路径（因为在初始阶段信息素强度的差异仍然很小），这有利于对搜索空间继续更广泛的探索。

7.4 应用案例

作为智能优化算法领域的一类经典算法，蚁群算法已经被成功地应用于各种不同的优化问题，其中包括旅行商问题、车辆路径问题、二次分配问题、时间表问题、调度问题、背包问题等。

本节将介绍一个用蚁群算法解决带容量约束的车辆路径问题的应用实例。

7.4.1 问题描述

某家具公司需要从某市内仓库向 30 家门店配送货物。图 7-4 所示为仓库和 30 家门店的位置（图中以节点经纬度表示）分布。任意两节点间的距离，取值为该城市实际道路网络中对应两点间的最短距离。每辆货车从仓库出发访问完若干个门店以后返回仓库，每家门店仅被一辆货车访问一次。假设货车数量无限制，门店的货物需求量为[1, 10]内的整数，每辆货车最多能装下 50 个单位的货物。各门店的位置坐标和货物需求以及各门店与仓库之间的距离可参见前言进行获取。应该如何设计货物配送路线使得车辆的总行程最短？

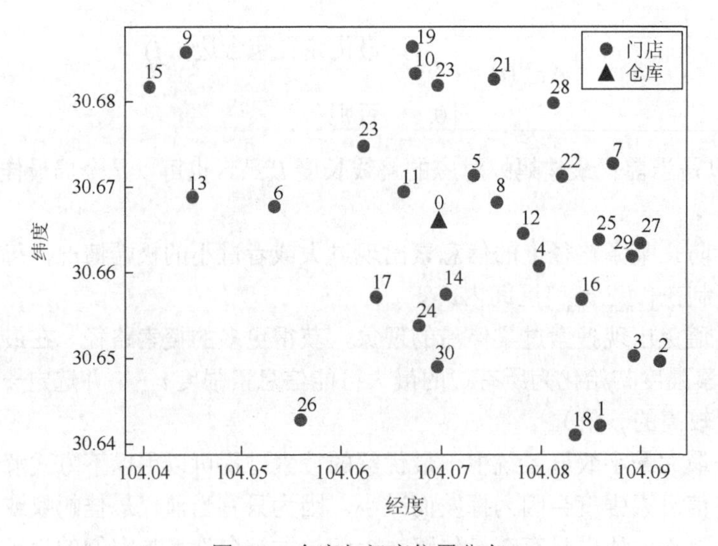

图 7-4　仓库与门店位置分布

7.4.2 算法设计与实现

上述问题是一个带容量约束的车辆路径问题，本节给出利用 7.2 节的蚂蚁系统求解该问题的具体算法步骤。由于带容量约束的车辆路径问题与旅行商问题上的差异，本节的算法步骤比 7.2 节的步骤更加复杂。

步骤 1：参数初始化。设置信息素初始值为 1000，车辆容量为 50，蚂蚁数量为 50，信息素挥发率为 0.5，信息素重要程度因子 $\alpha=1$，能见度重要程度因子 $\beta=1$，最大周期数为 1000。读取各门店与仓库之间距离数据、节点的经纬度以及货物需求量。为方便记录路径，给所有节点编号为 0～30，其中编号为 0 的节点表示仓库，编号 1～30 表示 30 家门店。

步骤 2：获取每只蚂蚁访问所有节点的最佳路径。将蚂蚁看作没有容量约束的货车，这时一只蚂蚁的行进路线就可以理解为用一辆车向 30 家门店配送货物的行驶路线。即类似于求解一个旅行商问题，使用 7.2 节所述的蚂蚁系统算法流程构建单车辆访问 30 个门店的最佳路径。

在蚂蚁系统算法的步骤 3 中，根据转移概率选择每只蚂蚁下一个访问的门店时，为了避免转移概率小的门店无法被访问，使用比例选择算子选择下一个访问的门店。下面举例说明概率的计算以及比例选择算子的选择原理。

为简化计算，以 5 个门店为例，已知蚂蚁初始位置在门店 1，门店 1 与门店 2、门店 3、门店 4、门店 5 之间的距离见表 7-1，初始信息素值为 10。根据式（7-4）计算可得，蚂蚁访问门店 2、门店 3、门店 4、门店 5 的概率分别为 0.81、0.10、0.05、0.04，各个门店的累积概率为 0.81、0.91、0.96、1。在 $[0,1]$ 生成一个随机数，当该数字在 $[0,0.81]$ 时，选择门店 2；在 $[0.81,0.91]$ 时，选择门店 3；以此类推。这样既保证了概率大的门店被选择的概率大，又避免了概率小的门店直接被淘汰。

表 7-1　门店距离　（单位：m）

门店序号	门店 1	门店 2	门店 3	门店 4	门店 5
门店 1	0	245	2090	3798	4921
门店 2	245	0	1904	3612	4676
门店 3	2090	1904	0	1838	3259
门店 4	3798	3612	1832	0	2423
门店 5	4910	4664	3259	2423	0

注：两门店间的距离取值为该城市实际道路网络中的最短距离，实际道路中有单行道，因此往返距离存在不相等的情况。

步骤 3：分割最佳路径，构建带容量约束的车辆路径问题解。找到步骤 2 中 50 条路径中的最佳路径，并对该路径进行分割，构建带容量约束的车辆路径问题解。

假设该旅行商问题的解（蚂蚁行进路线上的门店序列）为 6→22→11→25→29→27→

15→2→1→17→30→24→13→16→20→10→23→4→7→3→26→5→12→14→8→18→9→19→21→28，随机产生的门店货物需求量如表 7-2 所示，总的货物需求量为 141。这显然不满足货车的容量约束，那么如何得到满足约束的可行解呢？

表 7-2　各门店的货物需求量

门店序号	1	2	3	4	5	6	7	8	9	10
货物需求量	1	2	2	1	8	9	3	9	1	6
门店序号	11	12	13	14	15	16	17	18	19	20
货物需求量	2	4	9	1	4	7	9	1	2	3
门店序号	21	22	23	24	25	26	27	28	29	30
货物需求量	1	6	8	6	2	8	6	6	5	9

假设现在有一辆装满了 50 个单位货物的货车按照蚂蚁系统选择的路线送货，每经过一家店，卸下门店所需数量的货，由表 7-2 的数据计算得到，走到路线上第 11 家门店（即门店 30）时，车上剩余货物少于门店的需求，这时第一辆车返回仓库。第二辆车出发从第 11 家门店开始继续配送，走到第 18 家门店时，车上剩余货物少于门店的需求，这时第二辆车返回仓库。第三辆车出发从第 18 家门店开始继续配送，刚好可以走完所有门店。这样，就实现了对路径的分割，得到一组满足货车容量约束和门店需求的可行解，使用 3 辆车完成 30 家门店的配送任务，第一辆车装载 46 个单位的货物向 10 家门店配送，行进路线为 6→22→11→25→29→27→15→2→1→17，第二辆车装载 48 个单位的货物向 7 家门店配送，行进路线为 30→24→13→16→20→10→23，第三辆车装载 47 个单位的货物向 13 家门店配送，行进路线为 4→7→3→26→5→12→14→8→18→9→19→21→28。

步骤 4：优化带容量约束的车辆路径问题解。对于步骤 3 所得到的分解方案，利用步骤 2 所述的蚂蚁系统分别对每辆车的行驶路径进行优化，寻找每辆车从仓库出发，访问该车辆所需服务门店，并返回仓库的最佳路径。

步骤 5：更新最佳解。根据上述路径组合计算路径总长度，并与当前最佳解比较，如果总长度短于当前最佳解，则更新最佳解。

步骤 6：判断是否满足结束条件。即周期数是否达到 1000，如果周期数未达到 1000 则返回步骤 2，反之，则进入步骤 7。

步骤 7：输出最佳解，并绘制路径总长度随周期迭代变化趋势图和配送路径图。

7.4.3　结果

运行上述蚁群优化算法，可得到最佳解如图 7-5 所示，使用 3 辆车运送货物，总路径长度为 34660，第一辆车的行进路线为 17→26→6→13→15→9→23→11，第二辆车的行进路线为 14→24→30→18→1→2→3→16→29→27→25→4→12，第三辆车的行进路线为 5→8→22→7→28→21→19→10→20。图 7-6 给出了总路径长度随算法迭代次数变化的情况。可以看出，在算法迭代初期得到的总路径长度会随着迭代次数的增加快速减小，而后在很长时间内保持不变或者小幅度减小，说明该蚁群算法可以很快地收敛。

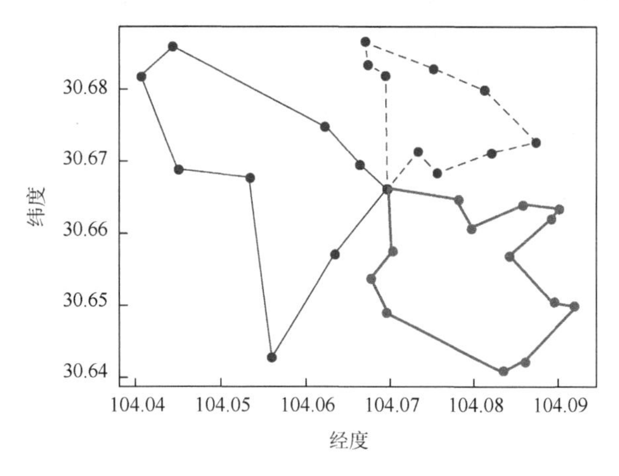

图 7-5 货物配送路线图

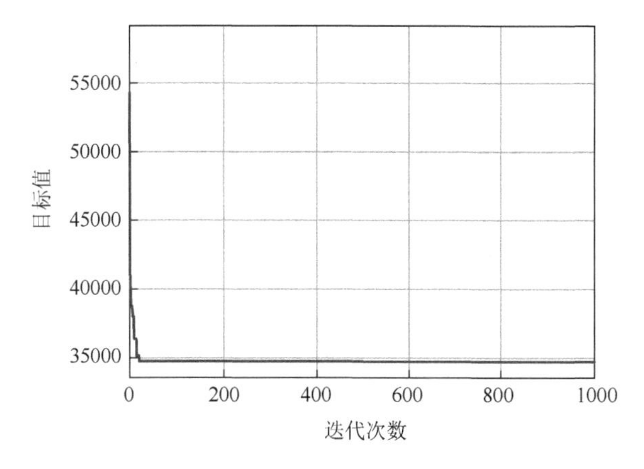

图 7-6 总路径长度随算法迭代次数变化的情况

7.5 本 章 小 结

本章主要介绍蚁群优化算法的来源、基本原理和算法流程，并介绍了三种改进的蚁群算法，包括精英策略蚁群系统、排序蚁群系统、最大最小蚁群系统，最后介绍了应用基本的蚁群算法求解带容量约束的车辆路径问题的实例。蚁群优化算法在现实中得到了较广泛的应用。一些商业公司，如 AntOptima（www.AntOptima.com）等，在推动蚁群优化算法在现实世界中的应用方面发挥了非常重要的作用，其基于蚁群算法，成功开发了用于解决车辆路径优化、工业调度、装配线平衡等问题的工具。想了解蚁群优化算法及其应用的更多内容，可参考相关文献[84]。

➢习题

1. 请简述蚁群算法中“人工蚂蚁”的行为与真实蚂蚁觅食行为原理的异同。

2. 请简述蚁周系统、蚁密系统和蚁量系统三类蚁群算法原理上的差异。

3. 精英策略蚁群算法是否一定具有优于蚂蚁系统的性能？请简述你的观点与理由。

4. 针对 3.4 节所述的旅行商问题，请设计合适的蚁群算法进行求解。

5. 针对 4.4 节所述的作业车间调度问题，请设计合适的蚁群算法进行求解，并对比研究蚁群算法与模拟退火算法的性能差异。

6. 请运行 7.4 节的蚁群算法，并通过修改程序中的信息素初始值、蚂蚁数量、信息素挥发率、信息素重要程度因子和能见度重要程度因子等参数，分析不同的参数设定对求解性能的影响规律。

第 8 章　粒子群优化算法

粒子群优化（particle swarm optimization，PSO）算法[85]是由美国社会心理学家肯尼迪（Kennedy）和电气工程师埃伯哈特（Eberhart）受鸟群觅食等聚集行为启发而提出的一类群体智能优化算法。粒子群优化算法概念简单、参数较少、易于实现，自提出以来，已广泛应用于众多工程应用领域，成功解决了各种复杂的优化问题。

8.1　粒子群优化算法的提出

8.1.1　鸟群聚集行为研究

自然界中的各种生物体都具有一定的群体聚集行为，如鸟、蚂蚁、鱼等动物通过聚集可有效地觅食或逃避追捕。在整个群体中，每一个生物个体的行为规则非常简单，但由于个体之间的信息相互共享，每个个体的行为建立在群体行为的基础之上，由此可实现非常复杂的群体行为和目标。

20 世纪 80 年代，一些科学家对鸟类的聚集行为进行了研究，旨在探索并模拟其运行规律。1987 年，生物学家雷诺兹（Reynolds）提出了著名的 Boids 模型[86]，用于模拟鸟类聚集飞行的行为。在这个模型中，每个个体的行为只和它周围邻近个体的行为有关，群体中的每个个体需遵循以下三个简单的行为规则。

（1）避免碰撞（collision avoidance）：避免和邻近的个体相碰撞。

（2）速度一致（velocity matching）：与邻近的个体在速度上保持协调和一致。

（3）向中心聚集（flock centering）：向群体中心靠近。

在鸟群的觅食行为中，每只鸟在初始状态下随机位于不同的位置，并随机选择一个方向飞行。每只鸟都依据以上三个简单的行为规则，根据周围环境调整飞行方向。Reynolds[86]通过一系列的仿真试验发现，随着时间的推移，最初处于随机状态的鸟群通过自组织的方式会逐步聚集成一个个小的群落，并以相同的速度向同一个方向飞行，然后再聚集成大的群落，最终整个群落聚集在同一位置，即食物所在的位置。仅仅通过上述三个简单的行为规则，Boids 模型就得到了符合人对自然鸟群行为理解意义上的鸟群模拟效果。

生物学家 Heppner 和 Grenander[87]进一步对鸟类被吸引飞向栖息地的趋同性行为进行了研究，发现鸟类的趋同性行为只是建立在每只鸟对周围环境的局部感知上，整个群体中并不存在一个集中的组织者。一开始，每只鸟都没有目标地飞行，直到一只鸟到达栖息地。当设置到达栖息地比留在当前位置具有更优的适应度时，每一只鸟都会逐渐地离开当前位置飞向栖息地。可见，鸟群中个体之间信息的社会共享有助于其群体行为的优化，粒子群优化算法受此启发而被提出。

8.1.2 粒子群优化算法的原理

Kennedy 和 Eberhart[85]基于鸟群觅食等群体行为的行为规则与优化问题求解之间的相似性，提出了粒子群优化算法。粒子群优化算法是将食物所在地比作优化问题的最优解在解空间中所处的位置，将鸟群中每个个体的飞行看作候选解在解空间中的不断更新（解的寻优），通过个体间的信息传递将整个鸟群引导向食物所在地（最优解）。据此，Kennedy 和 Eberhart 针对鸟群觅食群体行为，提出了个体的行为准则。

（1）个体以达到食物所在地为目标进行移动。

（2）个体能记忆自己到达过的与食物所在地最近的位置。

（3）个体与其他个体共享相对于食物所在地的最佳位置信息。

依据上述个体的行为准则，初始于随机位置的个体会根据自己所经历过的最佳位置和群体中所有个体经历过的最佳位置，不断地调整飞行的方向和速度，使得个体向食物所在地移动。进而，整个鸟群根据个体的飞行情况，使队伍保持最佳状态，最终到达食物所在地。鸟群通过个体之间的信息共享，体现出强大的群体智能，从而完成复杂环境下的觅食行为。

受这种鸟群行为特性的启发，在粒子群优化算法中，每个个体被抽象为 n 维搜索空间上没有质量和体积的一个点，称为粒子。每一个粒子所处的位置代表一个候选解，粒子（或位置）的优劣利用一个由目标函数决定的适应度值来表示。每一个粒子在搜索空间中以一定的速度飞行，该速度决定其飞行的方向和距离。而且，每一个粒子都有记忆，可记得目前为止其所发现的最佳位置（个体最佳位置），以及整个群体中所有粒子发现的最佳位置（全体最佳位置）。

粒子群优化算法的基本思想是，首先在搜索空间中随机初始化一群粒子及其位置，然后以迭代的方式找到这群粒子的最终位置（问题的最终解）。在每次迭代中，粒子可以通过跟踪个体最佳位置和全体最佳位置，并基于其位置和飞行速度信息来动态更新自己的位置和速度；通过各粒子间的互相协作和信息共享，粒子在复杂的解空间中不断地移动以找到最优解。

8.2 基本粒子群优化算法

在 Kennedy 和 Eberhart[85]提出的基本粒子群优化算法中，每个粒子的位置代表了优化问题在 D 维搜索空间中的一个候选解。粒子群由 m 个粒子组成，即 $X=(x_1,x_2,\cdots,x_m)$。其中，第 i 个粒子 x_i 对应于一个优化问题的 D 维解向量，其当前位置可以表示为 $x_i=(x_{i,1}, x_{i,2},\cdots,x_{i,D})$。令 $v_i=(v_{i,1},v_{i,2},\cdots,v_{i,D})$ 为第 i 个粒子的当前飞行速度；$p_i=(p_{i,1},p_{i,2},\cdots,p_{i,D})$ 为第 i 个粒子到目前为止搜索到的最佳位置，称作个体最佳位置；$p_g=(p_{g,1},p_{g,2},\cdots,p_{g,D})$ 为群体中所有粒子到目前为止搜索到的最佳位置，称作全体最佳位置。定义在第 t 次迭代中，第 i 个粒子的位置向量和速度向量的第 $d(d=1,2,\cdots,D)$ 维分别为 $x_{i,d}^t$ 和 $v_{i,d}^t$，且 $x_{i,d}^t$ 通常需在该变量的值域范围 $[x_d^{\min},x_d^{\max}]$ 内。定义在第 t 次迭代中，个体最佳位置 p_i 和全体最佳位

置 p_g 的第 d 维分别为 $p_{i,d}^t$ 和 $p_{g,d}^t$。根据式（8-1）和式（8-2），可以分别计算出第 i 个粒子在第 $t+1$ 次迭代时的第 d 维速度 $v_{i,d}^{t+1}$ 和位置 $x_{i,d}^{t+1}$，其向量化表示见图 8-1。

$$v_{i,d}^{t+1} = v_{i,d}^t + c_1 r_1 (p_{i,d}^t - x_{i,d}^t) + c_2 r_2 (p_{g,d}^t - x_{i,d}^t) \tag{8-1}$$

$$x_{i,d}^{t+1} = x_{i,d}^t + v_{i,d}^{t+1} \tag{8-2}$$

其中，r_1 和 r_2 为 $[0,1]$ 内服从均匀分布的随机数；c_1 和 c_2 为两个正常数，被称为学习因子或加速因子。速度更新式（8-1）由三部分组成。第一部分为对粒子先前速度的继承，表示粒子对当前自身运动状态的信任，依据先前速度进行的惯性运动；第二部分为个体认知部分，表示粒子基于自身以往经验对下一步飞行方向的思考，通过加速因子 c_1 调节粒子飞向个体最佳位置的步长；第三部分为社会认知部分，表示粒子间的信息共享与相互合作，通过加速因子 c_2 调节粒子飞向全体最佳位置的步长。为了减少在搜索过程中粒子离开搜索空间的可能性，通常将 $v_{i,d}^t$ 的取值限定在一个速度限值内，即设定 $\left|v_{i,d}^t\right| < v_{\max}$。

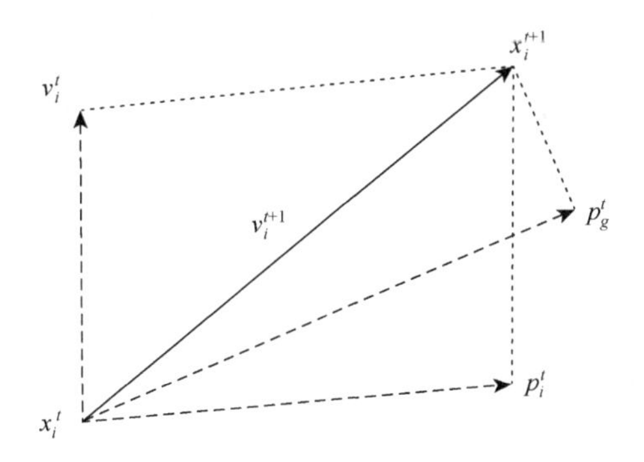

图 8-1　式（8-1）和式（8-2）的向量表示

图 8-2 为基本粒子群优化算法流程图，其具体实现步骤如下。

步骤 1：初始化粒子群。初始化算法的所有参数值，并随机初始化所有粒子的位置和速度向量。粒子位置和速度向量的具体表示形式由优化问题决定。

步骤 2：计算各粒子的适应度值。一般对应于该粒子当前位置所代表的解的目标函数值。该解的性能（目标函数值）越优，其适应度值越大。

步骤 3：检查是否满足终止条件，若不满足，转步骤 4 进入下一次迭代，否则转步骤 7。

步骤 4：更新各粒子的个体最佳位置，即该粒子到目前为止搜索到的具有最佳适应度值的位置。

步骤 5：更新粒子的全体最佳位置，即群体中所有粒子到目前为止搜索到的具有最佳适应度值的位置。

步骤 6：更新粒子的速度和位置，分别应用式（8-1）和式（8-2）更新每一个粒子的速度向量和位置向量，转步骤 2。

步骤 7：输出全体最佳位置作为算法得到的最终解，算法结束。

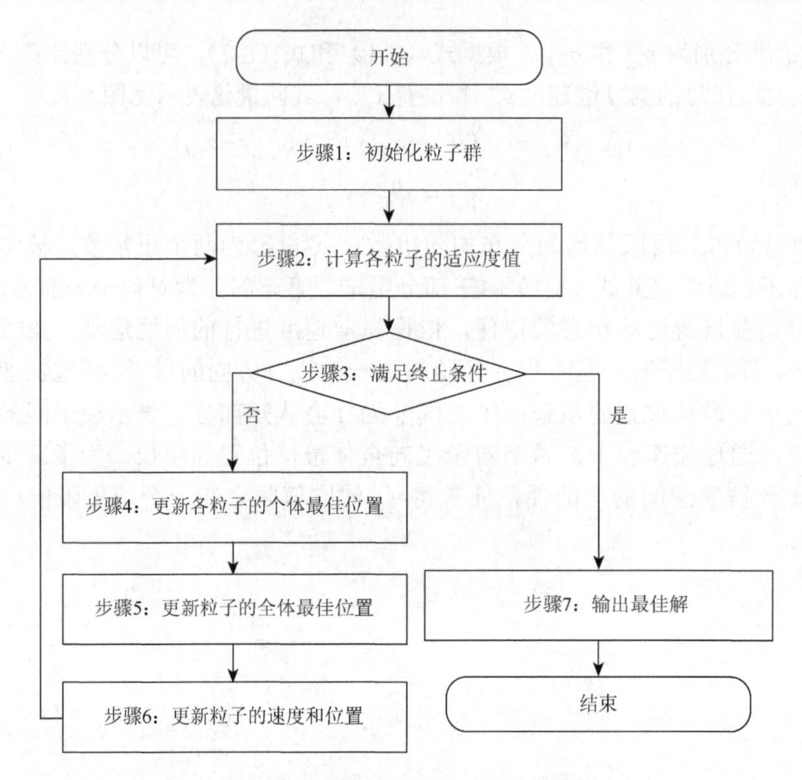

图 8-2 基本粒子群优化算法流程图

目前，粒子群优化算法中参数值的设置尚无成熟的理论支持，以下给出各参数的经验设置。

（1）群体规模 m，为群体中的粒子总数；群体规模越大，则寻优能力越强，但算法运行时间会增加；一般取值为20～40，对较难或特定类别的问题可以取100～200。

（2）加速因子 c_1 和 c_2，分别为粒子朝向个体最佳位置 p_i 和全体最佳位置 p_g 方向运动的加速权重；一般将 c_1 和 c_2 统一为一个控制参数，$\varphi = c_1 + c_2$。如果 φ 很小，则粒子群位置变化非常缓慢；如果 φ 很大，则粒子群位置变化非常快；实验表明，当 $\varphi = 4.1$（通常 $c_1 = c_2 = 2.05$）时，具有较好的收敛效果。

（3）最大速度 $v_{\max}$，决定粒子在一次飞行中可以移动的最大距离，以防粒子离开搜索空间；过大的 $v_{\max}$ 可能会导致粒子飞过较好的解，过小的 $v_{\max}$ 可能会导致粒子陷入局部最优；粒子最大速度 $v_{\max}$ 的取值通常视具体问题而定，如设定为问题参数的取值范围宽度。

（4）最大迭代次数 T，取值视具体问题而定。迭代次数太少可能会过早地终止搜索；迭代次数过多会导致增加不必要的计算时间。

8.3 标准粒子群优化算法

在 Kennedy 和 Eberhart 提出基本粒子群优化算法之后，许多学者针对该算法提出了多种改进策略。粒子群优化领域著名学者 Clerc[88]对相关改进策略进行了归纳与提炼，提出了标准粒子群优化（standard particle swarm optimization，SPSO）算法。本节介绍 Clerc 在 2006 年提出的标准粒子群优化算法，简称 SPSO2006 算法。

与基本粒子群优化算法相比，标准粒子群优化算法定义了一个拓扑结构来描述群体内粒子之间的信息告知关系，并将速度更新式（8-1）的第三部分限定于能告知该粒子信息的所有粒子搜索到的最佳位置。当第 i 个粒子被第 j 个粒子告知时，意味着第 i 个粒子知道第 j 个粒子到目前为止的最佳状态（位置和适应度值）。能够告知第 i 个粒子的所有粒子的集合被称为第 i 个粒子的邻域（即第 i 个粒子知道其邻域内所有粒子到目前为止的最佳状态）。令 N_i^t 为第 i 个粒子在第 t 次迭代时的邻域，l_i 为邻域 N_i^t 中所有粒子到目前为止搜索到的最佳位置，其第 d 维为 $l_{i,d}^t$。标准粒子群优化算法应用自适应的随机拓扑来构建每一个粒子的邻域，即每个粒子仅告知随机选择的 K 个粒子（同一个粒子可能被告知多次），以及该粒子本身。这表明每个粒子至少告知一个粒子（该粒子本身），最多告知 $K+1$ 个粒子（包括该粒子本身），且每个粒子可以被 1 到 m 之间的任何数量的粒子告知。参数 K 通常设定为 3。

标准粒子群优化算法的流程与图 8-2 展示的基本粒子群优化算法的流程一致，仅在步骤 1 和步骤 6 的具体操作上存在差异。

在步骤 1 随机初始化所有粒子的位置和速度时，标准粒子群优化算法分别应用式（8-3）和式（8-4）初始化每一个粒子的位置向量 x_i 的每一个维度 $x_{i,d}^0$ 和速度向量 v_i 的每一个维度 $v_{i,d}^0$。

$$x_{i,d}^0 = U(x_d^{\min}, x_d^{\max}) \tag{8-3}$$

$$v_{i,d}^0 = \frac{U(x_d^{\min}, x_d^{\max}) - x_{i,d}^0}{2} \tag{8-4}$$

其中，$x_d^{\max}$ 与 $x_d^{\min}$ 分别为解向量第 d 维变量的值域的上下界；$U(x_d^{\min}, x_d^{\max})$ 产生 $[x_d^{\min}, x_d^{\max}]$ 之间服从均匀分布的随机数。群体规模 m 设置为 $10+\left[2\sqrt{D}\right]$，其中 $\left[2\sqrt{D}\right]$ 为实数 $2\sqrt{D}$ 的整数部分。

在步骤 6 更新第 i 个粒子的速度向量和位置向量时，标准粒子群优化算法依次进行如下操作。

（1）若算法首次进入步骤 6 或者在前一次迭代（$t-1$ 次）时未改善全体最佳位置，则依据自适应的随机拓扑更新该粒子的邻域 N_i^t；否则，令 $N_i^t = N_i^{t-1}$。

（2）计算邻域 N_i^t 中所有粒子到目前为止搜索到的最佳位置 l_i。

（3）应用式（8-5）更新粒子速度向量的每一个维度。

$$v_{i,d}^{t+1} = wv_{i,d}^t + U(0,c)(p_{i,d}^t - x_{i,d}^t) + U(0,c)(l_{i,d}^t - x_{i,d}^t) \tag{8-5}$$

其中，惯性权重 w 代表了粒子的历史速度信息对当前速度的影响程度。通常设置 $w = 1/2\ln 2 \approx 0.721$，$c = 1/2 + \ln 2 \approx 1.193$。

（4）应用式（8-6）更新粒子位置向量的每一个维度。

$$x_{i,d}^{t+1} = x_{i,d}^t + v_{i,d}^{t+1} \tag{8-6}$$

（5）限定粒子位置向量的每一个维度 $x_{i,d}^{t+1}$ 必须在 $[x_d^{\min}, x_d^{\max}]$ 之内。若 $x_{i,d}^{t+1} < x_d^{\min}$，令 $x_{i,d}^{t+1} = x_d^{\min}$ 且 $v_{i,d}^{t+1} = 0$；若 $x_{i,d}^{t+1} > x_d^{\max}$，令 $x_{i,d}^{t+1} = x_d^{\max}$ 且 $v_{i,d}^{t+1} = 0$。

另外，在离散优化问题中，对于某一维度 d，搜索空间可能是以粒度 q_d 离散的。针对此类问题，标准粒子群优化算法利用式（8-7）将粒子的新位置限制为最近的可行位置处。

$$x_{i,d}^{t+1} = q_d \left[0.5 + x_{i,d}^{t+1} / q_d \right] \tag{8-7}$$

在上述标准粒子群优化算法的基础上，Clerc[88]分别于 2007 年和 2011 年提出了更复杂的标准粒子群优化算法，分别简称为 SPSO2007 算法和 SPSO2011 算法。这三个版本的标准粒子群优化算法的基本原理一致，区别仅在于后面的版本吸收了该领域最新的研究结果，所以在某些具体操作上略有不同。

8.4　离散粒子群优化算法

在企业的现实运营中存在很多离散优化问题，如设施选址、流水线平衡、路径规划等。尽管标准粒子群优化算法理论上可以简单地利用式（8-7）来处理离散优化问题，但是其很难对于不同类型的优化问题均展示好的寻优性能。针对不同类型的离散优化问题，很多学者已提出了更有针对性的粒子群优化算法。本节分别针对 0-1 规划问题和旅行商问题，介绍相对应的二进制粒子群优化算法和序数型粒子群优化算法。

8.4.1　二进制粒子群优化算法

在企业的实际运营中会遇到许多决策变量具有二进制特性的离散优化问题，如选址问题、背包问题、人员指派问题等。针对此类问题，Kennedy 和 Eberhart[89]基于基本粒子群优化算法，首次提出了相对应的二进制粒子群优化算法。

在二进制粒子群优化算法中，粒子在搜索解空间时，位置向量的每一个维度 $x_{i,d}^t$ 的取值限定为非 0 即 1。例如，针对快递网点（快递站）的选址问题，若需从 10 个候选位置中选择出第 2、3、9 个候选位置作为网点地址，则第 i 个粒子的位置向量 $\boldsymbol{x}_i$ 可表示为 $(0,1,1,0,0,0,0,0,1,0)$。可以看出，如果要保证位置向量的每一个维度都是非 0 即 1，那么 8.2 节的速度和位置更新公式将无法直接被使用。

为了解决这一问题，Kennedy 和 Eberhart 引入了一个作用于粒子速度的传递函数［Sigmoid 函数，见式（8-8）］和一种新的基于概率的粒子位置更新方式［式（8-9）］。通过对式（8-1）得到的速度 $v_{i,d}^{t+1}$ 应用 Sigmoid 函数，可以获得一个在区间 $[0,1]$ 内的值。

$$\text{Sigmoid}(v_{i,d}^{t+1}) = \frac{1}{1 + \exp(-v_{i,d}^{t+1})} \tag{8-8}$$

基于得到的 $\text{Sigmoid}(v_{i,d}^{t+1})$ 值，应用式（8-9）确定粒子更新后的位置。首先生成一个在区间 $[0,1]$ 内均匀分布的随机数 $r_{i,d}$；当 $r_{i,d} \geqslant \text{Sigmoid}(v_{i,d}^{t+1})$ 时，$x_{i,d}^{t+1}$ 取 0，否则取 1。此方法可以保证粒子位置向量的每一个维度都是非 0 即 1。图 8-3 给出了 Sigmoid 函数随 $v_{i,d}^{t+1}$ 变化的规律。从此图可以看出，当速度 $v_{i,d}^{t+1}$ 越大时，位置 $x_{i,d}^{t+1}$ 取 1 的概率就越大；当

速度 $v_{i,d}^{t+1}$ 越小时，位置 $x_{i,d}^{t+1}$ 取 0 的概率就越大。因此，在一定程度上，$v_{i,d}^{t+1}$ 决定了 $x_{i,d}^{t+1}$ 取 0 或 1 的概率，而 $\text{Sigmoid}(v_{i,d}^{t+1})$ 可以理解成控制这种概率的阈值。

$$x_{i,d}^{t+1}=\begin{cases}0, & r_{i,d}\geqslant \text{Sigmoid}(v_{i,d}^{t+1})\\1, & r_{i,d}<\text{Sigmoid}(v_{i,d}^{t+1})\end{cases} \tag{8-9}$$

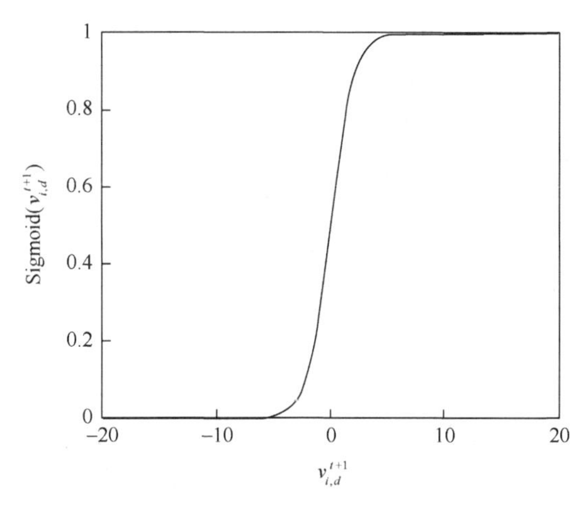

图 8-3　Sigmoid 函数

需要注意的是，当 $v_{i,d}^{t+1}<-10$ 时，$\text{Sigmoid}(v_{i,d}^{t+1})$ 趋近于 0，此时 $x_{i,d}^{t+1}=0$ 的概率非常大；当 $v_{i,d}^{t+1}>10$ 时，$\text{Sigmoid}(v_{i,d}^{t+1})$ 趋近于 1，此时 $x_{i,d}^{t+1}=1$ 的概率非常大。可知，当粒子的速度 $v_{i,d}^{t+1}<-10$ 或 $v_{i,d}^{t+1}>10$ 时，位置的更新将受限，可能导致算法的停滞。为了避免这一情况，需要设置最大速度 $v_{\max}$。通常设置 $v_{\max}=4.0$，此时 $\text{Sigmoid}(v_{i,d}^{t+1})\in(0.018,0.982)$。

8.4.2　序数型粒子群优化算法

一些组合优化问题需要决定一系列的最优顺序，以此来实现最终的优化目标。例如，在并行机器调度问题中需要决定不同的生产任务在多台并行机器上的生产顺序，在旅行商问题中需要决定旅行商经过所有城市的顺序等。本节以旅行商问题为例，介绍针对这类组合优化问题求解的序数型粒子群优化算法。

给定城市列表和城市两两之间的距离，旅行商问题需要找到访问每个城市恰好一次并回到起点城市的最短路径。Wang 等[90]于 2003 年率先提出用于求解旅行商问题的离散粒子群优化算法，本节接下来对该算法进行介绍。

考虑具有 n 个城市（编号为 1 到 n）的旅行商问题，其候选解 s 可以定义为包含 1 到 n 之间所有整数的一个序列，即 $S=(a_1,\cdots,a_i,\cdots,a_n)$。由于两个不同的解仅在于某些元素的位置不同，可定义交换算子（swap operator）和交换序（swap sequence）来实现不同解之间的变换。首先，定义交换算子 $\text{SO}(i_1,i_2)$ 为交换解 s 中的元素 a_{i_1} 和 a_{i_2}，则 $S'=S+\text{SO}(i_1,i_2)$ 为解 s 经交换算子 $\text{SO}(i_1,i_2)$ 操作后的新解。例如，针对考虑 5 个点的旅行商问题，假设一个解为$S=(1,3,5,2,4)$，交换算子为$\mathrm{SO}(1,2)$，即交换第1和第2个元素的位置，可以得到处理后的新解$S'=S+\mathrm{SO}(1,2)=(1,3,5,2,4)+\mathrm{SO}(1,2)=(3,1,5,2,4)$。然后，基于交换算子，可以定义$N$个交换算子的有序队列为交换序，记作$\mathrm{SS}$，$\mathrm{SS}=(\mathrm{SO}_1,\mathrm{SO}_2,\cdots,\mathrm{SO}_N)$。交换序$\mathrm{SS}$作用于一个解意味着其中的$N$个交换算子$\mathrm{SO}_1,\mathrm{SO}_2,\cdots,\mathrm{SO}_N$依次作用于一个解。

作用于同一个解的不同交换序可能会产生相同的新解，这样的交换序属于同一交换序等价集。定义$\oplus$为两个交换序SS_1和SS_2的合并算子，即将两个交换序SS_1和SS_2按先后顺序作用于解s上，可以得到新解S'。假设另一个交换序SS'作用于同一解s上能够得到相同的新解S'。此时，SS'和$\mathrm{SS}_1\oplus\mathrm{SS}_2$属于同一交换序等价集。

在一个交换序等价集中，拥有最少交换算子的交换序称为该等价集的基本交换序（basic swap sequence）。例如，给定两个解A和B，需要构建一个将解B转换为解A的基本交换序 SS，定义$\mathrm{SS}=A-B$。可以根据解A中各元素从左到右的排序，交换解B中的元素来得到基本交换序 SS。例如，假设两个解分别为$A=(1,2,3,4,5)$和$B=(2,3,1,5,4)$，首先观察解A中的第一个元素，得到$A(1)=B(3)=1$，因此第1个交换算子为$\mathrm{SO}(1,3)$，$B_1=B+\mathrm{SO}(1,3)=(1,3,2,5,4)$；然后，观察解$A$中的第二个元素，得到$A(2)=B_1(3)=2$，因此第2个交换算子为$\mathrm{SO}(2,3)$，$B_2=B_1+\mathrm{SO}(2,3)=(1,2,3,5,4)$；接着，同理可以得到第3个交换算子$\mathrm{SO}(4,5)$并得到$B_3=A$。最后，可以得到基本交换序$\mathrm{SS}=A-B=(\mathrm{SO}(1,3),\mathrm{SO}(2,3),\mathrm{SO}(4,5))$。

通过将粒子的速度向量v_i表示为交换序，可以定义新的速度更新公式（8-10）和位置更新公式（8-11）。

$$v_i'=v_i\oplus\alpha(p_i-x_i)\oplus\beta(p_g-x_i) \tag{8-10}$$

$$x_i'=x_i+v_i' \tag{8-11}$$

其中，α,β为$[0,1]$之间服从均匀分布的随机数；p_i-x_i为作用于粒子当前位置x_i得到个体最佳位置p_i的基本交换序；p_g-x_i为作用于粒子当前位置x_i得到全体最佳位置p_g的基本交换序；$\alpha(p_i-x_i)$为交换序p_i-x_i中的所有交换算子都以概率α保留，$\beta(p_g-x_i)$的定义类似。可见，α（或β）的值越大，个体最佳位置p_i（或全体最佳位置p_g）受到那的影响越大，p_i-x_i（或p_g-x_i）中更多的交换算子可以被保留下来。

给定粒子当前位置x_i，其个体最佳位置p_i和全体最佳位置p_g，基于上述速度和位置更新公式，该粒子群优化算法利用以下四个步骤得到粒子更新后的速度v_i'和位置x_i'。

（1）计算得到基本交换序$\mathrm{SS}_1=p_i-x_i$。

（2）计算得到基本交换序$\mathrm{SS}_2=p_g-x_i$。

（3）更新速度$v_i'=v_i\oplus\alpha(p_i-x_i)\oplus\beta(p_g-x_i)$，并将其转换为一个基本交换序。

（4）更新位置$x_i'=x_i+v_i'$，即将交换序v_i'作用于x_i上。

8.5 应用案例

粒子群优化算法最早被用于求解连续函数的最优解[89]。由于其实现简单，现已被广泛地用于解决企业运营管理中的各种优化问题，如车间调度问题、旅行商问题、车辆路径规划问题、设施选址问题等。本节以某快递公司所面临的配送网点选址问题为例，给出粒子群优化算法的具体应用实例。

8.5.1　问题描述

因业务发展需要，某快递公司计划在某城市区域新建若干个快递配送网点，来满足本地 785 个客户点的快递收发业务。给定的 31 个候选配送网点和 785 个客户点的位置分布如图 8-4 所示。每一个客户点与每一个候选配送网点之间的距离可参见本书前言进行获取。为便于计算，假设一个配送网点的年均运营成本为 1 万元，每一个配送网点的服务能力不受限制，且每一个客户点都由与其距离最近的配送网点进行服务。每一个客户点在每一天需要一辆快递车在上午和下午分别服务一次，并且快递车一次只能服务一个客户点。假设快递车的行驶成本为 0.2 元/km，则可以计算得到快递车从配送网点出发到达客户点再返回配送网点的运输成本。若以一天为计划期，为了达到总运输成本和配送网点的运营成本之和最小化的目标，该如何从 31 个候选配送网点中选择要建设的最优网点集？

图 8-4　候选配送网点（空心五角星）与客户点分布图

8.5.2　算法设计与实现

上述配送网点的选址问题是一个 0-1 规划问题，适合用二进制粒子群优化算法进行求解。本节给出利用 8.4.1 节的二进制粒子群优化算法解决该选址问题的具体操作步骤。

步骤 1：初始化粒子群。首先，将加速因子 c_1 和 c_2 均设置为 2.05，群体规模 m 为 20，算法的最大迭代次数 T 为 1000，搜索空间的维度 D 为候选网点的总数 31。然后，将每一

个粒子的位置向量 x_i 随机初始化为维度为 31 的 0 和 1 的序列，其中，0 代表不选择该候选网点，1 代表选择该候选网点，从而得到初始群体。最后，将每一个粒子的速度向量 v_i 随机初始化为维度为 31 的[0,1]之间均匀分布的随机数。一个粒子及其对应的速度向量的示意图，如图 8-5 所示，其中速度向量只展示到小数点后两位。

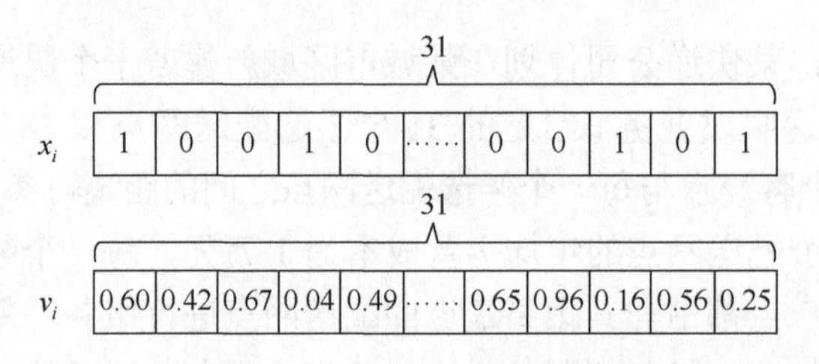

图 8-5　某粒子及其对应的速度向量示意图

步骤 2：计算各粒子的适应度值。由于本问题目标是最小化总成本，目标函数值越小的粒子的适应度越高。可以简单地将适应度值设置为目标函数值的相反数。针对每一个粒子，找到其位置向量 x_i 中等于 1 的所有维度的序号，即对应于要建设的配送网点；若要建设的配送网点的总数为 0，则违反了所有客户点都需要被服务的约束条件，表明该解不可行，此时需要通过给该粒子一个非常大的惩罚（即非常大的目标函数值）来将其从迭代过程中剔除；若要建设的配送网点的总数大于 0，则首先根据所有客户点与其最近的配送网点之间的距离计算出该粒子对应的总运输成本，然后将其与对应配送网点的运营成本相加，即可得到该粒子的目标函数值，进而得到该粒子的适应度值。图 8-6 所示为图 8-5 中粒子对应的目标函数值的计算过程。其中，在计算运输成本时，首先计算快递车每天的行驶距离，即所有客户点与其最近的配送网点之间的距离总和 1391.25km 与快递车每天的配送次数 2×2（上午和下午各往返客户点和配送网点一次）的乘积，然后将快递车的行驶距离与单位行驶成本 0.2 相乘。运营成本为所要建设的配送网点的数量（13）与一个配送网点的日均单位运营成本（27）的乘积。

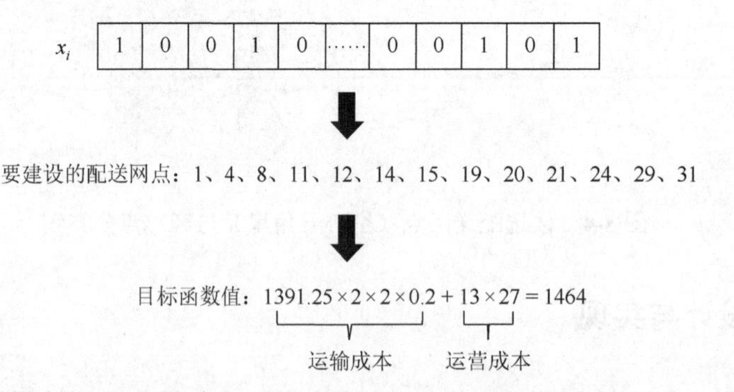

图 8-6　某粒子及其对应的目标函数值计算过程示意图

步骤 3：检查是否满足终止条件。若算法迭代次数大于最大迭代次数 T，则转步骤 7，返回全体最佳位置作为找到的最终解，并终止算法；否则，返回步骤 2。

步骤 4：更新各粒子的个体最佳位置。在算法进行第一次迭代时，将每个粒子的个体最佳位置设置为该粒子本身；在之后的迭代中，对比当前粒子的适应度值与该粒子的个体最优位置适应度值的大小。若当前粒子的适应度值大于该粒子的个体最佳位置适应度值，则将该粒子的个体最佳位置更新为该粒子的当前位置，否则不更新。

步骤 5：更新粒子的全体最佳位置。在算法进行第一次迭代时，将群体中适应度值最大的粒子位置作为全体最佳位置；在之后的迭代中，对比当前群体中粒子的最大适应度值与当前全体最佳位置的适应度值。若当前群体的最大适应度值大于全体最佳位置的适应度值，则将全体最佳位置更新为具有最大适应度值的粒子的当前位置，否则不更新。

步骤 6：更新粒子的速度和位置。在一次迭代中，对于每一个粒子，首先应用式（8-1）更新该粒子的速度向量 v_i^t 得到 v_i^{t+1}；然后，应用式（8-8）得到 v_i^{t+1} 在每一个维度上的 $\mathrm{Sigmoid}(v_{i,d}^{t+1})$ 值；在此基础上，结合当前位置向量 x_i^t，应用式（8-9）得到位置向量在每一个维度上的取值，获得更新后的位置向量 x_i^{t+1}。图 8-7 所示为图 8-5 中粒子的速度与位置更新过程，图中所有符号的右上标代表当前的迭代次数。转步骤 2。

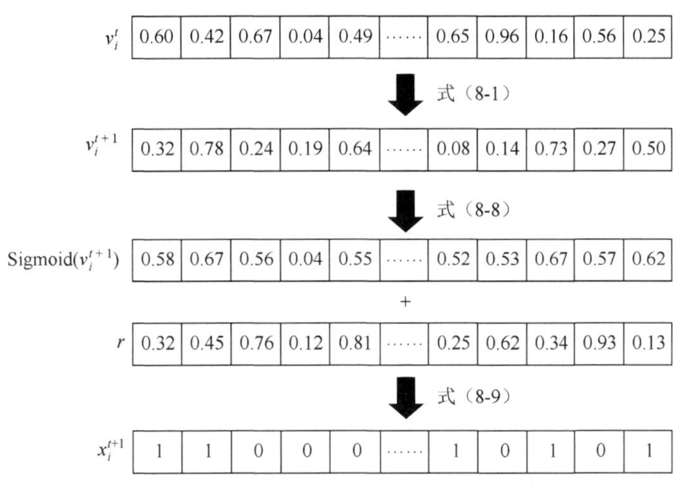

图 8-7　某粒子的速度与位置更新过程

步骤 7：输出全体最佳位置作为算法得到的最佳解，算法结束。

8.5.3　结果

运行上述二进制粒子群优化算法，得到的最佳解中共有 12 个候选配送网点被选中，其对应的总成本为 1124.91，包含运输成本 800.91 和运营成本 324。具体被选中的配送网点在图 8-8 中以实心五角星表示。图 8-9 给出了全体最佳位置的适应度值随算法迭代次数的变化情况。可以看出，在算法迭代初期得到的全体最佳位置的适应度值会随着迭代次数的增加逐渐增大，而后在很长时间内保持不变，说明该二进制粒子群优化算法可以很快地收敛。

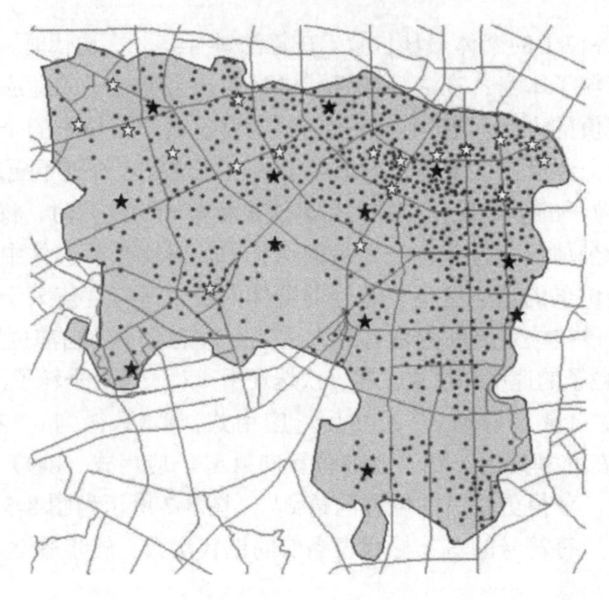

图 8-8　配送网点建设方案（被选中的配送网点以实心五角星表示）

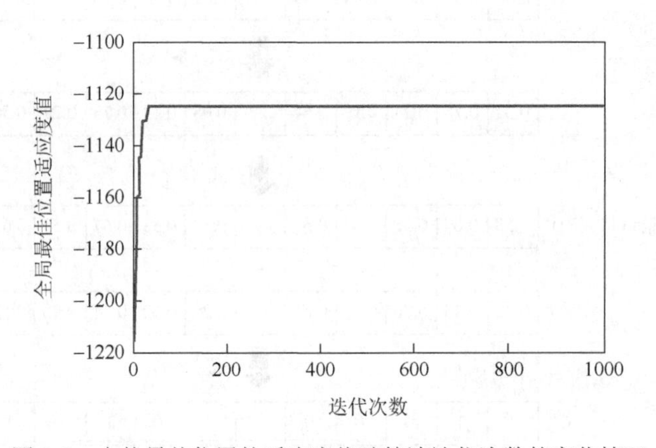

图 8-9　全体最佳位置的适应度值随算法迭代次数的变化情况

8.6　本 章 小 结

本章介绍了粒子群优化算法的起源，基本粒子群优化算法、标准粒子群优化算法、二进制粒子群优化算法和序数型粒子群优化算法，并以选址问题为例介绍了二进制粒子群优化算法的具体应用。当前，也有学者将粒子群优化算法与其他优化算法相结合形成混合粒子群优化算法，以提升传统粒子群优化算法的性能，如与模拟退火算法相结合[91]、与差分进化算法相结合[92]、与免疫系统中的免疫信息处理机制相结合[93]等。想了解粒子群优化算法及其应用的更多信息，可参考相关综述论文[94]。

➢习题

1. 为什么粒子速度更新公式（8-1）中要同时考虑个体最优位置和全体最优位置？

2. 相比于基本粒子群优化算法中的速度更新公式（8-1），标准粒子群优化算法的速度更新公式（8-5）中增加了惯性权重 w。请分析并解释加入惯性权重 w 的优势。

3. 针对考虑 7 个城市的旅行商问题，给定解 $A=(1,2,3,4,5,6,7)$ 和 $B=(2,7,3,6,1,5,4)$，请计算基本交换序 $\mathrm{SS}=A-B$，并给出详细的计算过程。

4. 考虑 2 台相同的并行机器和 10 个工序，现在需要将所有工序分配到这 2 台机器上，并决定每台机器上各工序的加工顺序，以达到最小化最大完工时间的优化目标。表 8-1 给出了这 10 个工序在机器上的加工时间。①请给出该问题的数学模型；②请给出一种求解该问题的粒子群优化算法；③给出相应的粒子编码示例。

表 8-1　各工序在机器上的加工时间

工序	1	2	3	4	5	6	7	8	9	10
加工时间	6	4	2	8	7	1	5	10	3	9

5. 请简述基本粒子群优化算法与标准粒子群优化算法的异同。

6. 请用标准粒子群优化算法解决 8.5 节的快递配送网点选址问题，并对比研究二进制粒子群优化算法与标准粒子群优化算法的求解性能。

7. 针对 7.4 节所述的带容量约束的车辆路径问题，请用合适的粒子群优化算法进行求解，并对比该算法与蚁群算法的求解性能。

第9章 人工神经网络基础

人工神经网络，简称神经网络，是一种受人类大脑启发、模仿生物神经网络的结构和功能的数学模型或计算模型。最早的神经元计算机发明人之一，Hecht-Nielsen 博士将其定义为：由许多简单但高度互联的处理单元所组成的计算系统，这些处理单元通过对外部输入的动态响应进行信息处理[95]。神经网络是人工智能领域最炙手可热的研究方向，多次引领和催生了人工智能研究的热潮。

9.1 人工神经网络的生物学基础

人脑是人类神经系统的中枢器官，其与脊髓共同组成人体神经系统最主体的部分——中枢神经系统。人脑含有大约 860 亿个神经元[96]，这些神经元在人脑中形成一个复杂且高度互联的网络，使人类能产生复杂的思维模式和行动能力。

在人脑内部，尽管不同神经元的具体结构形式千差万别，但它们均由细胞体、树突、轴突三大部分组成，神经元的基本功能是完成神经元之间信息的收发、整合处理与传导。神经元的结构如图 9-1 所示，神经元具有各种大小和形状，但它们大多具有长突起、通过称为突触的专门信息传递结构连接到相邻细胞；可以看到一个神经元的轴突末梢经过多次分支，最后每一小支的末端膨大呈杯状或球状，称为突触小体，这些突触小体可以与多个神经元的细胞体或树突相接触，形成突触。细胞体是神经元的代谢地和神经活动能量的供给中心，它的结构和一般细胞类似，内含有一个细胞核、核糖体、原生质网状结构等。树突是从神经元细胞体延伸出来的细长分支，是神经元的输入通道，其功能是从其他神经元接受刺激并将所接收的动作电位（电信号）传入细胞体，每个神经元的树突数量不一；轴突是细胞体延伸出来的最长管状纤维，它的功能是把动作电位从细胞体传送出去，向其他神经元发送信号，且每个神经元只有一个轴突。

神经元以突触的形式互联，即突触是轴突和树突之间的连接点。突触重要的作用是利用化学信号（即神经递质）传递神经冲动（电脉冲→神经化学物质→膜电位变化），膜电位阈值则决定了神经元是否处于兴奋或抑制状态。突触的信息传输还具有可塑性，其传输的信息可强可弱，可正可负，这也是人类学习记忆的基础。此外，突触具备时空整合性，即不同时间的神经刺激冲动在同一突触上整合（时间整合），同一时间中不同突触的膜电位整合（空间整合）。由于相邻的两次冲动之间需要一个时间间隔，其间不再传递神经冲动，因此突触还具备延时和不应期的特点，反映到人体便是遗忘和疲劳。

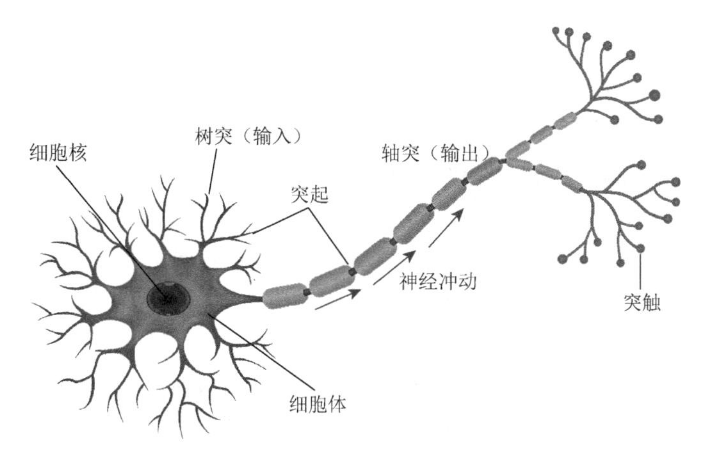

图 9-1　神经元的生物学结构示意图

每个神经元作为网络中的一个节点，通过突触可与 10^4～10^5 个其他神经元相互连接，神经元通过控制神经元上信息作用的神经突起进行信息传送，这被认为是大脑并行处理大量信息的核心因素。神经元之间的信息产生、收发与处理是典型的电化学活动。根据神经生理学的研究发现，神经元至少有抑制、兴奋、爆发和静息四种不同的生物状态，同时至少有信息综合、连接强度的渐次变化、多种生化连接方式、延时激发四种不同的行为功能。数量巨大的生物神经元以某种拓扑结构相互连接构成生物神经网络，神经元的多种电化学行为以及神经元之间的不同连接方式、连接强度，使神经网络在宏观上表现出功能强大的信息处理能力。

9.2　从生物神经网络到人工神经网络

从结构上来说，生物神经元与人工神经元的关系可由图 9-2 表示。生物神经元可看作一个由树突、轴突和细胞体组成的多输入单输出的信息处理单元。细胞体对应人工神经元的信息处理功能，树突和轴突分别对应于其输入端和输出端。神经元的输出可以被分为多个并行输出（输出值相同），以便输出到多个其他神经元。

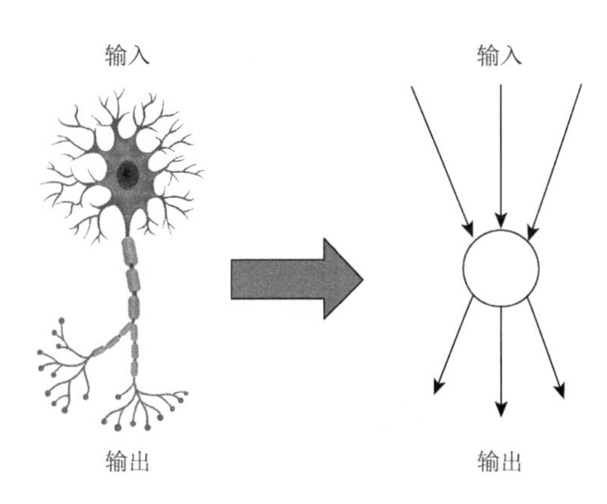

图 9-2　生物神经元到人工神经元的关系

从功能上讲，当信息输入给生物神经元，累计接收到的信息量尚未达到神经元膜电位阈值时，神经元处于“抑制”状态；当接收到的信息量达到膜电位阈值时，神经元就会处于“兴奋”状态，并通过“轴突”向与之相连的神经元传递信息，信息传递完毕，神经元又会变成“抑制”状态。在人工神经元中，其累计接收到的信息量可表示为其所有输入信号（来自其他人工神经元的输出）的加权和，人工神经元的阈值反映了神经元产生正（负）向激励的难易程度。为了模拟生物神经元由“抑制”变为“兴奋”的过程，人工神经元中引入了“激励函数”，激励函数可以使人工神经元在接收到的信息量达到阈值时进入“兴奋”状态。

1943 年，McCulloch 和 Pitts[8]受神经生物学的启发，创造性地提出了人类历史上第一个模拟生物神经元行为的数学模型——M-P 神经元模型（也称阈值逻辑单元），迈出了人工模拟生物神经网络的第一步。图 9-3 所示是 M-P 神经元模型示意图，其可理解为一个输入输出取值均为 0 或 1 的多输入单输出函数。

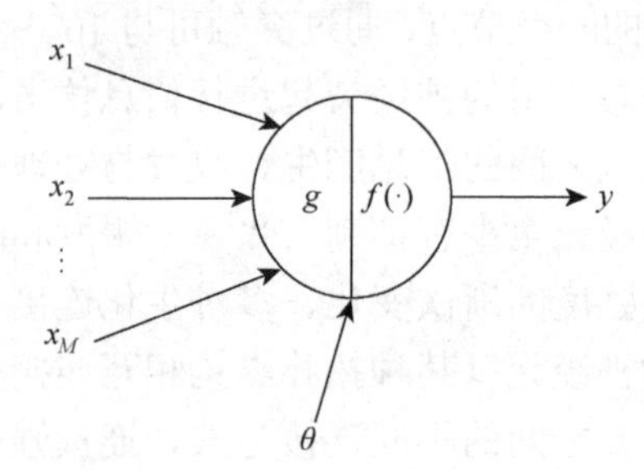

图 9-3　M-P 神经元模型示意图

该函数的数学表达式如下：

$$y = f(g(x)) = f\left(\sum_{i=1}^{M} x_i\right) = \begin{cases} 1, & g(x) > \theta \\ 0, & g(x) \leqslant \theta \end{cases} \tag{9-1}$$

可见，M-P 神经元首先对全部输入值进行累加生成单个累加值，并将该值作为函数 $f(\cdot)$ 的输入。函数 $f(\cdot)$（称为神经元的激励函数）是一个阶跃函数，其将累加值与设定好的阈值 θ（故 θ 也被称作偏置值，常用 b 表示）进行比较，如果累加值大于 θ，则输出 1（即 M-P 神经元的输出为 1），否则为 0。

M-P 神经元是人工神经元模型的雏形，其模型结构简单，其所有输入的重要性均等，且取值只能是 0 或者 1。在该模型的基础上，Rosenblatt[9]于 1958 年提出了感知器模型，其引入了输入权重的概念来区分不同输入的重要性，并可使用实数作为模型输入。人工神经网络中广泛使用的人工神经元模型（将在 9.3.1 节详细介绍）以感知器模型为基础。与 M-P 神经元模型类似，感知器的输出只能取 0 或者 1。尽管感知器具有一定的拟合能力，但只能解决线性可分的二分类问题（即把输入数据分成两种类别），无法模仿复杂的逻辑运算（如“异或”）。由输入层、隐藏层和输出层组成的多层感知器模型（将在第 10 章详述），被证明可用作通用的函数逼近器[97]，可广泛应用于建模、预测与分类等问题，掀起了人工神经网络研究的新热潮。另外，1982 年，Hopfield[12]提出了具有反馈（循环）环节的 Hopfield 神经网络，该网络具有存储和恢复记忆的功能，实现了对生物神经网络记忆功能的模拟，Hopfield 神经网络的应用场景包括解决旅行商问题和车辆路径问题。

2006 年，Hinton 等[97, 98]的研究成果掀起了神经网络研究新的浪潮。卷积神经网络（详见第 11 章）、循环神经网络（详见第 12 章）、注意力模型（详见第 13 章）等深度神经网络被广泛应用于解决现实世界中传统方法难以解决的众多问题，如计算机视觉、自然语言处理等，将人工智能领域带入前所未有的新高度。

9.3　人工神经网络的构成要素

经过近 80 年的发展，已有各种各样的人工神经网络被提出。无论何种神经网络，均涉及人工神经元模型、网络结构和学习规则三大构成要素。不同的构成要素，组成不同类型的人工神经网络模型。

9.3.1　人工神经元模型

人工神经元模型的结构与感知器相同，如图 9-4 所示，其包含 M 个输入 $u_1, u_2, \cdots, u_M$，各个输入的重要程度可能不同，分别用权重值 $w_1, w_2, \cdots, w_M$ 表示。权重值是一个标量，其取值为正与负分别代表对输入信号的激励和抑制作用。所有输入的加权和 $\sum_{i=0}^{M} w_i u_i$ 作为激励函数 $f(\cdot)$ 的输入。激励函数，又称激活函数，用来表示神经元输入信号与输出信号之间的函数关系，其在人工神经网络中可用来定义神经元如何根据其他神经元的活动来改变自己的激励值。激励函数的输出 y 即为该神经元的输出。

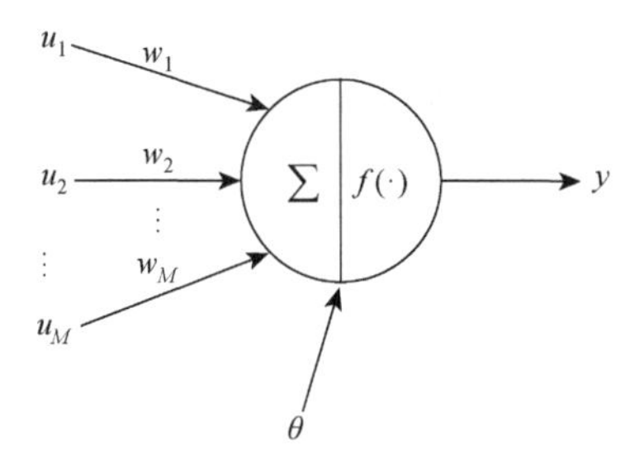

图 9-4　人工神经元模型

人工神经元的数学表达式可表示为

$$y = f\left(\sum_{i=1}^{M} w_i u_i - \theta\right) = f\left(\sum_{i=0}^{M} w_i u_i\right), u_0 = -1, w_0 = \theta \tag{9-2}$$

人工神经元的激励函数，将多个线性输入转换为非线性输出，其对于神经网络的表征能力（如逼近任意函数）至关重要。早期的人工神经网络主要采用线性函数、Sigmoid 函数或者 Tanh 函数。近年来，深层神经网络中广泛采用 ReLU 函数及其改进型（如 Leaky-ReLU，P-ReLU，R-ReLU 等）、ELU 函数等激励函数。本节简要介绍几个代表性的激励函数，如图 9-5 所示。

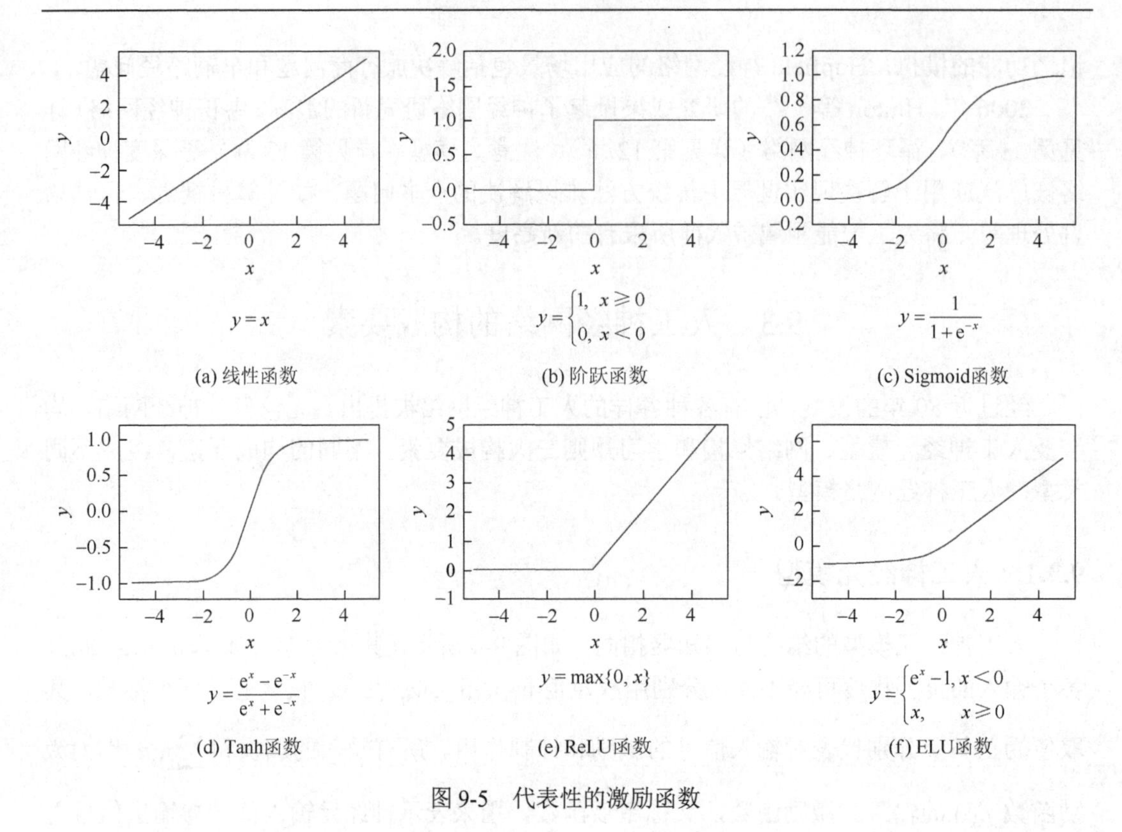

图 9-5 代表性的激励函数

（1）线性函数：其输出与输入呈线性关系，常见于浅层前馈神经网络的输出层。

（2）阶跃函数：其输出为 0 或者 1。M-P 神经元模型和感知器模型均用其作为激励函数。

（3）Sigmoid 函数：又称 Logistic 函数，具有指数函数的形状，它的导数可以用原函数来表示。

（4）Tanh 函数：又称双曲正切函数，函数曲线与 Sigmoid 函数相似，但输出均值为 0。

（5）ReLU 函数：又称修正线性单元（rectified linear unit），通常指代以斜坡函数及其变种为代表的非线性函数。

（6）ELU 函数：又称指数线性单元（exponential linear unit），其最小值接近–1，取值范围在（–1, 0）之间的值呈现指数函数关系。

9.3.2 网络结构

人工神经网络中，各个神经元按照一定的规则相互连接，形成各种不同的网络结构。神经网络结构可看作神经元之间通过连接而形成的关系，可通过网络框架和连接结构两方面进行度量，其对于神经网络的功能与性能至关重要。

绝大多数神经网络属于分层结构，其网络框架由 1 个输入层、1 个或多个隐藏层（或称隐层）、1 个输出层三类神经元层组成。这三类神经元层中的神经元分别称为输入神经元、隐藏层神经元和输出神经元，每层包含 1 个或多个神经元。图 9-6 所示是

一个由包含 M 个神经元的输入层、包含 N 个神经元的输出层和 3 个隐藏层组成的多层神经网络结构。

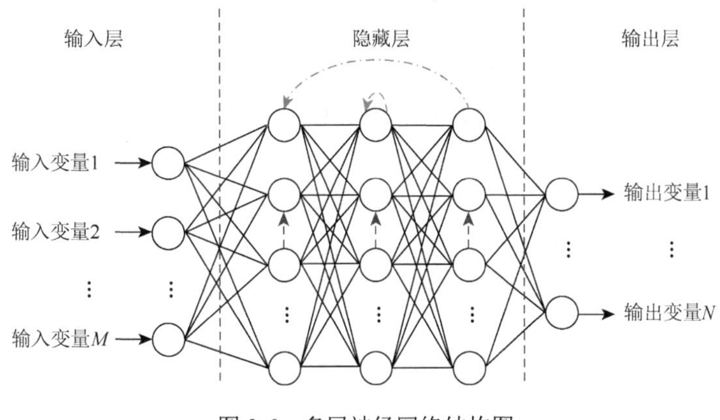

图 9-6　多层神经网络结构图

神经网络的连接结构是指网络中神经元相互连接的方式，包括如下四种。

（1）层间连接：如图 9-6 的实线所示，是神经网络中最常见的连接方式。

（2）层内连接：如图 9-6 的圆点虚线所示，指在同一隐藏层中的神经元相连接。

（3）跨层连接：如图 9-6 的点划线所示，表示某层神经元与相邻层之外的神经元连接。

（4）自连接：如图 9-6 的短划线所示，指某一神经元当前时刻的输出作为下一时刻的输入，常见于第 12 章的循环神经网络。

由于层间连接的存在（即每两个相邻层之间至少有一个层内连接），人工神经网络才可以进行神经元的分层。每个网络连接的重要程度由其对应的权重值（即神经元模型中输入量的权重）来反映。权重值为 0，代表该连接不存在。

按照网络中信号传递方向的不同，人工神经网络大致可分为前馈（前向）网络结构和反馈（循环）网络结构。在图 9-6 中，同时存在前向连接与循环连接。

9.3.3　学习规则

人工神经网络的性能由人工神经元模型、人工神经元相互连接而形成的网络结构以及神经元与神经元之间的连接权值三大构成要素共同决定。给定前两个要素，连接权值的取值由神经网络利用一定的学习（训练）方式确定。学习方式通常是一个迭代的过程，其在迭代中不断提升神经网络模型的性能，学习结束时所得到的神经网络模型对应的权值，即人工神经网络模型的权值。根据学习过程中对于数据需求的不同，神经网络的学习方式可分为监督学习、无监督学习、半监督学习和强化学习[99, 100]。

监督学习：使用预先标记的数据集训练神经网络模型。数据集由一定数量的输入数据与其对应的期望输出数据组成。给定输入数据，确定其对应的输出数据的过程，称为数据标记。基于预先标记的数据集，监督学习通常使用一个迭代过程（如误差反向传播学习算法）训练神经网络模型，使得所得到的网络模型可以最小化期望输出与网络输出之间的误差。很多现实应用中，对数据集进行人工标记，成本较高，限制了监督学习的应用场景。

无监督学习：使用未预先标记的数据集训练神经网络模型。基于未预先标记的数据，无监督学习可以在无人干预的前提下，发现数据的相似性或差异性。相对于监督学习，无监督学习无须进行数据标记，其所需要的数据更容易获取，可处理更大量的数据，但它对数据聚类的方式缺乏透明度，容易带来模型输出不够准确的问题。

半监督学习：尝试将大量的未标记数据加入到有限的已标记数据中一起训练，期望能改进神经网络模型的学习效果。其利用包含部分标记的数据集训练神经网络模型，网络训练完成后，再对测试数据进行处理（如预测或分类）。基于部分标记的数据，半监督学习有效提高了数据的利用效率，比监督学习有着更好的泛化性，比无监督学习有着更好的准确性。

强化学习：通常在没有标记数据集的情况下训练神经网络模型，它主要指智能体（能够独立思考并可以同环境交互的实体的抽象）在环境中采取不同的行动，并根据环境给予的反馈（收益或损失）调整下一阶段的行动，以在有限阶段内，最大限度地提高累积获得的收益。强化学习的模型是在动态数据（如序列数据）集上进行训练，通过延迟奖励学习策略来逼近或实现模型期望目标。无监督学习是从静态数据集中寻找映射关系。

9.4 本 章 小 结

本章首先介绍了人工神经网络的生物学基础，在此基础上介绍了从最初的 M-P 神经元模型逐渐发展形成深度神经网络的简要历程，以及人工神经网络的构成要素。对于任何类型的人工神经网络，均涉及人工神经元模型、网络结构和学习规则三大构成要素，相关内容是人工神经网络学习和构建的基础。在此基础上已有各种各样的人工神经网络被提出，如多层感知器、Hopfield 神经网络、卷积神经网络、循环神经网络等；这些网络已被广泛应用于解决现实世界中各种各样的决策问题。

➤习题

1. 请简述人工神经元模拟生物神经元的原理。
2. 请简述 M-P 神经元、感知器与人工神经元模型的异同。
3. 请简述神经网络监督学习和无监督学习的区别。
4. 请简述神经网络半监督学习和强化学习的区别。
5. 什么是人工神经网络的泛化能力？
6. 某 2 输入 1 输出的前馈神经网络，其包含 1 个由 3 个神经元构成的隐藏层，请画出此网络的网络结构图。
7. 对于问题 6 中的神经网络结构，假设其神经元采用感知器模型，网络连接权值均为 1，给定网络输入为（0.5, 1.8），请计算其对应的网络输出。
8. 对于问题 6 中的神经网络结构，假设其神经元以 ReLU 函数为激励函数，网络连接权值均为 1，给定网络输入为（0.5, 1.8），请计算其对应的网络输出。

第 10 章　多层感知器

多层感知器是一类具有一个或多个隐藏层的前馈神经网络，其在人工神经网络发展历程中具有非常重要的地位，曾推动了 20 世纪 80 年代人工神经网络研究和应用的热潮。广义上讲，前馈神经网络均可称为多层感知器。本书中，多层感知器特指利用误差反向传播算法[15]进行网络训练的浅层前馈神经网络。

10.1　多层感知器的提出

由 9.2 节可知，感知器可看作一类仅由一个神经元组成的单层前馈神经网络，其通过线性函数关系将实数或布尔型输入转化为布尔型输出。但感知器存在局限性。首先，由于自身传递函数的作用，感知器的输出值只能取 0 或 1。其次，感知器只能处理线性可分的问题，如“与”、“或”、“与非”和“或非”等运算，无法处理线性不可分问题，如“异或”运算。

多层感知器通过更复杂的网络架构和连接关系，可以表达更复杂的输入输出关系，并有效处理线性不可分等问题。

10.2　多层感知器模型

多层感知器是由一个输入层、一个或多个隐藏层和一个输出层组成的前馈神经网络，隐藏层可包含多个神经元层，其结构如图 10-1 所示。每层之间的神经元数量不固定，其中输入层和输出层的神经元数量分别由样本数据中的输入变量和输出变量的数量决定，

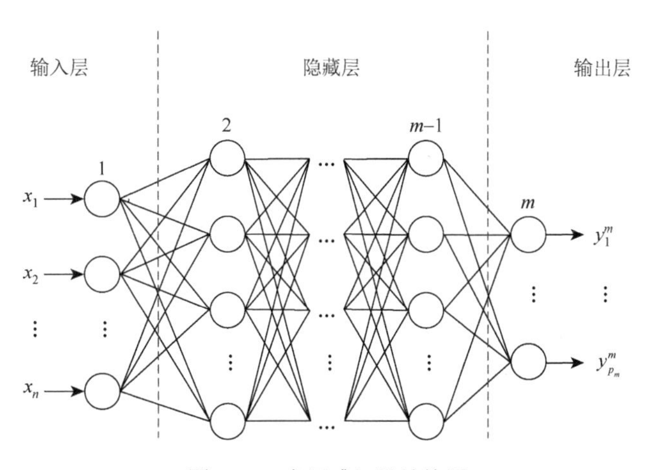

图 10-1　多层感知器结构图

隐藏层神经元数量通常是人为给定的。输入层和隐藏层中每个神经元都与下一层中的所有神经元相连；网络中不存在层内连接、跨层连接和自连接。用上标表示变量所作用的层，令 l 为神经元层的索引，i（或 j，k）为神经元的索引，y_i^l 为第 l 个神经元层中第 i 个神经元的输出，s_i^l 为第 l 个神经元层第 i 个神经元的中间变量（即该神经元激励函数的输入）。即令 $f(\cdot)$ 为该神经元的激励函数，$y_i^l = f(s_i^l)$。p_l 为第 l 层的神经元数量，x_i 为输入层第 i 个神经元的输入，w_{ij}^l 为第 l 个神经元层第 i 个神经元和其前一个神经元层第 j 个神经元之间的连接权值，所有连接权值组成的矩阵称为权值矩阵。

对于给定的一组输入数据 $\{x_1, x_2, \cdots, x_n\}$，从输入层经隐藏层一系列计算和存储，传播到输出层生成输出 $\{y_1^m, y_2^m, \cdots, y_{p_m}^m\}$ 的过程，称为网络的前向传播，其具体过程描述如下。

输入层接收输入数据，其中第 i 个神经元的输出可表示为

$$y_i^1 = x_i \tag{10-1}$$

网络第二层（第一个隐藏层）中的第 i 个神经元所接收的来自输入层所有神经元的输入为 $\sum_{j=1}^{p_1} w_{ij}^2 y_j^1$（参考图 9-4）。令 θ_i^2 为该神经元的阈值，中间变量 s_i^2 由下式表示：

$$s_i^2 = \sum_{j=1}^{p_1} w_{ij}^2 y_j^1 - \theta_i^2 \tag{10-2}$$

激励函数的具体表达形式可参见 9.3.1 节。将 s_i^2 代入激励函数中得到网络第二层中神经元的输出：

$$y_i^2 = f(s_i^2) \tag{10-3}$$

当数据传播到第三层时，第 i 个神经元的中间变量 s_i^3 为

$$s_i^3 = \sum_{j=1}^{p_2} w_{ij}^3 y_j^2 - \theta_i^3 \tag{10-4}$$

神经元的输出为

$$y_i^3 = f(s_i^3) \tag{10-5}$$

数据在其余隐藏层中传播的过程与上述类似，当数据传播到第 m 层（即输出层）时，对其中第 i 个神经元来说，中间变量 s_i^m 可以表示为

$$s_i^m = \sum_{j=1}^{p_{m-1}} w_{ij}^m y_j^{m-1} - \theta_i^m \tag{10-6}$$

其中，θ_i^m 为输出层第 i 个神经元的阈值，该神经元对应的输出为

$$y_i^m = f(s_i^m) \tag{10-7}$$

前向传播过程至此结束。从上述过程可知中间变量 s_i^l 的通式：

$$s_i^l = \sum_{j=1}^{p_{l-1}} w_{ij}^l y_j^{l-1} - \theta_i^l \tag{10-8}$$

令 $y_0^{l-1} = -1$，$w_{i0}^l = \theta_i^l$，可对式（10-8）的表达形式进行简化，得

$$s_i^l = \sum_{j=0}^{p_{l-1}} w_{ij}^l y_j^{l-1} \tag{10-9}$$

$$y_i^l = f(s_i^l) \tag{10-10}$$

采用不同的激励函数，式（10-10）对应的神经元输出 y_i^l 也不同，当激励函数为 Sigmoid 函数时，式（10-10）可表示为

$$y_i^l = f(s_i^l) = \frac{1}{1+\mathrm{e}^{-s_i^l}} \tag{10-11}$$

10.3　学习算法

如前所述，可知在给定网络连接结构和神经元激励函数的情况下，多层感知器所代表的输入输出关系由神经元之间的连接权值决定。给定一组由输入输出数据组成的训练样本，学习算法可以实现网络权值的迭代更新，最终可有效拟合训练样本所代表的输入输出关系。适用于多层感知器的学习算法有很多，常用的是误差反向传播算法。误差反向传播算法通过前向传播和反向传播两个过程重复迭代实现，算法流程如图 10-2 所示。首先，用随机生成的方式对网络的连接权值和阈值进行初始化；给定训练样本的输入数据，通过步骤 2 的前向传播过程（已在 10.2 节详细介绍）获得其对应的网络输出值。然后，步骤 3 计算步骤 2 中的网络输出值与其对应的真实值的误差，并判断学习算法是否满足训练终止的条件。如果不满足，则进入步骤 4 执行反向传播过程进行网络连接权值的更新，然后转步骤 2 进入新一轮训练过程；反之，则进入步骤 5 保留当前的连接权值作为最终连接权值，这也意味着网络训练完成。反向传播过程实际上是基于网络训练误差利用梯度下降法[101]逐层更新调整网络连接权值的过程，其过程如图 10-3 所示。具体权值更新过程详述如下。

定义误差函数（或损失函数）如下：

$$E = \frac{1}{2}\sum_{i=1}^{p_m}(y_i^m - d_i)^2 \tag{10-12}$$

通过训练样本数据对网络进行训练，调整其连接权值的过程，实际上是一个网络输出逐步逼近训练样本实际输出，最小化误差值（或称损失值）E 的过程，求解如下优化问题：

$$\min E = \frac{1}{2}\sum_{i=1}^{p_m}(y_i^m - d_i)^2 \tag{10-13}$$

使得

$$s_i^l = \sum_{j=1}^{p_{l-1}} w_{ij}^l y_j^{l-1} - \theta_i^l, \quad \forall\ k = 2,3,\cdots,m \tag{10-14}$$

$$y_i^l = f(s_i^l), \quad \forall\ k = 2,3,\cdots,m \tag{10-15}$$

其中，d_i 和 y_i^m 分别为输出层第 i 个神经元的期望输出和实际输出。

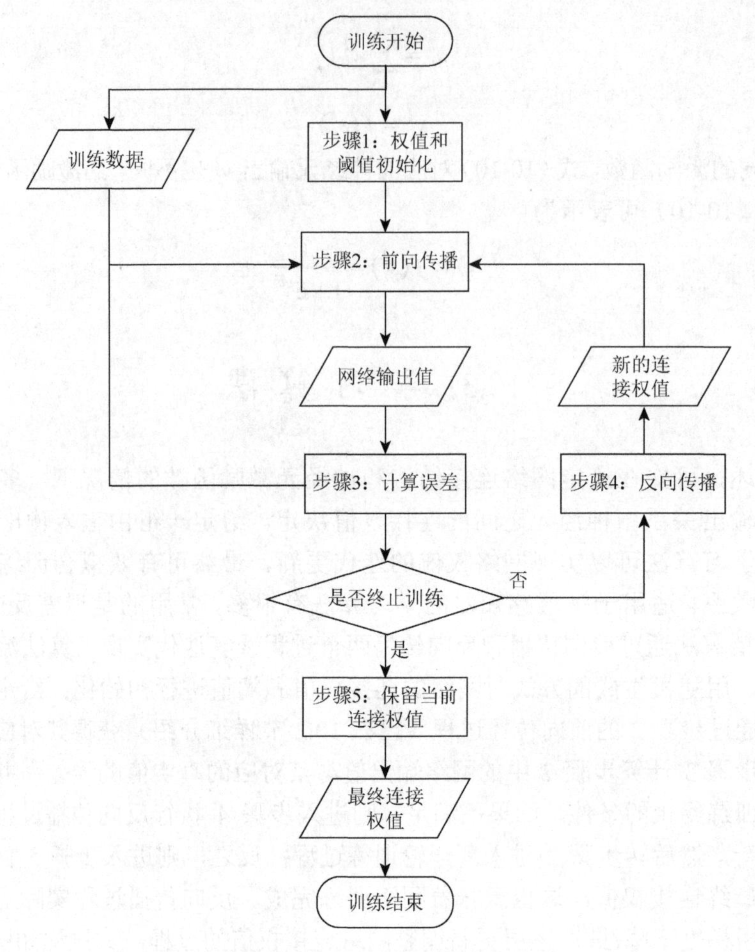

图 10-2　反向传播算法流程

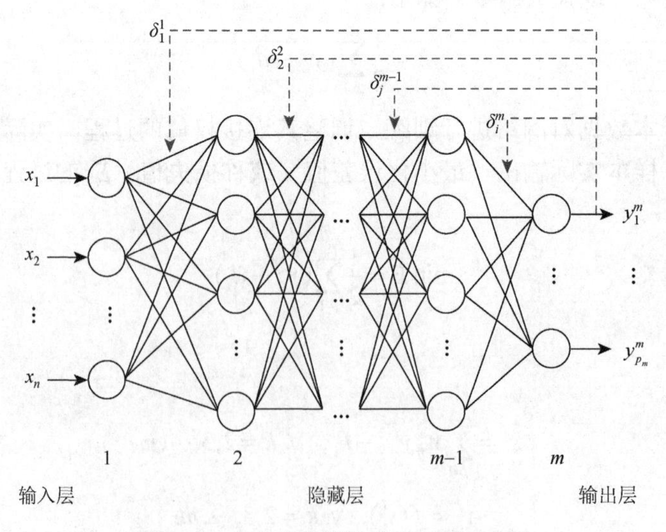

图 10-3　反向传播算法学习过程示意图

通过对式（10-12）求关于权值的偏导数，得到连接权值的修正量，进而更新对应的网络权值。即

$$\Delta w_{ij}^{m} = -\eta \frac{\partial E}{\partial w_{ij}^{m}} \tag{10-16}$$

$$\frac{\partial E}{\partial w_{ij}^{m}} = \frac{\partial E}{\partial s_{i}^{m}} \frac{\partial s_{i}^{m}}{\partial w_{ij}^{m}} = -\delta_{i}^{m} y_{j}^{m-1} \tag{10-17}$$

其中，η 为学习率，是神经网络训练中用于决定网络权值变化步长的参数；δ_{i}^{m} 为误差信号，其表达式为

$$\delta_{i}^{m} = -\frac{\partial E}{\partial S_{i}^{m}} = -f'(S_{i}^{m})(y_{i}^{m} - d_{i}) \tag{10-18}$$

将式（10-17）代入式（10-16）可得到如下形式：

$$\Delta w_{ij}^{m} = -\eta \frac{\partial E}{\partial w_{ij}^{m}} = \eta \delta_{i}^{m} y_{j}^{m-1} \tag{10-19}$$

将上述过程推广至第 m–1 层，可得该层的权值调整公式：

$$\Delta w_{jk}^{m-1} = -\eta \frac{\partial E}{\partial w_{jk}^{m-1}} = -\eta \frac{\partial E}{\partial s_{j}^{m-1}} \frac{\partial s_{j}^{m-1}}{\partial w_{jk}^{m-1}} = \eta \delta_{j}^{m-1} y_{k}^{m-2} \tag{10-20}$$

通过链式求导法则求出 δ_{j}^{m-1} 的表达式：

$$\delta_{j}^{m-1} = -\frac{\partial E}{\partial s_{j}^{m-1}} = -\frac{\partial E}{\partial y_{j}^{m-1}} \frac{\partial y_{j}^{m-1}}{\partial s_{j}^{m-1}} \tag{10-21}$$

由于 $\delta_{i}^{m} = -\dfrac{\partial E}{\partial s_{i}^{m}}$，$s_{i}^{m} = \sum_{j=1}^{p_{m-1}} w_{ij}^{m} y_{j}^{m-1} - \theta_{i}^{m}$，$y_{j}^{m-1} = f(s_{j}^{m-1})$，可得

$$\frac{\partial E}{\partial y_{j}^{m-1}} = \frac{\partial E}{\partial s_{i}^{m}} \frac{\partial s_{i}^{m}}{\partial y_{j}^{m-1}} = -\sum_{i=1}^{p_m} (\delta_{i}^{m} w_{ij}^{m}) \tag{10-22}$$

$$\delta_{j}^{m-1} = -\frac{\partial E}{\partial y_{j}^{m-1}} \frac{\partial y_{j}^{m-1}}{\partial s_{j}^{m-1}} = f'(s_{j}^{m-1}) \sum_{i=1}^{p_m} (\delta_{i}^{m} w_{ij}^{m}) \tag{10-23}$$

进一步推广，可以得出第 l–1 个隐藏层（即网络的第 l 层，$m > l > 1$）的权值变化量和误差信号的通式如下：

$$\Delta w_{jk}^{l} = \eta \delta_{j}^{l} y_{k}^{l-1} \tag{10-24}$$

$$\delta_{j}^{l} = -\frac{\partial E}{\partial y_{j}^{l}} \frac{\partial y_{j}^{l}}{\partial s_{j}^{l}} = f'(s_{j}^{l}) \sum_{i=1}^{p_{l+1}} (\delta_{i}^{l+1} w_{ij}^{l+1}) \tag{10-25}$$

不同的激励函数会形成不同的权值更新公式。以输出层的权值更新为例，当激励函数为 Sigmoid 函数时，权值更新公式如下：

$$f(s_{i}^{m}) = \frac{1}{1 + \mathrm{e}^{-s_{i}^{m}}} \tag{10-26}$$

$$f'(s_{i}^{m}) = f(s_{i}^{m})[1 - f(s_{i}^{m})] = y_{i}^{m}(1 - y_{i}^{m}) \tag{10-27}$$

$$w_{ij}^{m} = w_{ij}^{m,\text{old}} + \eta(d_{i} - y_{i}^{m}) y_{i}^{m}(1 - y_{i}^{m}) y_{j}^{m-1} \tag{10-28}$$

求出各层新的连接权值后，再重复执行前向传播与权值更新过程，直至满足网络训练的终止条件。至此，反向传播算法的学习过程终止，得到最终网络权值对应的网络模型，即用于反映训练样本数据输入输出关系的多层感知器模型。

值得注意的是，神经网络的反向传播是逐层对函数偏导相乘，因此当神经网络层数非常深时，最后一层产生的偏差如果乘了很多小于 1 的导数值而越来越小，最终就会变为 0，从而导致层数比较浅的权重没有更新，产生梯度消失现象。如果很多导数值大于 1，由于链式法则的连乘，梯度更新量会呈指数级增长，产生梯度爆炸现象。

10.4　多层感知器的设计

数据样本大小、类型的不同往往会使多层感知器的输出结果满足不了实际需求，这就要求对多层感知器进行有效的设计[102]。给定输入输出数据样本，如何设计一个合理的多层感知器网络，拟合数据样本所蕴含的输入输出规律，迄今为止还没有最优的构造性结论，很大程度上还需要依靠一些简单规则和设计者的经验。为了提高多层感知器的性能，通常从网络结构与设定、数据预处理与后处理几个方面进行考虑。

10.4.1　网络结构与设定

网络结构主要取决于神经网络的层数和隐藏层神经元数量，Hornik 等[102]证明：若输入层和输出层采用线性激励函数，隐藏层采用 Sigmoid 函数，则单隐藏层的多层感知器网络能够以任意精度逼近任何有理函数。对多层感知器而言，增加网络层数主要针对隐藏层，虽然有助于改善网络的训练效果，但也会因需要更新的权值数量变多导致多层感知器训练时间延长以及过拟合等问题；在特定范围内适当增加隐藏层神经元数量也有助于改善网络的训练效果，但没有科学和普遍的方法确定。同样地，增加隐藏层神经元数量过多，也会面临增加隐藏层层数的问题。为尽可能避免这些问题，保证足够高的网络性能和泛化能力，神经网络层数和隐藏层神经元数量的常用确定原则是，在满足精度要求的前提下采用尽可能紧凑的结构，即采用尽可能少的隐藏层及其神经元数量。

给定多层感知器的网络结构，在对其开始训练前，需要对神经元之间连接权值（网络权值）的初始值、各个神经元的激励函数、决定网络权值变化步长的学习率 η 进行设定。

由于多层感知器内部是非线性的，初始权值的选取与学习是否达到局部最小、是否能够收敛以及训练时间有很大关系，没有统一的标准。初始权值过大过小都会影响多层感知器的训练，初始权值可以是[−1, 1]、[−0.5, 0.5]、[0, 1]等区间内的随机数。

激励函数可使用 9.3.1 节介绍的 6 种函数。有时为了让多层感知器输出特定的结果，如二分类问题需要输出“0”或“1”时，可将输出层神经元的激励函数设置为阶跃函数。

学习率影响着网络训练的迭代过程中权值的变化量，其取值范围是 (0,1) 。在设计多层感知器的过程中，初始学习率可以设置为 0.1 或 0.01，如果学习率设置得过低，网络中的权值更新幅度会变小，训练的过程就会非常缓慢。如果学习率设置得过高，可能会导致损失函数出现发散。设置学习率的一种方法是对所选网络的学习率进行灵敏度分析，也称为网格搜索。这既有助于发现更好的学习率所在的数量级，也有助于描述学习率和网络性能之间的关系。在训练深度神经网络时，网格搜索一般考虑从对数尺度上选择近似的值，如集合 $\{0.1, 0.01, 10^{-3}, 10^{-4}, 10^{-5}\}$ 中的值[103, 104]。

10.4.2　数据预处理与后处理

不同的输入输出样本对于网络的训练和预测性能会产生影响，为了得到更好的网络性能，有时需要对样本数据进行预处理和后处理。

数据预处理在多层感知器网络训练之前进行，常见的预处理方式包括归一化、主成分分析、标签编码等。当数据中存在值域范围具有较大差异（不同的数量级）的变量时，可能会导致网络训练时间增大或难以收敛；这时，在网络进行训练之前可对数据进行归一化处理；即将变量的数据值映射到[0, 1]中。当输入变量数量过多且相关性较高时，输入层神经元数量过多，导致网络结构复杂，可以使用主成分分析[99]等方法对输入变量进行降维。当输入变量中的数据是名义变量（如性别为“男”“女”）时，多层感知器通常无法处理，可以用标签编码的方式将“男”“女”替换为“0”“1”。

数据后处理在网络训练完成之后进行，后处理得到的结果为网络的最终输出。若在数据预处理时对输出变量进行了归一化，则需要对网络输出值进行反归一化使得该变量的输出结果回归其值域范围。对输出变量进行标签编码后，需要将输出值解码成名义变量，具体的值对应类别标号，例如，把“0”“1”解码成“男”“女”以便后续分析。

10.5　应用案例

多层感知器是神经网络领域的一类经典模型，由于其具有通用函数近似器的特性，可用于拟合传统方法无法拟合的复杂输入输出关系，已经广泛应用于解决各种类型的建模、预测、分类等问题。本节介绍一个用多层感知器解决服装季度销售额预测问题的应用案例。

10.5.1　问题描述

某服装品牌企业面临日益激烈的市场竞争，对其旗下产品在各城市的销售额进行有效预测，对该企业提升市场竞争力至关重要。给定该服装品牌企业在 1999～2008 年在某城市共 40 条季度销售额数据。将每前 6 个季度的数据作为输入，预测下一个季度的销售额，应该如何设计多层感知器，有效预测出该企业在该城市的季度销售额呢？

10.5.2 算法设计与实现

利用多层感知器对服装季度销售额问题进行预测，本节给出利用反向传播算法训练多层感知器求解该问题的具体步骤。

步骤 1：划分数据集。首先将每 6 个季度数据作为输入变量，之后 1 个季度数据作为输出变量，共形成 34 个 6 输入 1 输出的数据对。选取前 22 个数据对作为训练样本，剩余 12 个数据对作为测试样本。

步骤 2：确定网络参数。多层感知器主要参数设置如下：网络层数为 3 层，输入层含 6 个神经元，隐藏层含 15 个神经元，输出层含 1 个神经元；激励函数采用 Sigmoid 函数，学习率为 0.01。

步骤 3：训练网络。利用反向传播算法对上述网络进行训练，训练终止条件为达到最大迭代（每次迭代包括一次正向传播和一次反向传播）次数 60000，或误差值 E 小于 6.5×10^{-4}。

步骤 4：预测结果。训练完成后，将测试集导入网络，得到网络的预测值，并与真实值比较。预测性能的衡量指标选取平均绝对误差和平均绝对百分比误差。

10.5.3 结果

多层感知器对服装季度销售额的训练与预测结果如图 10-4 所示。图中点划线左侧虚线表示训练集预测值，点划线左侧实线表示训练集真实值，点划线右侧虚线表示测试集预测值，点划线右侧实线表示测试集真实值，对应的平均绝对值误差为 304 620，平均绝对百分比误差为 3.11%，预测结果较好。

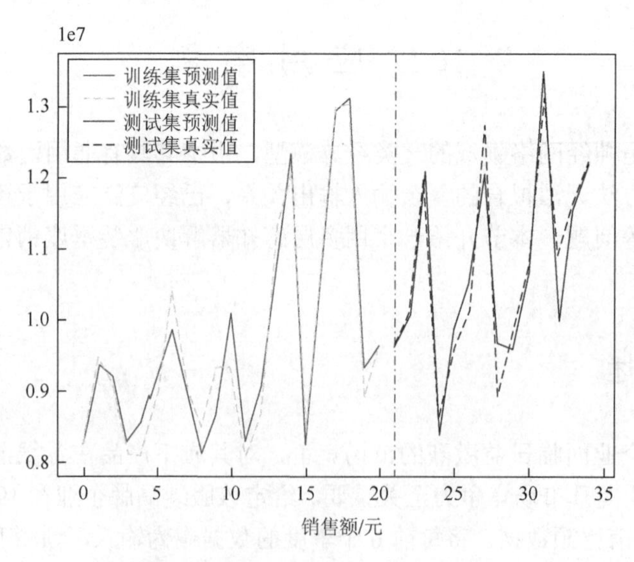

图 10-4 服装季度销售额训练与预测结果图

10.6 本 章 小 结

本章主要介绍了多层感知器的原理，包括其网络结构、反向传播算法和设计原则，并以服装季度销售额预测问题为例介绍了多层感知器的具体应用。多层感知器可使用不同的激励函数和学习算法。除了本章使用的 Sigmoid 函数，还可使用 Tanh 函数、ReLU 函数、ELU 函数等；除了误差反向传播算法，也可使用广义最小二乘法[105]、智能优化算法（如遗传算法）[106]等对网络进行训练。尽管多层感知器可被用作一个通用的函数近似器，拟合复杂的输入输出关系，但多层感知器等神经网络模型所表示的复杂数学关系却往往难以解释，需要进一步的理论探索。想了解更多有关多层感知器及其应用的知识，可参考文献[107]和文献[108]进行深入阅读。

➢习题

1. 考虑一个三层结构的多层感知器，每层的神经元数量分别为 2、3、2，给定输入为 x_1 和 x_2，请画出其结构图。假设激励函数为 Sigmoid 函数，请计算网络输出 y_1 和 y_2。

2. 当习题 1 中的多层感知器隐藏层神经元使用 Tanh 函数时，请推导其权值更新方程。

3. 某前馈神经网络具有两个隐藏层神经元和一个输出层神经元，使用 ReLU 作为激励函数，该网络是否可以解决异或问题？请说明理由。

4. 为什么在用反向传播算法进行参数学习时要采用随机参数初始化的方式，而不能直接将参数初始值设为 0?

5. 请利用你熟悉的传统预测方法对 10.5 节的问题进行预测，并将其与 10.5 节的结果进行比较。

6. 请分析利用反向传播算法训练隐藏层数量较多的多层感知器时可能存在的问题。

第 11 章　卷积神经网络

卷积神经网络是一类具有局部连接和权值共享等特性的深层前馈神经网络，它可以从数据中直接学习、提取图片和时间序列数据中的关键特征，避免了传统人工神经网络依赖于人工特征提取而导致的效率和准确率低下的问题，在图像分类、目标识别、自然语言处理等领域，取得了广泛的成功应用。

11.1　卷积神经网络的提出

卷积神经网络最初被提出用于处理图像信息。在用传统的全连接前馈神经网络来处理图像时，会存在网络参数过多、难以提取局部不变性特征等问题。以花卉数据集为例，如果要以花瓣及花萼的长度和宽度来进行分类，传统的前馈神经网络应该如何进行呢？常见的图像可以分为彩色图和灰度图，且每张图像都是由一个个像素点构成的。彩色图每个像素点有 RGB（red green blue，红绿蓝，又称三原色）三个颜色通道，三个颜色通道的单色图叠加起来就是最终的彩色图，而灰度图的每个像素点只有一个通道。每个通道内用一个 0~255 的整数值代表该通道对应颜色的深浅（即色度等级），数值越小，亮度越低，数值越大，亮度越高。图像可以用图像长度、图像宽度、通道数三个维度表示。例如，某图像的尺寸是（100，100，3），代表该图像是一个长宽均为 100、通道数为 3 的彩色图。将该图像输入神经网络，如果采用传统的多层感知器网络结构，网络中的神经元与相邻层上的每个神经元均相互连接，则第一个隐藏层中每个神经元与输入层之间均有 $100\times100\times3=30000$ 个连接。每个连接对应于一个网络参数和偏置，随着隐藏层神经元数量的增多，参数的规模会急剧增大；这不可避免地导致整个网络的训练效率低下，且容易出现过拟合。另外，自然图像中的物体都具有局部不变性特征，如尺度缩放、平移、旋转等操作不影响其语义信息。传统的多层感知器网络很难提取这些局部不变性特征，一般需要通过数据增强来提高性能。

在生物学领域，学者通过对视觉皮层细胞等的研究[109]，提出了神经元感受野的概念。神经元感受野是指该神经元特定的感知区域，只有这个区域内的刺激才能影响该神经元细胞的电活动。在视觉神经系统中，视觉皮层中神经元的输出依赖于视网膜上的光感受器，视网膜上的光感受器受到刺激时，将神经冲动信号传到视觉皮层，但不是所有视觉皮层中的神经元都会接收这些信号。同样地，在听觉等神经系统中，也存在类似的感受野机制。

受生物学领域感受野机制的启发，学者在传统的多层感知器的基础上，提出和发展了卷积神经网络。20 世纪 70 年代末，福岛邦彦对生物视觉系统进行了模拟，并提出了一种层级化的多层人工神经网络，即神经认知机，来处理手写字符识别和其他模式识别任务，其被认为是现代卷积神经网络的萌芽[110]。Hampshire 等[109]提出了时间延迟神经网络（time delay neural network，TDNN），并将其成功应用于语音识别问题。TDNN 的共享网络参数被限制在单一的维度上，其实际上可看作一个一维卷积神经网络。1990 年，LeCun 提出了一个应用反向传播算法的卷积神经网络模型——LeNet 来处理 MNIST 手写体数字识别问题，LeNet 在结构上与现代卷积神经网络十分接近。此外，LeCun 在论述其网络结构时首次使用了“卷积”一词，“卷积神经网络”也因此得名。LeNet 模型以极高的分类准确率宣告了二维卷积神经网络时代的来临[111]。

11.2 卷积神经网络的基本原理

卷积神经网络由多层感知器演变而来，具有局部连接、权值共享、降采样的结构特点，在图像处理领域表现出色。局部连接是指第 $n-1$ 层的神经元仅与第 n 层的部分神经元之间连接，均可以大大减少网络参数的数量；权值共享使得卷积神经网络的网络结构更加类似于生物神经网络；局部连接和权值共享可以降低网络模型的复杂度，降采样可以成比例地缩小特征图宽度和高度。

11.2.1 卷积神经网络的网络结构

卷积神经网络一般由输入层、卷积层、降采样（亦称池化）层、展平层、全连接层和输出层组成。

卷积神经网络 LeNet-5 模型结构示意图如图 11-1 所示。LeNet-5 是一个含有 6 层隐藏层的神经网络，包括 2 个卷积层、2 个降采样层、1 个展平层和 1 个全连接层，对应图中的：C1（卷积层）→S2（降采样层）→C3（卷积层）→S4（降采样层）→C5（展平层）→F6（全连接层）。

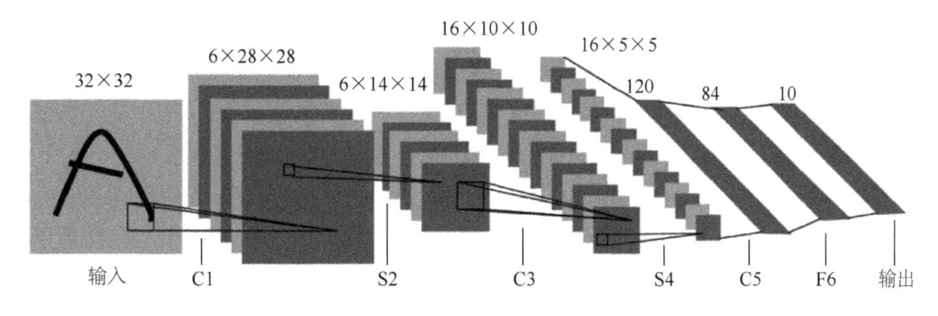

图 11-1 卷积神经网络 LeNet-5 模型结构示意图

11.2.2 卷积神经网络的神经元层

1. *卷积层*

传统的前馈神经网络中，每个神经元都和相邻层的所有神经元相连接（即全连接方式）。这种全连接的方式，对于图像数据来说显得不太友好。原因在于，图像本身具有

“二维空间特征”，即局部特性。比如，我们看一张猫的图片，可能看到猫的眼睛或者嘴巴就能判断这是猫的图片，而不需要把整张图片的所有局部都看完。所以，如果能用某种方式对一张图片的某些典型特征进行识别，那么这张图片的类别也就知道了。卷积神经网络中的卷积操作，可以有效实现这一目的。

下面以一个 5×5 的灰度图（以特征图矩阵表示，如图 11-2 所示）为例，看看神经元层中的卷积操作是如何进行的。

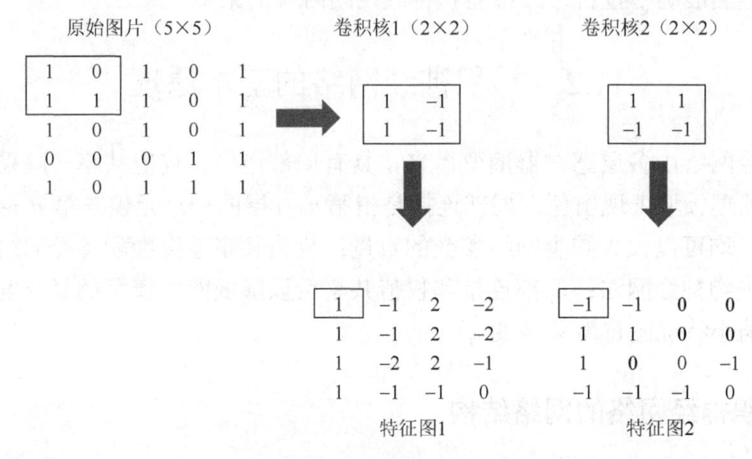

图 11-2　卷积操作过程示例

给定原始输入图像，在对图像进行卷积操作时，需要利用权值矩阵（通常称为卷积核）对输入图像中一个小区域中的像素值进行加权平均，得到输出图像中的各个对应位置的像素值。组成卷积核的每个矩阵元素都对应一个连接权值，类似于多层感知器网络中神经元与网络连接权值的对应关系。对于这个 5×5 的图像，设定卷积核是一个 2×2 的权值矩阵且卷积操作的步长为 1，则每次以 2×2 的固定窗口往右滑动一个单位（像素）。第一次卷积操作从原始图像左上方位置开始，由卷积核中参数与图像中对应位置的像素值逐位相乘，再将结果进行累加得到一次卷积操作结果。图像经过卷积操作后得到的图像称为特征图。对于特征图中的每个小区域（与卷积核大小相同），使用同一个卷积核提取该区域的特征信息，实现了对于不同区域之间特征提取的权值共享。

图 11-2 中特征图 1 的元素 (1, 1) 表示在通过第 1 个卷积核计算完后得到的特征图 1 的第一行第一列的值，其计算过程为 $1\times1+0\times(-1)+1\times1+1\times(-1)=1$。随着卷积核窗口的不断滑动，可以计算出一个 4×4 的特征图 1。同理，通过第 2 个卷积核进行卷积操作，可以得到特征图 2。在卷积操作完成之后，通常需要对得到的特征图进行激励操作，即使用激励函数（如 ReLU 函数）对特征图进行激励。至此，产生特征图的卷积操作就完成了。

对于同一张输入图像，往往使用多个不同的卷积核进行卷积操作。为了对图像中的多通道进行处理，将多个卷积核组合形成一个滤波器。卷积核与滤波器的区别在于，卷积核是一个二维的概念，由长、宽两个维度确定；滤波器是一个三维的概念，有长、宽和深三个维度，其中深度由前一层的通道数（特征图数量）表示。每个滤波器都会输出一张不同的特征图，多个不同的滤波器叠加组成了一个卷积层。每个卷积层中滤波器的数量，决定这一层输出的通道数（即特征图的数量）。卷积层的功能是利用其内部包含的多个滤波器，对输入图像进行特征提取。卷积层内每个神经元都与前一层中位置接近的区域的多个神经元相连，该区域的大小取决于滤波器的大小，称为感受野（图 11-1）。给定输入特征图，按照式（11-1），利用一个可学习的卷积核对卷积层的图像输入进行卷积，然后通过式（11-2）的激励函数运算，得到输出特征图。

$$u_j^l = \sum_{i \in M_j} (x_i^{l-1} * k_{ij}^l) + b_j^l \tag{11-1}$$

$$x_j^l = \sigma\left(u_j^l\right) \tag{11-2}$$

其中，u_j^l 为卷积层 l 的第 j 个通道激励函数的输入，它通过对本层各通道的输入进行卷积求和并加上相应的偏置后得到。M_j 为用于计算 u_j^l 的输入特征图通道集合，x_i^{l-1} 为卷积层 l 的输入的第 i 个通道的特征图，k_{ij}^l 为卷积层 l 中第 j 个滤波器的第 i 个通道的卷积核，b_j^l 为卷积层 l 的第 j 个滤波器卷积结果的偏置，x_j^l 为卷积层 l 的第 j 个通道的输出。对于一个输出特征图 x_j^l，每个输入特征图 x_i^{l-1} 对应的卷积核 k_{ij}^l 可能不同，“ * ”表示卷积操作。$\sigma(\cdot)$ 称为激励函数，通常可使用 Sigmoid 或 ReLU 等函数。

在卷积操作过程中，若不对输入图像进行任何处理，只使用原始图像，不允许卷积核超出原始图像边界，这种操作称为有效填充。由于输入图像边缘上的像素永远不会位于卷积核中心，而卷积核也没法扩展到边缘区域以外，因此输入图像与卷积核进行卷积后的结果中损失了部分值，输入图像的边缘被“修剪”掉了（即边缘处只检测了部分像素点，丢失了图片边界处的信息）。为了保持输入和输出图像的大小一致，可以在进行卷积操作前，对原矩阵进行边界填充；也就是在矩阵的边界上填充一些值以增加矩阵的大小，通常用“0”来进行填充（亦称零填充）。通过填充的方法，当卷积核扫描输入数据时，它能延伸到边缘以外的伪元素，从而使输出和输入图像的大小相同。

2. 降采样层

卷积层虽然可以显著减少网络中连接的数量，但神经元数量并没有显著减少。如果卷积层直接和输出层相连，那么输出层的输入维数依然很高，很容易过拟合。即模型在训练集上表现很好，但在测试集上却表现很差，缺乏一定的泛化能力。另外，假如一张图片（如大海）中的颜色很接近，用卷积层提取出的局部特征也会很接近。这样会造成特征信息的冗余，导致计算量增大。为了解决这个问题，经典的卷积神经网络在卷积层之后加上一个降采样层，利用其中的池化操作减少图像中的冗余信息，从而降低了特征维数，减少网络的参数量，可有效避免过拟合。

一般来说，降采样层采取的池化操作主要就是在一定的区域内提出该区域的关键信息（一个亚采样过程），该操作往往出现在卷积层之后。卷积层中的卷积核可以看作一个自身带有参数且可滑动的矩形窗口，降采样层中也有类似的滑动窗口（但自身不包括任何参数）对输入特征图进行池化操作，得到成比例缩小后的输出特征图。池化操作由滑动窗口和步长两个关键变量构成。滑动窗口描述了提取信息区域的大小，一般是一个方形窗口；步长描述了窗口在卷积层输出特征图上的移动步长，一般和窗口边长相等（即滑动窗口位置互不重叠）。

常见的池化操作主要包括最大池化和平均池化两种。最大池化是取滑动窗口中所有值的最大值，平均池化是取滑动窗口中所有值的平均值。在 11.2.1 节中，输入层通过 2×2 的卷积核操作后，由 5×5 的尺寸变为了两个新的 4×4 的特征图。进一步对这两个图进行池化操作，以特征图 1 和特征图 2 为例，分别展示以上两种池化方式的具体操作，假设池化窗口大小为 2×2，池化操作步长为 2，两个特征图的维度从 4×4 变为 2×2。操作过程如图 11-3 所示。

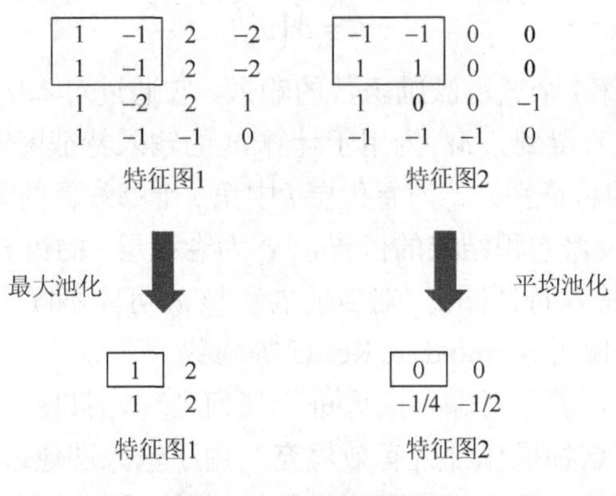

图 11-3　池化操作示例

降采样层用来实现对特征图的采样处理，能起到减少卷积层输出的特征量数目的作用，在减少模型参数的同时改善过拟合现象。给定一个输入特征图，降采样层通过下面的公式得到输出特征图：

$$u_j^l = M\left(x_j^{l-1}\right) \tag{11-3}$$

$$x_j^l = \sigma\left(u_j^l\right) \tag{11-4}$$

其中，u_j^l 为降采样层 l 的第 j 个通道的输出，它由前一层输出特征图 x_j^{l-1} 进行降采样操作后得到，符号 $M(\cdot)$ 表示降采样函数，它对输入特征图 x_j^{l-1} 通过滑动窗口方法划分为多个 $n\times n$ 的图像块，然后对每个图像块内的像素求和、求均值或最大值，于是输出图像在长宽两个维度上都进一步缩小。

值得注意的是，尽管经典的卷积神经网络中使用降采样层减少网络参数量，但这种方式会造成信息丢失的问题。近年来，已有不采用降采样层、只包含卷积层的卷积神经网络被提出，且展示出了很好的网络性能[112]。

3. 展平层和全连接层

展平层常用于从卷积层到全连接层的过渡，其本质也为卷积操作。不同的是，这里的卷积是使用大小为 1×1，值为 1 的卷积核来实现的，因此其输出大小为 1×1，且数值不变。直观来看是将输入的图像“压平”，即把多维的输入一维化，故这一层被称为展平层。

如图 11-4 所示，展平层将所有二维图像的特征图“压平”为一维特征，作为全连接层的输入。全连接层在整个卷积神经网络中起到“分类器”的作用，一般位于网络尾端，对前面逐层变换和映射提取的特征进行回归、分类等处理。令 $\boldsymbol{u}^l$ 为全连接层 l 的输出，ω^l 为全连接网络的权值矩阵，b^l 为全连接层 l 的偏置。全连接层 l 的输出 $\boldsymbol{x}^l$ 可由如下两式得到：

$$u^l = \omega^l x^{l-1} + b^l \tag{11-5}$$

$$x^l = \sigma(u^l) \tag{11-6}$$

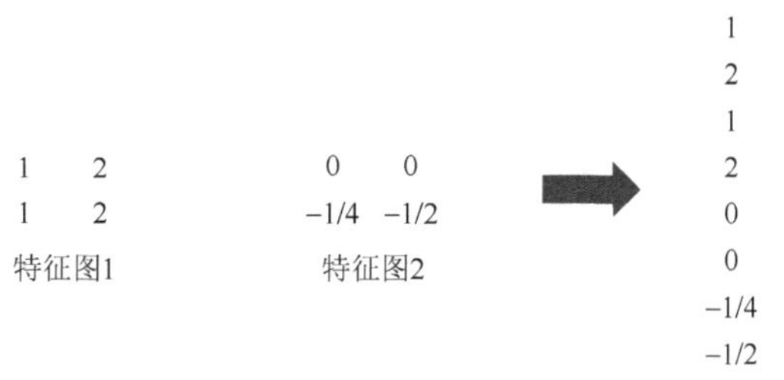

特征图1		特征图2		→	展平
1	2	0	0		1
1	2	−1/4	−1/2		2
					1
					2
					0
					0
					−1/4
					−1/2

图 11-4　展平层过程

全连接层每个神经元的激励函数 $\sigma(\cdot)$ 一般采用 ReLU 函数。在处理多分类等问题时，全连接层（如图 11-1 中 F6）的输出值被传递给一个输出层（两层之间全连接），通常采用归一化指数函数（softmax 函数）将多分类的输出值转换为范围在[0, 1]且和为 1 的概率值，其值的大小表示对应的输入归属于每个类别的概率，该输出层也可称为 softmax 层。令 z_i 为输出层第 i 个神经元的输入，C 为该层神经元数量（即分类的类别数量），softmax 函数的定义为 $\text{softmax}(z_i) = \mathrm{e}^{z_i} / \left(\sum_{c=1}^{C} \mathrm{e}^{z_c}\right)$。

11.3　卷积神经网络的训练

与多层感知器相同，卷积神经网络的训练过程也分为两个阶段。第一个阶段是前向传播（前馈运算）阶段，即通过卷积、降采样和非线性激励函数映射等一系列操作的层层堆叠，从原始数据输入层开始逐层抽象，将输入数据的高层语义（关键特征）信息逐层抽取出来，这一过程称为前馈运算。第二个阶段是反向传播（反馈运算）阶段，即当前向传播得出的结果与预期不相符时，通过计算预测值与真实值之间的误差，凭借反向传播算法，将误差从输出层向输入层的方向逐层进行传播，并更新网络参数的训练过程。

11.3.1　卷积神经网络的前向传播过程

卷积神经网络实际上是一个含有很多隐藏层结构的多层感知器，其前向传播过程的数学原理与多层感知器相同，可参考 10.2 节。

具体而言，卷积神经网络的前向传播过程中，输入的图像数据经过多个网络层的卷积和池化处理得到特征向量，将特征向量传入全连接层中，得出网络的输出。以图 11-1

所示的网络结构为例，将卷积神经网络的输入记作 x^1，x^1 经过第 1 层操作得到第一层的输出（即第 2 层的输入）x^2，对应第 1 层操作中的可训练网络参数记作 ω^1；x^2 作为第 2 层的输入，经过第 2 层操作后可得 x^3，……，直到第 $L-1$ 层，此时网络输出为 x^L，x^L 是与期望输出 y 同维度的向量。在上述的过程中，理论上每层操作层可为单独的卷积、池化、非线性映射或其他操作，当然也可以是不同操作的组合。

无论训练模型过程中计算输出误差，还是利用训练后的模型执行预测等任务，卷积神经网络的前向传播过程都比较直观。执行任务的过程实际就是一次网络的前馈运算。

卷积神经网络的前向传播以损失函数（在传统的多层感知器中也称为误差函数）的计算结束。实际应用中，对于不同任务，损失函数的形式也随之改变。以回归问题为例，常用式（10-12）作为卷积神经网络的损失函数；若对于 $C(C>1)$ 分类问题，网络的损失函数则常采用交叉熵损失函数［见式（11-7）］。令 y_i 和 $\widehat{y}_i$ 分别为输出层第 i 个神经元对应的期望分类结果与实际分类结果，$\widehat{y}_i$ 由 x^L 经过输出层的 softmax 操作［见式（11-8）］得到，此时有

$$z=-\sum_i y_i \log(\widehat{y}_i) \tag{11-7}$$

$$\widehat{y}_i=\frac{\exp\left(x_i^L\right)}{\sum_{j=1}^{C}\exp\left(x_j^L\right)},\quad i=1,2,\cdots,C \tag{11-8}$$

11.3.2 卷积神经网络的网络参数更新

卷积神经网络与多层感知器类似，同样使用误差反向传播算法进行网络参数更新。具体来讲，在卷积神经网络求解时，特别是针对大规模应用问题（如机器视觉领域 ILSVRC（ImageNet Large Scale Visual Recognition Challenge）竞赛中的分类或检测任务），常采用批处理的随机梯度下降法。批处理的随机梯度下降法在训练模型阶段随机选取 n 个输入输出样本对作为一个批量大小为 n 的样本批次，通过前馈运算得到 n 个样本输入的输出预测值，并计算其误差，后通过梯度下降法更新网络参数，梯度从后往前逐层反馈，直至更新到网络的第一层参数，该参数更新过程称为一个批处理过程。不同批处理之间按照无放回抽样遍历所有训练样本，遍历一次所有训练样本称为一轮。其中，批量大小 n 不宜设置过小。若 n 过小（如样本大小为 1，2 等），采样过程类似于随机采样，会使得训练过程产生振荡，模型参数难以收敛至全局最优。批量大小 n 的上限主要取决于硬件资源（如 GPU 显存大小）的限制。一般而言，批量大小可设为 16，32，64，128 或 256。

考虑图 11-1 所示的卷积神经网络结构，利用批处理的随机梯度下降法训练该网络的步骤如下。

步骤 1：给定输入数据，同时确定批量大小 n，令第一批 n 个样本通过前向传播过程计算该批次的网络输出 x^L。

步骤 2：计算该批次的网络输出 x^L 与期望输出 y 的误差（损失）值的总和 z，利用 10.3 节的误差反向传播算法依次更新各层网络参数 ω^i。

步骤 3：不断进行批次更新，针对每个批次的输入样本，进行前向传播和误差反向传播，同时依次更新各层网络参数 ω^i；直到遍历所有输入样本，则最后一个批次更新完毕，最终确定所有层的网络参数 ω。至此，网络完成了一轮的训练。

步骤 4：当网络的训练轮数达到设置值或满足预设的其他终止条件时，整个网络的训练过程结束，输出最终网络参数对应的网络作为训练得到的最终网络；否则重复上述步骤不断更新网络权值。

由于目前主流的深度学习框架可以实现自动推导梯度并更新网络参数，在此不对上述过程做详细说明。关于该算法更详细的计算推导过程，感兴趣的读者可参考文献[113]和文献[114]。

11.4　典型卷积神经网络

本节对几个典型卷积神经网络的结构及工作原理进行简要介绍。

11.4.1　AlexNet

AlexNet 是计算机视觉中首个被广泛关注、使用的卷积神经网络，被誉为第一个现代深度神经网络模型。

由于 GPU 硬件资源的限制，训练卷积神经网络时常规的卷积层操作可能导致资源不足的问题。以图 11-5 所示的常规卷积层进行说明，常规的卷积会将输入数据作为一个整体进行卷积操作；即以维度为 $H_1 \times W_1 \times c_1$ 的输入数据为例，若滤波器的维度为 $h_1 \times w_1 \times c_1$，共有 c_2 个滤波器，每个滤波器对应生成一张特征图，即可以生成 c_2 张特征图，将这些特征图在通道维度上拼接起来，就可以得到维度为 $H_2 \times W_2 \times c_2$ 的输出数据。H_2 和 W_2 与滤波器中卷积核的大小和移动步长 s 有关，其定义为：$H_2 = [(H_1 - h_1 + 2 \times P_h)/s] + 1$，$W_2 = [(W_1 - w_1 + 2 \times P_w)/s] + 1$。其中，$P_h$ 与 P_w 分别为卷积操作上对原矩阵进行填充的行数与列数。这个过程操作简单，但对于存储器的容量要求较高。对于图像尺寸较大的输入，由于单个 GPU 的显存有限，可能不足以满足较大规模计算的显存需求。因此，分组卷积的概念被提出[20]；即把不同的特征图分给多个 GPU 分别进行处理，这样网络中的参数也被分成多份，解决了单个 GPU 显存有限而导致的可训练网络规模有限的问题。

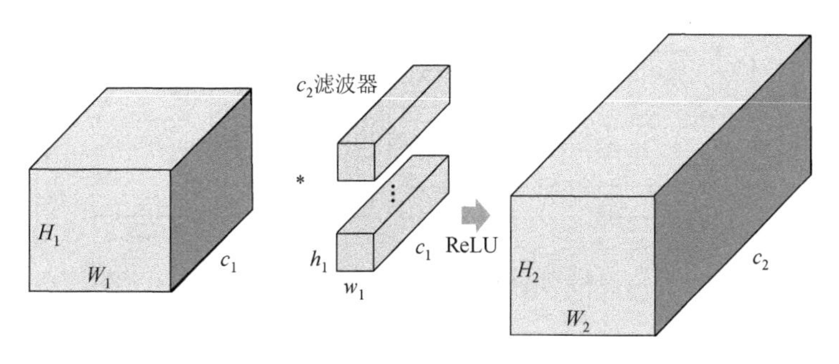

图 11-5　一个常规卷积层示意图

一个分组卷积的操作过程示意如图 11-6 所示。

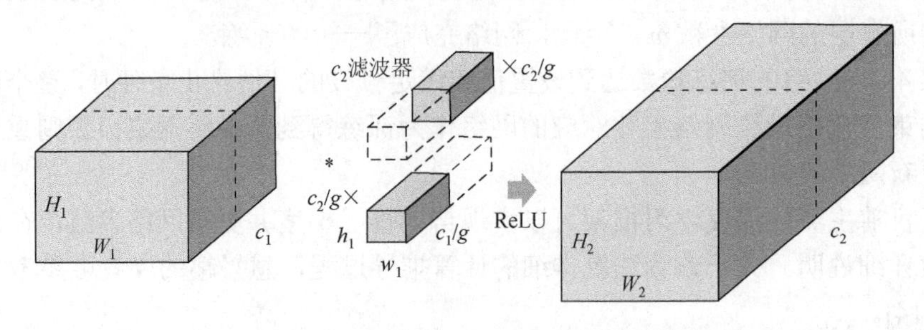

图 11-6　一个分组卷积操作过程示意图

可以看到，图中将输入数据分成了 g 组（图中 $g=2$），需要注意的是，这种分组只是在深度上进行划分，即某几个通道编为一组，这个具体的数量由 c_1/g 决定。因为输出数据的改变，相应地，滤波器也需要做出同样的改变。即滤波器也要被等分为 g 组，每组中滤波器的通道数也就变成了 c_1/g，而滤波器的长宽保持不变，此时每组的滤波器的个数也被分成了 c_2/g 个，而不是原来的 c_2 个。然后用每组的滤波器同它们对应组内的输入数据卷积，得到了输出特征图以后，再将这 g 组特征图拼接在一起，于是最终输出数据的通道数仍旧是 c_2。也就是说，分组数 g 确定后，可以并行地运算 g 个相同的卷积过程，每组的输入数据为 $H_1\times W_1\times(c_1/g)$，滤波器大小为 $h_1\times w_1\times(c_1/g)$，数量为 c_2/g 个，输出数据维度为 $H_2\times W_2\times(c_2/g)$。

AlexNet 网络结构示例如图 11-7 所示，共包括 5 个卷积层、3 个降采样层和 3 个全连接层，其输入为 224×224×3 的图像。输入图像经过第一个卷积层（即卷积 1）得到大小为 55×55×96 的输出图像，然后在通道维度上被分为两组（可用两个 GPU 并行计算），故输出实际为两组大小为 55×55×48 的图像。随后，该输出先经过第一个降采样层（即

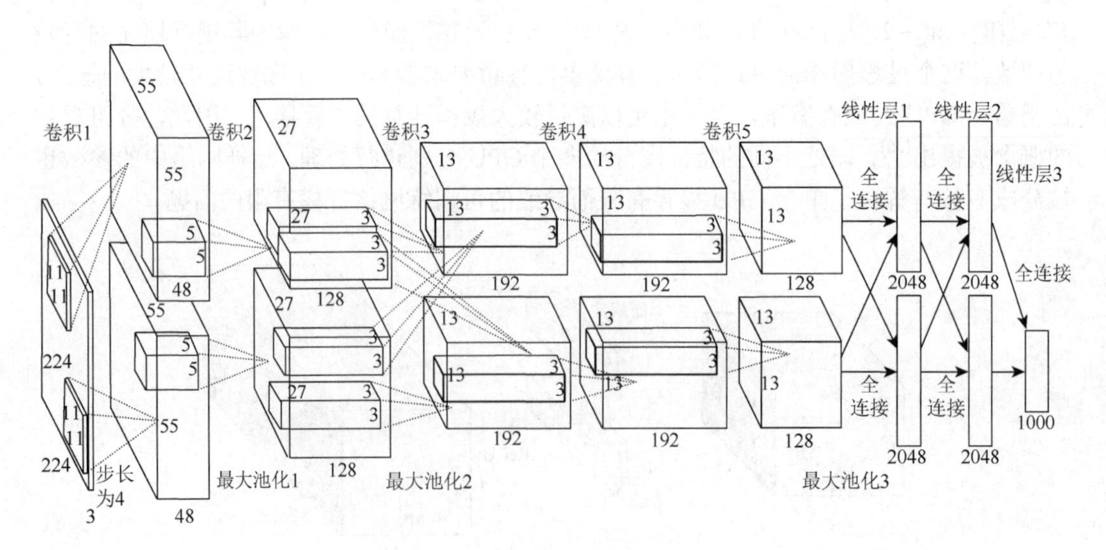

图 11-7　AlexNet 网络结构示例

最大池化 1）得到两组大小为 27×27×48 的输出图像（降采样操作不改变通道数值），再经过第二个卷积层（即卷积 2）得到两组大小为 27×27×128 的输出图像。类似地，该输出先经过第二个降采样层（即最大池化 2）得到两组大小为 13×13×128 的输出图像，再经过第三个卷积层（即卷积 3）得到两组大小为 13×13×192 的输出图像。和第三个卷积层相比，第四个卷积层使用的滤波器大小与数量、步长和填充都不改变，其输出和输入大小一致，即两组大小同样为 13×13×192 的输出图像。和第四个卷积层相比，第五个卷积层（即卷积 5）只有滤波器数量发生了变化（由 384 变为 256），因此其输出也只有通道数发生了变化，此时输出为两组大小为 13×13×128 的图像，之后再经过第三个降采样层（即最大池化 3）得到两组大小为 6×6×128 的输出图像。卷积与降采样操作之后是三个全连接层（即线性层），前 2 个全连接层的节点数均为 2048，最后一个全连接层的节点数为 1000，输出为 1000 维的向量，代表 1000 个类别的条件概率。

AlexNet 网络以及本节其他两个典型网络，可通过直接调用 Python 语言环境下 PyTorch 框架中的 torchvision 包来实现，具体方法见附录 A1。

11.4.2　GoogLeNet

在未触碰到模型复杂度的瓶颈之前，深度神经网络领域通常都是通过增加网络深度，构造更大规模的网络来实现更复杂的目标。但是，更大规模的网络往往会面临以下两个问题。

（1）容易导致过拟合：更大的网络规模导致更多的网络参数以及更复杂的模型表征能力，容易导致网络过拟合，尤其是训练集中标记的样本数量有限的时候。

（2）计算资源的急剧增加：导致计算复杂度增大，网络更难以应用。

针对上面的问题，GoogLeNet 从增加网络宽度的视角，提出 Inception 模块（图 11-8），将一般的卷积层和全连接层都转化为稀疏连接，可大大减少网络参数数量。

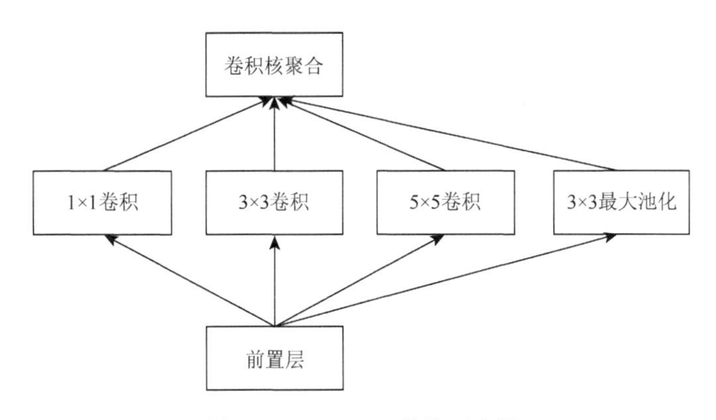

图 11-8　Inception 模块示意图

Inception 模块对特征图并行地执行多个不同大小的卷积运算和池化，最后再拼接到一起。与传统的卷积层连接降采样层相比，这样的结构既增加了网络的宽度，也增加了网络对尺度的适应性，同时增加了网络的非线性特征。

GoogLeNet 是由多个 Inception 模块和少量降采样层堆叠而成的，其中 Inception 模块是 GoogLeNet 的核心模块。在 Inception 模块中，一个卷积层包含多个不同大小卷积的卷积操作。

按照这样的结构来增加网络的深度，虽然可以提升性能，但是还面临计算量大（参数多）的问题。为改善这种现象，GooLeNet 借鉴 Network-in-Network 的思想，使用 1×1 的卷积核实现降维操作（也间接增加了网络的深度和非线性），以此来减小网络的参数量，如图 11-9 所示。Inception 模块同时使用 1×1、3×3、5×5 等不同大小的卷积核，并将得到的特征映射在深度上拼接（堆叠）起来作为输出特征映射。相比于图 11-8 的 Inception 模块，具有降维功能的 Inception 模块在 3×3 和 5×5 的卷积前，都增加了 1×1 的卷积来减少输入卷积层的通道数，同时在 3×3 的最大池化后也使用了 1×1 的卷积来减少输出降采样层的通道数，这些操作使得参数量大大减少，不仅可以减少内存的消耗，还可以加快网络的训练速度。例如，假设前置层的输出维度为 100×100×128，其经过由 256 个大小为 5×5×128 的滤波器组成的卷积层操作（设 $s=1$，$P_h=P_w=2$），输出数据的维度应为 100×100×256。对应地，如果前置层输出先经过具有 32 个大小为 1×1×128 的滤波器组成的卷积层操作，再经过由 256 个大小为 5×5×32 的滤波器组成的卷积层操作，最终的输出数据维度仍为 100×100×256，但卷积参数量由 5×5×128×256 减少为 1×1×128×32 + 5×5×32×256，大大减少。

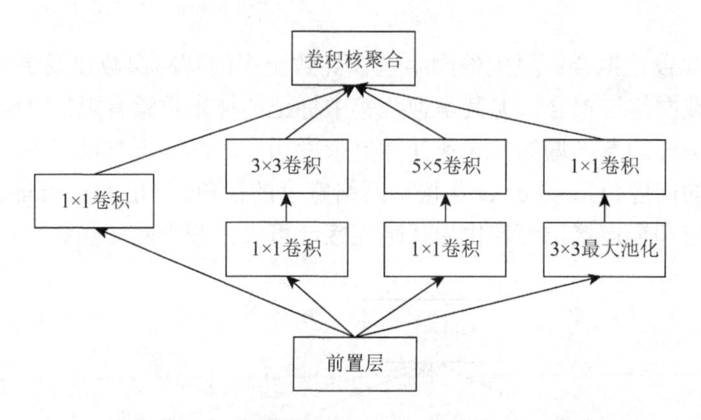

图 11-9　具有降维操作的 Inception 模块示意图

以上模块也被称为 Inception v1 模块，而 GoogLeNet 即是由 9 个 Inception v1 模块和 5 个降采样层以及其他一些卷积层和全连接层构成的，共 22 层。由于 GoogLeNet 网络结构较大，在此不做展示，感兴趣的读者可通过参考文献[115]查看 GoogLeNet 整体网络结构图。

11.4.3　ResNet

已有研究[116, 117]表明，通过增加网络复杂度可以一定程度地提高卷积神经网络的性能。

神经网络的深度和宽度是影响网络学习能力的两个核心因素；增加深度比增加宽度可能更加有效。因此，很多研究从提高网络的深度出发，提出具有更好性能的网络。但是，通过增加网络的深度来提升卷积神经网络的性能，可能导致深度网络退化（degradation）问题的出现。即网络深度增加到一定程度时，基于训练集进行训练，网络的准确度会出现饱和，甚至出现下降。

现有一个浅层网络，通过向上堆积新层来建立深层网络，有没有可能使得这些新增加的层即使不能提升网络性能，也至少可以通过复制浅层网络的特征保持性能不变（即新层的输出等于输入，称为恒等映射）。残差网络[21]ResNet 的提出很好地解决了这个问题，其通过给非线性的卷积层增加直连边（也称为残差连接）的方式来提高信息的传播效率。

图 11-10 是一个残差模块示意图。对于一个堆积层结构（几层堆积而成），当输入为 x 时，假设其输出为 $H(x)$，$H(x)$ 由两部分组成：① x 学习到的内容，即 $F(x)$；②对输入 x 的恒等映射，故 $H(x)=F(x)+x$。这两个分支经过简单的相加后，再经过一个非线性的激励函数 ReLU，就构成了整个残差模块。这里的残差指 $F(x)=H(x)-x$，当残差为 0 时，堆积层仅仅做了恒等映射，这样可以保证网络性能至少不会下降，而残差实际上通常不会为 0，这也会使得堆积层在输入特征基础上学习到新的特征，从而拥有更好的性能。

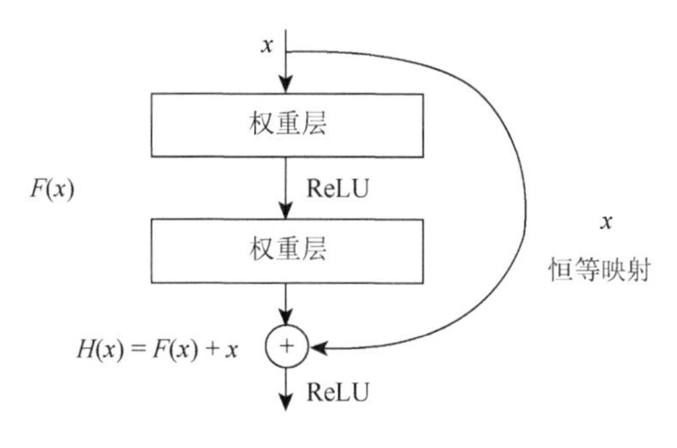

图 11-10　残差模块示意图

将很多个残差模块串联起来就构成了一个残差网络。残差网络的结构既可以加速训练，还可以提升训练性能（防止梯度消失）。ResNet 模型根据其网络层数可分为 ResNet18、ResNet34、ResNet50 和 ResNet52 等。其中，一个 ResNet34 网络的结构示意图如图 11-11 所示，该网络由 33 个卷积层和 1 个全连接层构成，包含 16 个残差模块。每个残差模块含有 2 个卷积层。以名为“7×7 conv，64，/2”的卷积层为例进行说明，其代表使用大小为 7×7 的卷积核，输出通道数为 64，卷积操作的步长为 2。

图中的“实线”和“虚线”均起到恒等映射的作用，但其连接方式不同。“实线”连接处 $F(x)$ 和 x 的通道数一致，且二者长宽也一致，故可直接相加。“虚线”连接处 $F(x)$ 和 x 的通道数不一致，如第一个虚线处 $F(x)$ 的通道数为 128，而 x 的通道数为 64，不能直接相加，因此需要先对 x 进行升维操作，使 x 的通道数变为 128，同时对 x 进行降采样，使其长宽也与 $F(x)$ 一致，最后再将二者相加。

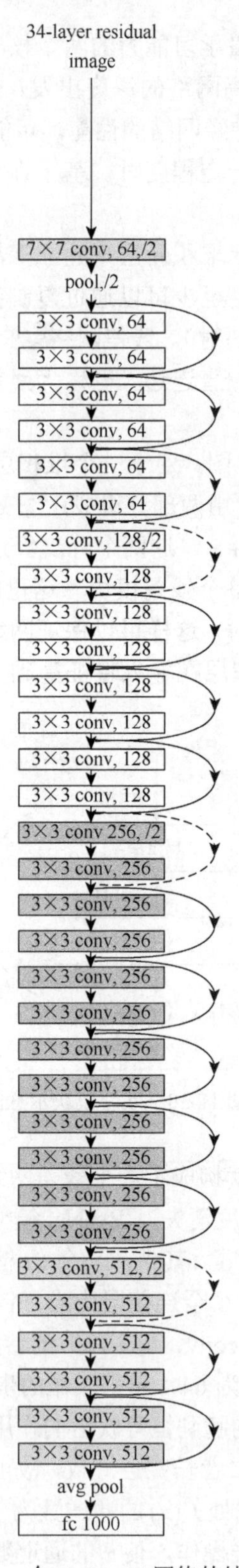

图 11-11　一个 ResNet34 网络的结构示意图

11.5 应用案例

卷积神经网络可以直接输入原始图像信息作为网络输入，避免了传统的图像处理算法需要对图像进行复杂的前期预处理的弊端，其广泛应用于图像识别、图像分类等计算机视觉领域。除此之外，卷积神经网络在自然语言处理领域也有着越来越广泛的应用。本节以 ISIC2019 数据集的分类任务为例，介绍卷积神经网络在图像分类方面的应用。

11.5.1 问题描述

本案例使用 ISIC2019 数据集。该数据集由巴塞罗那医院皮肤科提供的 BCN_20000 Dataset[118]、维也纳医科大学皮肤病学系提供的 HAM10000 Dataset[119]以及匿名的 MSK Dataset[120]合并组成，共包含 25 331 张皮肤病图片，涉及 8 类良性与恶性皮肤病。各疾病类型及样本量如表 11-1 所示，现需设计有效的卷积神经网络对该图片数据集进行分类。

表 11-1　ISIC2019 数据集各疾病类型及样本量

疾病类型	AK	BCC	BKL	DF	MEL	NV	SCC	VASC
样本量	867	3 323	2 624	239	4 522	12 875	628	253

11.5.2 算法设计与实现

在 Python 语言环境下，存在各种开源的机器学习算法库，如 TensorFlow、PyTorch 等。这些算法库的存在，为学习和实现各种深度学习和人工智能算法提供了便利，读者即使并不完全理解本书中深度神经网络相关算法的理论细节，也可以基于这些开源库轻松实现各种深度神经网络算法，并用其解决复杂的决策问题。

本案例基于 PyTorch 环境，设计和实现 ResNet34 网络解决上述问题。具体的算法步骤如下。

步骤 1：数据预处理。由于原数据图像尺寸较大（图片分辨率为 1024 像素×764 像素），需要对数据集中的图像进行预处理：对于训练集图片，利用随机裁剪（指在图像的随机区域裁剪）的方法，将图像尺寸裁剪为 224 像素×224 像素，并对裁剪好的图像进行水平翻转，最后进行图像标准化［即把图像像素值区间从（0, 255）改为（0, 1）］，对于验证集和测试集图片，首先将图像尺寸裁剪为 256 像素×256 像素，然后利用中心裁剪（指在图像中心区域裁剪）的方法，将图像尺寸裁剪为 224 像素×224 像素，最后进行图像标准化。

随机选取总图片样本中的81%作为训练样本（训练集）、9%为验证样本（验证集）、10%为测试样本（测试集），批量大小均设为16。

步骤 2：定义网络结构与超参数设置。本次实验所使用的网络模型为 ResNet34，首先对网络结构进行定义，该网络由 33 个卷积层和 1 个全连接层构成，每个残差模块含有 2 个卷积层，其网络示意图见图 11-11，具体结构可参看代码。超参数设置如下：优化器为 Adam，学习率为 0.0001，模型训练轮数设置为 100。

步骤 3：模型训练结果。训练过程中，以验证集的准确率为监督器（monitor），将验证集准确率最高的那一轮的网络参数保存下来，其对应的网络即训练得到的最终网络。训练过程中最后五轮的准确率、损失值及每轮训练时间如表 11-2 所示。

表 11-2　模型训练过程中部分参数变化结果

训练轮数	训练 准确率	验证 准确率	训练 损失值	验证 损失值	训练 时间
96	84.52%	79.91%	0.0268	0.0428	157.78s
97	84.49%	79.52%	0.0267	0.0419	158.33s
98	84.45%	79.56%	0.0268	0.0404	157.98s
99	84.84%	78.73%	0.0261	0.0453	158.14s
100	85.18%	78.90%	0.0258	0.0442	158.12s

11.5.3　结果

给定测试样本的输入数据，利用训练后得到的最终网络，计算得到其对应的网络输出（预测）值，各疾病类型分类准确率如表 11-3 所示。在测试样本上的整体准确率为 78.14%，与验证样本的结果较为接近。训练过程中的损失和准确率的结果如图 11-12 和图 11-13 所示。可见，整个训练过程中训练样本对应的损失值逐渐减小、准确率逐渐增加，验证样本对应的损失值先减小后趋于稳定（即收敛）、准确率先增加后趋于稳定。

需要说明的是，本案例仅使用一个基础模型进行图像分类。由于医学图像识别与多分类问题的复杂性，以及所使用的数据集存在较严重的分类不平衡问题，导致分类准确率不高。在实践应用中，可以通过提高原始数据样本量、图像增强、模型优化等方式，提高分类准确率。

表 11-3　各疾病类型分类准确率

疾病类型	AK	BCC	BKL	DF	MEL	NV	SCC	VASC	平均
准确率	55.6%	84.9%	56.6%	54.6%	50.9%	93.8%	55.8%	100%	78.1%

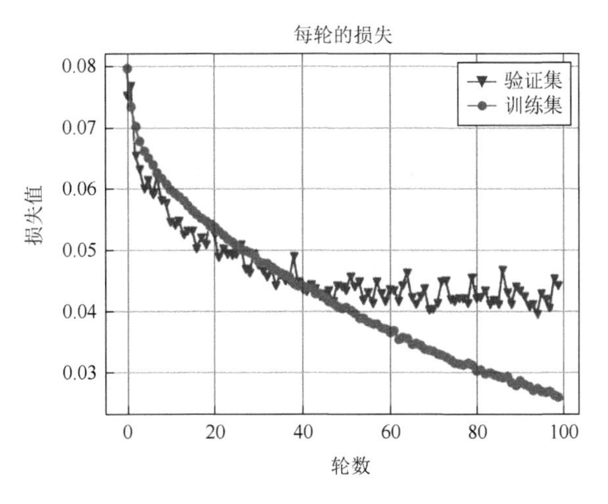

图 11-12　损失值曲线

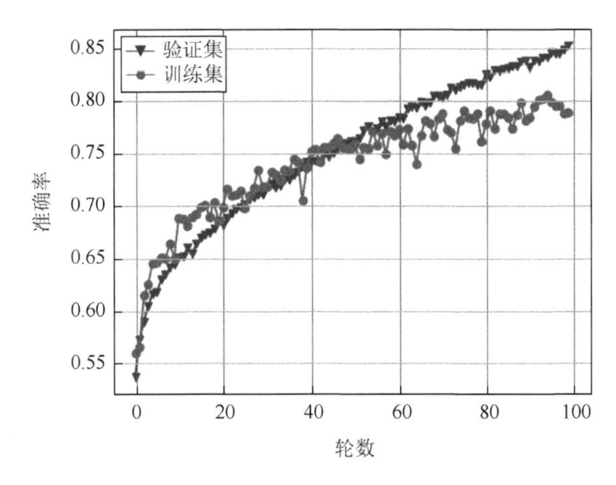

图 11-13　准确率曲线

11.6　本 章 小 结

本章主要介绍了卷积神经网络的网络结构、训练过程及其变种和应用。虽然目前基于卷积神经网络的图像分类网络很多，且在识别效果上非常不错，但其中一些基本问题仍然没有得到很好的解决，特别是对一些图像进行分类识别时，对卷积神经网络的初始状态参数以及寻优算法的选取，会对网络训练造成很大影响，选择不好会造成网络不收敛、欠拟合、过拟合等诸多问题。想了解更多的卷积神经网络及其应用，可参考相关文献[121]和文献[122]。

➢习题

1. 请简述卷积操作中填充的作用。
2. 请简述卷积核有效提取特征信息的原理。

3. 假如某个卷积神经网络由三个依次相连的卷积层组成，滤波器大小为 $3\times3\times3$，步长为 2，无填充，第一层输出 100 张特征图，第二层输出 200 张特征图，第三层输出 400 张特征图。该卷积神经网络的参数总数目是多少？

4. 假如某个卷积层的输入为 $48\times48\times16$ 的图像，并使用大小为 5×5 的 32 个卷积核进行卷积，步长为 1，无填充，那么该卷积层的输出是什么？

5. 已知卷积层中某灰色图像像素矩阵如下：

1 0 0 1 0
0 0 0 1 1
1 1 1 0 0
0 0 1 0 0
1 0 0 1 0,

其中一个卷积核对应的矩阵为

1 0 1
0 1 0
1 0 1,

假设步长为 1 且无填充。请画出图像经过该卷积核卷积后的特征图。

6. 图片分类任务中，卷积神经网络相对于全连接神经网络有什么优势？

7. 在训练卷积神经网络模型时，如果 GPU 存储溢出，该如何解决这个问题？请简述你的解决方案。

8. 请简述卷积神经网络与多层感知器的异同点。

第 12 章　循环神经网络

循环神经网络是一类具有短期记忆能力的神经网络。该网络引入状态变量来存储过去的信息，并与当前的输入共同决定当前输出，其被设计用来更好地提取序列信息，对于学习序列的非线性特征具有较好的优势。因此，循环神经网络常用于处理和预测序列数据，有着极其广泛的现实应用。

12.1　循环神经网络的提出

在传统的前馈神经网络中，信息在各个神经元层之间单向传递，每个神经元层内部的神经元之间互不相连。前馈神经网络的输出只依赖于当前时刻的输入，无法处理序列数据间的前后关联问题，故无法解决交通流的预测、自然语言的预测等含有序列特征的问题。循环神经网络为这类问题的有效求解提供了新方向。

12.1.1　循环神经网络的起源

循环神经网络的早期研究可追溯至 20 世纪 80 年代。1982 年，Hopfield[12]提出了一类单层反馈神经网络，即 Hopfield 网络，这是最早的循环神经网络的雏形，被用于解决旅行商问题等组合优化问题。1986 年，Jordan 提出 Jordan 网络[123]，其通过记忆单元将网络输出层的输出经过时延后反馈至网络的输入层，用于学习和处理序列数据。其记忆单元中保存过去所有输出的平均值，使得历史输出值可在每次新的迭代中被考虑。基于该网络，Elman[16]于 1990 年提出了 Elman 网络［也称简单循环网络（simple recurrent network）］，其包含一个隐藏层，隐藏层中包含一个记忆单元（memory cell，也称上下文单元），通过一个自连接的循环边将其输出经过时延后作为下一时刻输入的一部分，本章后续各节介绍的循环神经网络均以 Elman 网络为基础。相对于 Jordan 网络，Elman 网络使用随时间反向传播（back-propagation through time，BPTT）算法对网络进行训练，可以学习更长距离的时间依赖关系。然而，当输入序列时间较长时，Elman 网络利用随时间反向传播算法进行训练会面临梯度消失或梯度爆炸问题，使得训练非常困难，限制了该网络的应用和推广。1997 年，Hochreiter 和 Schmidhuber[18]提出了 LSTM 网络，该网络使用记忆单元取代隐藏层中的传统人工神经元，大大缓解了早期循环神经网络训练中的梯度消失问题。同样在 1997 年，Schuster 和 Paliwal 提出了双向循环神经网络（bidirectional recurrent neural networks，BRNN）[122]，不同于之前的循环神经网络结构中只有过去（后向）的输入才能影响输出，该网络利用来自未来（前向）和过去状态的信息来确定当前时刻的输出。2013 年，Pascanu 等[123]正式提出了通过扩展基本的循环神经网络构建深度循环神经网络的思想，提出深度循环神经网络（deep recurrent neural networks，DRNN）；谷歌 Brain 团队[124]和 Bengio 团队[125]分别发表了针对机器翻译问题的论文，并不谋而合地提出了相似的解决思路，序列到序列（sequence to sequence，Seq2Seq）网络由此诞生。LSTM、Seq2Seq 等网络的出现，大大提升了循环神经网络的应用范围，掀起了循环神经网络研究和应用的新热潮。

12.1.2　循环神经网络的原理

图 12-1 为一个典型的循环神经网络结构图，图 12-1（b）为图（a）按时间展开后的网络结构。其中，x_t 为 t 时刻的网络输入，h_t 为 t 时刻隐藏层的状态（是关于 x_t 的函数），o_t 为 t 时刻输出层的状态，将 o_t 作为激励函数 $\sigma(\cdot)$ 的输入得到整个网络的输出 y_t。各向量之间数学关系如下所示：

$$h_t = \tanh(W_{xh}x_t + W_{hh}h_{t-1} + b_h) \tag{12-1}$$

$$o_t = W_{ho}h_t + b_o \tag{12-2}$$

$$y_t = \sigma(o_t) \tag{12-3}$$

其中，$\tanh(\cdot)$ 表示 tanh 激励函数；W_{xh}、W_{hh}、W_{ho} 均为可学习的权重矩阵；b_h、b_o 均为偏置；$\sigma(\cdot)$ 表示激励函数，此处一般采用 softmax 函数。

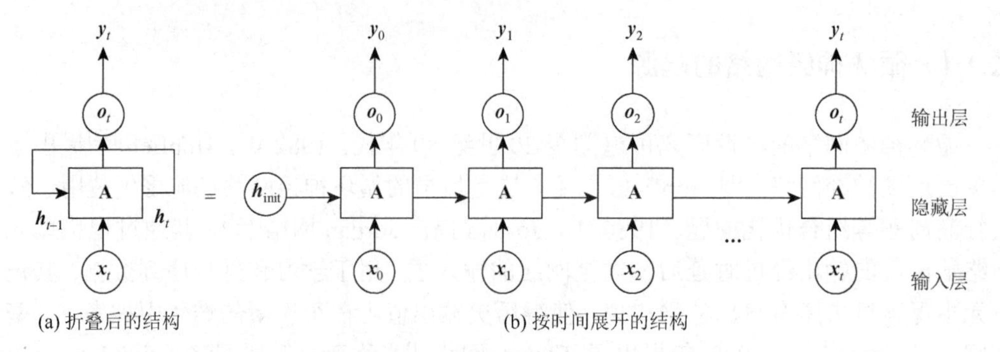

图 12-1　循环神经网络结构示意图

从图 12-1 可以看出，相对于传统的前馈神经网络，循环神经网络各隐藏层内节点间是有连接的，隐藏层的输入不仅包括输入层的输出，还包括上一时刻隐藏层的状态，即循环神经网络当前时刻的隐藏层状态 h_t，是由当前时刻输入 x_t 和上一时刻的隐藏层状态 h_{t-1} 共同决定的。由于状态 h_{t-1} 保留了之前的输入序列 $x_0, x_1, \cdots, x_{t-1}$ 的信息，表现出对之前信息的记忆能力。

循环神经网络可以看作同一神经网络结构在时间轴上被连续复制多次的结果，这个被复制多次的结构称为循环体，类似于传统前馈神经网络中的隐藏层。为简化网络表示，将循环体封装为模块 A，模块 A 中包含一系列可训练的参数矩阵和运算过程。由于模块 A 中的运算和变量在不同时刻是相同的，循环神经网络理论上可以视为同一神经网络结构被无限复制的结果。卷积神经网络在不同的空间位置共享参数，循环神经网络是在不同的时间位置共享参数，因此可以利用有限的参数处理任意长度的序列。

12.1.3　循环神经网络的训练

训练循环神经网络最常见的方法是随时间反向传播算法[126-129]，其原理与训练前馈神经网络的反向传播算法类似，即通过梯度下降法进行重复迭代，以最小化真实输出与网络输出之间的损失（或称误差）函数，得到最优的网络参数。需要更新的循环神经网络参数包括权重矩阵 W_{ho}、W_{xh}、W_{hh} 和偏置 b_o、b_h。令 L_t 为时刻 t 网络输出 y_t 与其对应的目标向量 $\hat{y}_t$ 的损失函数。

考虑图 12-1 所示循环神经网络结构，利用随时间反向传播算法训练该网络的步骤如下。

步骤 1：给定输入向量 x_t，通过前向传播过程计算得到网络的输出向量 y_t，前向传播过程可参考 10.2 节的前向传播过程，利用式（12-1）～式（12-3）进行计算得到网络的输出 y_t。

步骤 2：计算时刻 t 网络的输出 y_t 与其对应的目标向量 $\hat{y}_t$ 的损失函数 L_t，并通过求和得到截至 T 时刻整个序列的损失函数 L_T，即 $L_T=\sum_{t=1}^{T}L_t$。

步骤 3：根据步骤 2 的损失函数，使用随时间反向传播算法逐步计算每个网络参数的梯度。

步骤 4：采用基于梯度下降算法更新网络参数。

由于目前主流的深度学习框架可以实现自动推导梯度并更新网络参数，在此不对上述过程做详细说明。关于该算法更详细的计算推导过程，感兴趣的读者可参考文献[126]。

12.2　基于门控的循环神经网络

循环神经网络在学习过程中存在梯度消失或梯度爆炸的问题。与前馈神经网络类似，梯度消失是指梯度随着时间的推移而指数收缩，梯度爆炸是指梯度随着时间的推移而大幅增加。虽然简单的循环神经网络理论上可以建立长时间间隔的状态之间的依赖关系，但是由于梯度爆炸和梯度消失问题，实际上只能学习到短期的依赖关系，从而影响循环神经网络的实际性能。一般可以通过权重衰减或梯度截断来避免循环神经网络的梯度爆炸问题；但梯度消失问题较难解决，除了使用一些优化技巧外，更有效的方式就是改变图 12-1 中模型的循环体结构，如采用基于门控的 LSTM 单元或门控循环单元替代传统循环体结构。下面对这两种模型的原理进行简要介绍。

12.2.1　长短期记忆网络

为了克服梯度消失的问题，Hochreiter 和 Schmidhuber[18]提出了 LSTM 网络，是目前最流行的循环神经网络变体之一，LSTM 单元结构如图 12-2 所示。

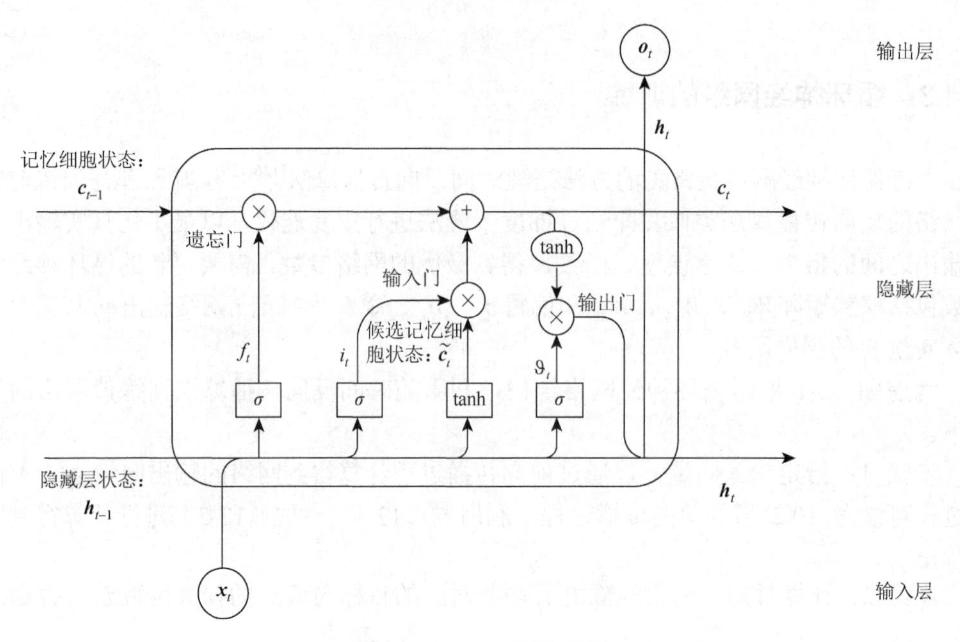

图 12-2　LSTM 单元结构

在传统的循环神经网络中，循环体 A 在 t 时刻隐藏层的状态 h_t 只来源于当前时刻输入 x_t 和上一时刻的隐藏层状态 h_{t-1} 信息，因此当输入序列过长时，进行反向传播，靠后序列的梯度很难影响到靠前序列的权重，导致出现梯度消失等问题。与传统循环神经网络相比，LSTM 网络在隐藏层中用一个时间循环单元（称为 LSTM 单元）替代图 12-1 所示的循环体 A。一个 LSTM 单元由一个记忆细胞、一个输入门（input gate）、一个遗忘门（forget gate）和一个输出门（output gate）组成。在 LSTM 单元中，记忆细胞 C 通过记忆细胞状态 Cty 提供了记忆的功能，让 LSTM 单元能自由选择地记忆每一时刻需要记忆的信息；由于记忆细胞 C 处于整个 LSTM 单元的水平线上，起到了信息传送带的作用，且只含有简单的线性操作，能够保证数据流动时保持不变，并且在网络结构加深时仍能传递前后层的网络信息。在此基础上，LSTM 单元引入门控机制来控制信息的传递。门控机制可以理解为一种控制数据流通量的手段，类比于水阀门：当水阀门全部打开时，水流畅通无阻地通过；当水阀门全部关闭时，水流完全被隔断。假设“门”的开合程度由门控制变量 g 表示，输入用 x 表示，输出由 o 表示，通过 g 的值（$0 \leqslant g \leqslant 1$）将门的输出程度控制在[0, 1]。当 $g=0$ 时，门控全部关闭，输出 $o=0$；当 $g=1$ 时，门控全部打开，输出 $o=x$。通过门控机制可以较好地控制数据在网络中的流入及流出程度。

下面具体介绍 LSTM 单元的计算过程。

1. 遗忘门

遗忘门结构示意图如图 12-3 所示，其作用是控制上一时刻记忆细胞状态 c_{t-1} 需要丢弃的信息，从而控制 c_{t-1} 中有多少信息可以传递到当前时刻中。遗忘门通过读取上一时刻的隐藏层状态 h_{t-1} 和当前时刻的输入 x_t，输出一个在 0 到 1 之间的遗忘门控制变量 f_t，遗忘门控制变量的计算公式如下所示：

$$f_t = \sigma(W_f[h_{t-1}, x_t] + b_f) \tag{12-4}$$

其中，$\sigma(\cdot)$为激励函数，此处一般多用 Sigmoid 函数；W_f 和 b_f 分别为遗忘门的可学习权重矩阵和偏置。

当 $f_t = 1$ 时，遗忘门全部打开，表示 LSTM 单元接受上一时刻记忆细胞状态 c_{t-1} 的所有信息；当 $f_t = 0$ 时，遗忘门关闭，LSTM 单元直接忽略 c_{t-1}，输出为 0 的向量。经过遗忘门后，c_{t-1} 流入下一状态的信息表示为 $f_t \cdot c_{t-1}$，$\cdot$ 表示向量点乘。

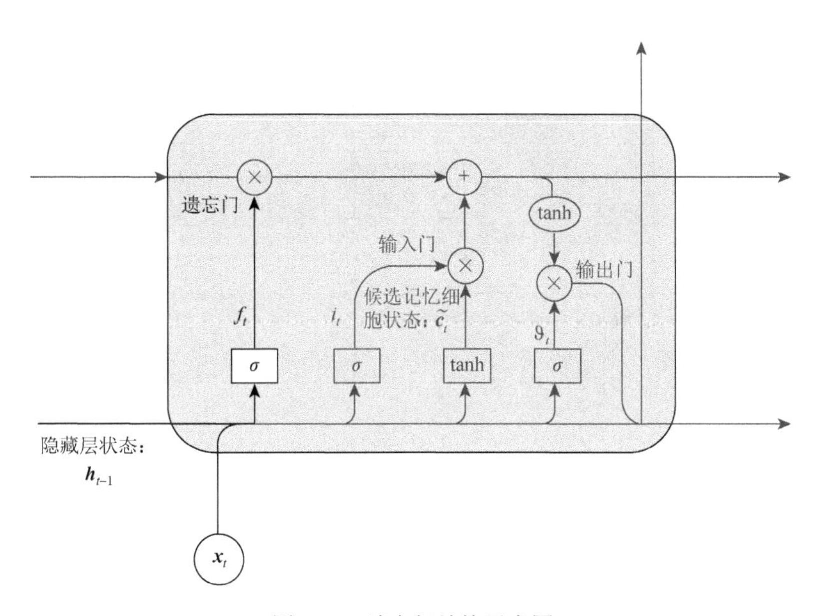

图 12-3　遗忘门结构示意图

2. 输入门

输入门结构示意图如图 12-4 所示，输入门控制 LSTM 单元对当前时刻候选记忆细胞状态 $\tilde{c}_t$ 的接受程度，起到将新的信息选择性地记录到记忆细胞状态中的作用。候选记忆细胞状态 $\tilde{c}_t$ 是指 LSTM 单元对其输入数据（包含当前时刻的网络输入 x_t 和上一个时刻的隐藏层状态 h_{t-1}）进行学习所获得的待写入记忆细胞状态 c_t 的信息，LSTM 单元通过对当前时刻的输入 x_t 和上一个时刻的隐藏层状态 h_{t-1} 作非线性变换，得到当前时刻的候选记忆细胞状态 $\tilde{c}_t$：

$$\tilde{c}_t = \tanh(W_c[h_{t-1}, x_t] + b_c) \tag{12-5}$$

其中，W_c 和 b_c 分别为计算候选记忆细胞状态的可学习权重矩阵和偏置。

候选记忆细胞状态 $\tilde{c}_t$ 并不会全部更新进入 LSTM 单元的记忆，而是通过输入门控制接受程度，与遗忘门一样，输入门也是通过读取上一时刻的隐藏层状态 h_{t-1} 和当前时刻的输入 x_t，来输出一个在 0 到 1 之间的输入门控制变量 i_t：

$$i_t = \sigma(W_i[h_{t-1}, x_t] + b_i) \tag{12-6}$$

其中，$\sigma(\cdot)$为激励函数，此处一般多用 Sigmoid 函数，W_i 和 b_i 分别为输入门的可学习权重矩阵和偏置。

输入门控制变量i_t的作用与遗忘门控制变量f_t相似，它决定了 LSTM 单元对当前时刻的候选记忆细胞状态$\tilde{c}_t$的接受程度，如图 12-4 所示。经过输入门后，待写入记忆细胞的向量为$i_t \cdot \tilde{c}_t$。

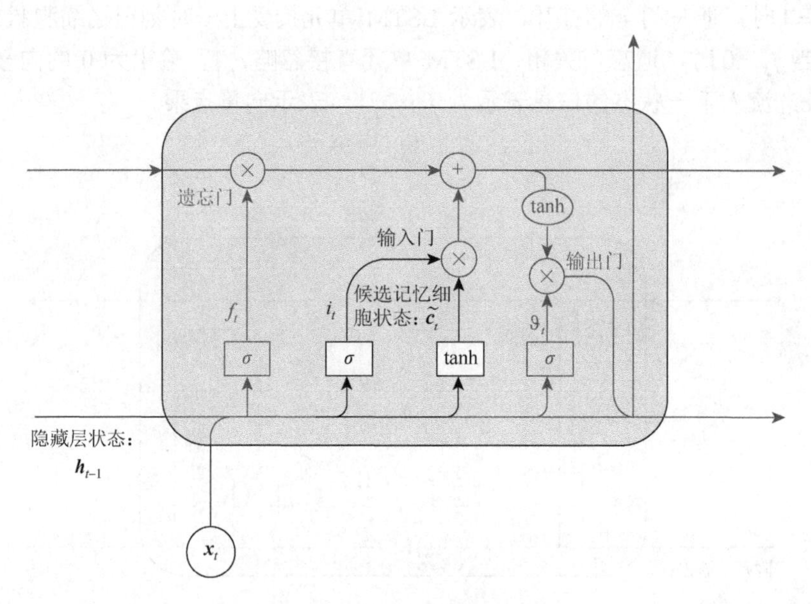

图 12-4　输入门结构示意图

3. 记忆细胞更新

记忆细胞更新过程示意图如图 12-5 所示，在遗忘门和输入门的控制下，LSTM 单元有选择地读取上一个时刻的记忆细胞状态c_{t-1}和当前时刻的候选记忆细胞状态$\tilde{c}_t$，获得两个待写入记忆细胞的向量$f_t \cdot c_{t-1}$和$i_t \cdot \tilde{c}_t$，将二者相加即可更新当前时刻的记忆细胞状态c_t：

$$c_t = i_t \cdot \tilde{c}_t + f_t \cdot c_{t-1} \tag{12-7}$$

4. 输出门

输出门结构示意图如图 12-6 所示。在 LSTM 单元中，记忆细胞状态c_t并不会直接作为输出，而是由输出门计算一个位于[0, 1]的输出门控制变量ϑ_t，再将c_t经过 tanh 激励函数的转换后，与输出门控制变量ϑ_t进行向量点乘，从而控制c_t中有多少信息将用于输出：

$$\vartheta_t = \sigma(W_o[h_{t-1}, x_t] + b_o) \tag{12-8}$$

$$h_t = \vartheta_t \cdot \tanh(c_t) \tag{12-9}$$

其中，$\sigma(\cdot)$为激励函数，此处一般多用 Sigmoid 函数，W_o和b_o分别为输出门的可学习权重矩阵和偏置。

当输出门控制变量$\vartheta_t = 0$时，输出关闭，LSTM 单元的内部记忆完全被隔断，无法用作输出，此时输出$h_t = 0$的向量；当$\vartheta_t = 1$时，输出完全打开，LSTM 单元的记忆细胞状态c_t全部用于输出。

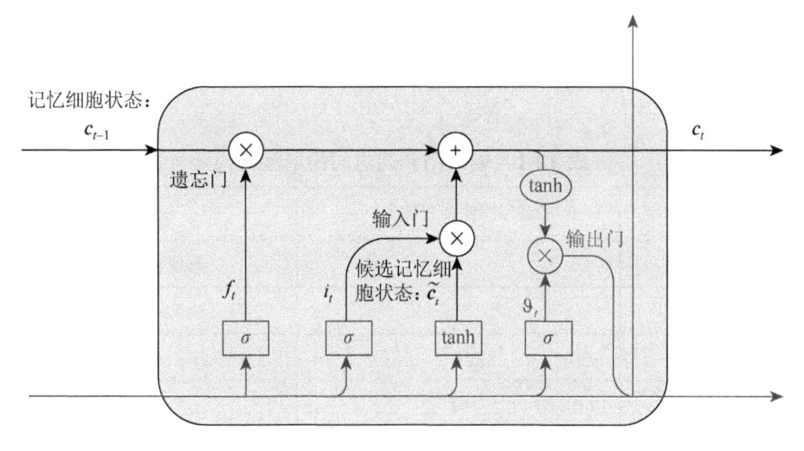

图 12-5　记忆细胞更新过程示意图

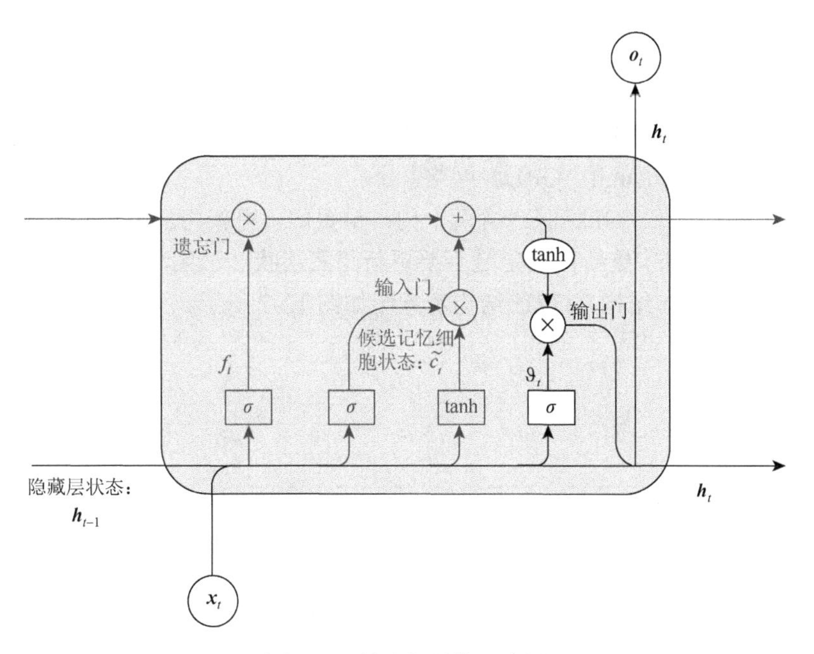

图 12-6　输出门结构示意图

综上所述，LSTM 单元在 t 时刻的计算过程可以总结如下。

（1）利用上一时刻的隐藏层状态 h_{t-1} 和当前时刻的输入 x_t，分别计算遗忘门控制变量 f_t，输入门控制变量 i_t，输出门控制变量 ϑ_t，以及候选记忆细胞状态 $\tilde{c}_t$。

（2）结合遗忘门控制变量 f_t，输入门控制变量 i_t 和候选记忆细胞状态 $\tilde{c}_t$ 更新记忆细胞状态 c_t。

（3）结合输出门控制变量 ϑ_t，将记忆细胞状态 c_t 的信息传递给隐藏层状态，从而得到隐藏层状态 h_t，并且 h_t 将分别输入到当前时刻的输出层和下一时刻的 LSTM 单元，分别参与计算当前时刻的网络输出 y_t 和下一时刻的隐藏层状态 h_{t+1}。

LSTM 单元内虽然状态向量和门控数量较多，计算流程相对复杂，但是由于每个门控功能清晰明确，每个状态的作用也比较好理解。这里将典型的门控行为列举出来，并解释其表示的 LSTM 单元行为，如表 12-1 所示。

表 12-1　输入门和遗忘门的典型行为

输入门控制变量 i_t	遗忘门控制变量 f_t	LSTM 行为
0	1	只使用记忆，不写入新信息
1	1	综合输入和记忆
0	0	清零记忆
1	0	输入覆盖记忆

12.2.2　门控循环单元网络

目前主流的 LSTM 网络用三个门来动态地控制内部信息的交互和保存，有关学者对门控机制进行改进并获得 LSTM 网络的不同变体，本节简要介绍 Chung 等[127]提出的门控循环单元（gate recurrent unit，GRU）网络。

与 LSTM 单元相比，GRU 只包含两个门：重置门、更新门。重置门主要决定是否要忽略之前的隐藏层状态，更新门决定是否要更新隐藏层状态。因此，GRU 是一种比 LSTM 单元更加简洁的循环体结构，GRU 结构示意图如图 12-7 所示。

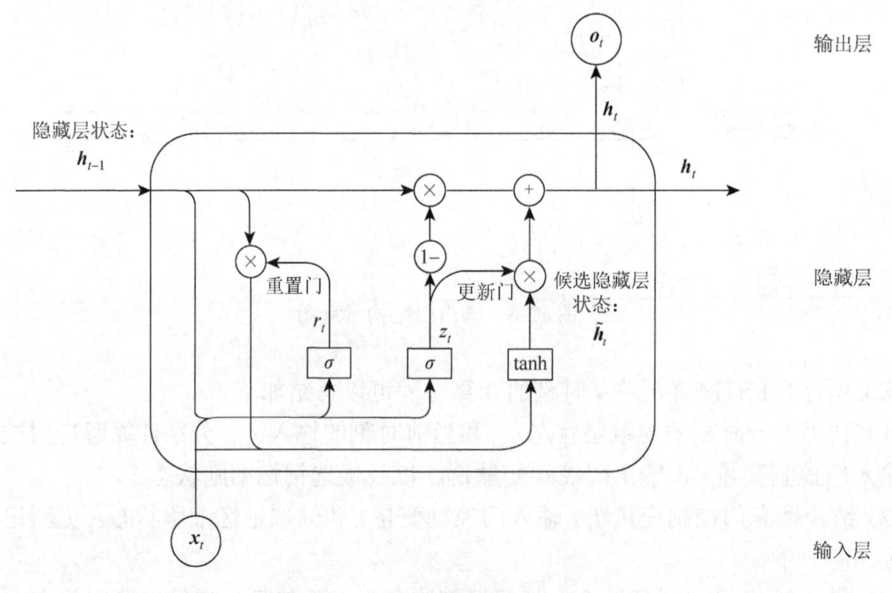

图 12-7　GRU 结构示意图

GRU 的数学表达式如下。

r_t 为重置门控制变量，用来控制候选隐藏层状态 $\tilde{h}_t$ 的计算是否依赖上一时刻的隐藏

层状态 h_{t-1}，r_t 计算公式为

$$r_t = \sigma(W_r[h_{t-1}, x_t] + b_r) \tag{12-10}$$

其中，W_r 和 b_r 分别为重置门可学习的权重矩阵和偏置，x_t 为 t 时刻的输入，h_{t-1} 为上一时刻的隐藏层状态，激励函数 $\sigma(\cdot)$ 通常为 Sigmoid 函数。

候选隐藏层状态 $\tilde{h}_t$ 的作用与 LSTM 中的候选记忆细胞状态 $\tilde{c}_t$ 类似，表示 GRU 单元对其当前时刻的输入（包含网络当前时刻的输入 x_t 和上一个时刻的隐藏层状态 h_{t-1}）进行学习，所获得的待写入当前时刻隐藏层状态 h_t 的信息。t 时刻的候选隐藏层状态 $\tilde{h}_t$ 为

$$\tilde{h}_t = \tanh(W_{\tilde{h}}[r_t \cdot h_{t-1}, x_t] + b_{\tilde{h}}) \tag{12-11}$$

其中，$W_{\tilde{h}}$ 和 $b_{\tilde{h}}$ 分别为计算候选隐藏层状态的可学习权重矩阵和偏置。

z_t 为更新门控制变量，更新门起到类似于 LSTM 单元中的遗忘门和输入门的作用。通过 z_t 控制当前时刻隐藏层状态需要从历史的隐藏层状态中保留多少信息（不经过非线性变换），以及需要从候选隐藏层状态中获取多少信息。z_t 计算公式为

$$z_t = \sigma(W_z[h_{t-1}, x_t] + b_z) \tag{12-12}$$

其中，W_z 和 b_z 分别为更新门的可学习权重矩阵和偏置，激励函数 $\sigma(\cdot)$ 通常为 Sigmoid 函数。

隐藏层状态 h_t 的更新方式为

$$h_t = (1 - z_t) \cdot h_{t-1} + z_t \cdot \tilde{h}_t \tag{12-13}$$

隐藏层状态 h_t 将被分别输入当前时刻的输出层和下一时刻的隐藏层，分别参与计算当前时刻的网络输出 y_t 和下一时刻的隐藏层状态 h_{t+1}。

12.3　其他循环神经网络

与 12.1.2 节介绍的标准循环神经网络相比，12.2 节介绍的循环神经网络的循环体 A 的构造不同，但具有相同的网络结构。另外，还存在一些循环神经网络，具有不同的网络结构。本节简要介绍其中三种代表性的网络结构及其工作原理。

12.3.1　双向循环神经网络

在日常的信息推断中，当前信息不仅依赖之前的内容，也有可能会依赖后续的内容，如预测一个句子中缺失的单词，要根据它的上下文决定，即包含左右两边的信息，此时单向的循环神经网络不能很好地处理，需要利用双向循环神经网络。

图 12-8 所示为将双向循环神经网络按照序列结构（含四个相邻时刻或输入元素）展开的示意图。可以看出，双向循环神经网络由两个方向相反的单向循环神经网络构成。当同时向模型输入四个相邻时刻（输入元素）的向量时，输入向量在隐藏层中不仅可以按时序自前向后进行传递（前向传递，如图中实线部分所示），也可以自后向前进行传递（后向传递，如图中虚线部分所示）。除方向不同外，两个单向的循环神经网络具有完全对称的结构。在某一时刻，这两个单向的网络各自生成该时刻对应的隐藏层状态，对两个状态进行拼接后得到当前时刻网络的输出。双向循环神经网络的一个关键特性是，在

某一时刻，利用来自该时刻两端的输入数据来估计该时刻的输出；即利用来自过去和未来的状态来预测当前时刻的状态。可见，双向循环神经网络无法用于对下一时刻的输出进行预测。双向循环神经网络的前向传播过程与单向循环神经网络十分类似，单向循环神经网络的隐藏层可以根据实际问题需要采用 LSTM 或 GRU 等结构，这里不再赘述。更多关于双向循环神经网络的介绍可以参考文献[124]。

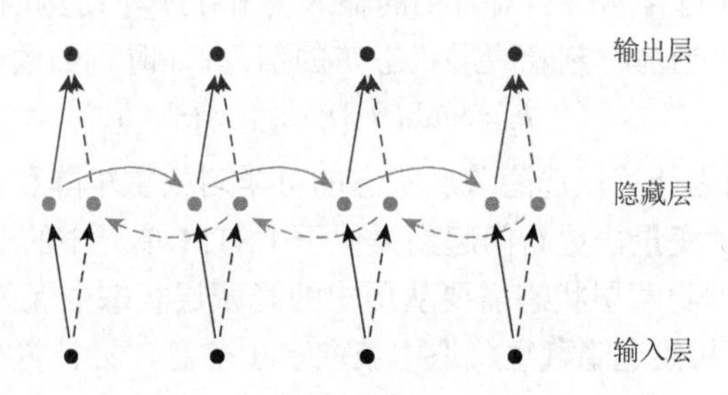

图 12-8　双向循环神经网络结构示意图

12.3.2　深度循环神经网络

循环神经网络先天带有时间维上的深度特性，但以上介绍的单向循环神经网络和双向循环神经网络在空间上都只有一个隐藏层，由于多隐藏层的网络结构对数据有更好的表征能力，能够从原始数据中学习到模式，并通过逐层的特征提取将数据表示得更加抽象，从而提高分类的准确率，因此，在一些实际应用中，为了增强表征能力，可引入多个隐藏层，即深度循环神经网络，如图 12-9 所示。

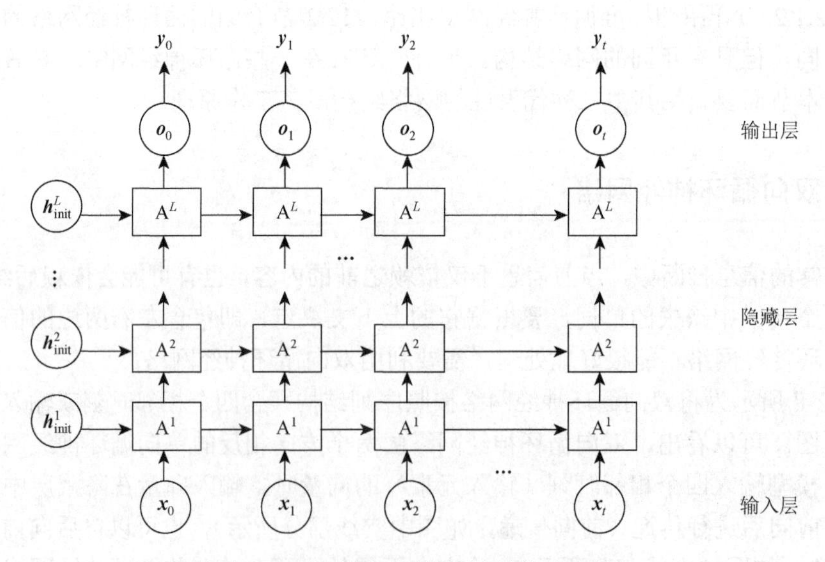

图 12-9　深度循环神经网络结构示意图

从图 12-9 可以看出，在一个具有 L 层的深度循环神经网络中，每一时刻的输入层到

输出层之间存在 L 个隐藏层，此时通过深度网络可以从输入中提取更多有效信息，提升模型性能。最终的网络输出依赖两个维度的计算，横向上是网络内部前后信息的叠加，即按照时间的计算；纵向上是每一时刻的输入信息在逐层传递，即按照空间结构的计算。值得注意的是，每一个隐藏层的参数是共享的，不同层的参数可以不同。更多关于深度循环神经网络的介绍可以参考文献[125]。

12.3.3　序列到序列网络

前面所述的循环神经网络及其两个变体，通常都要求输入输出序列等长。然而在实际中，我们遇到的大部分问题序列长度都是不相等的，如机器翻译中，源语言和目标语言的句子的长度往往不相同。Seq2Seq 网络是一种能够根据给定的序列，通过特定的生成方法产生另一个等长或不等长序列的网络，其是为了解决循环神经网络要求序列等长这一局限而被提出的一个变种。Seq2Seq 网络通常是由两个循环神经网络单元（如 GRU 或 LSTM 单元）组成的编码器-解码器结构（故又称编码-解码网络），如图 12-10 所示，其基本原理就是利用编码器将输入序列编码成一个固定大小的上下文向量 c，再将 c 作为解码器的输入，解码器通过对上下文向量 c 进行学习从而得到与输入序列长度不同的输出序列。

编码器的输入是一个序列 $x_1,x_2,\cdots,x_T$，其中，T 为输入序列的长度，编码器将输入序列最终编码成上下文向量 $\boldsymbol{c}$ 或者直接用最后一层循环神经网络单元的输出 h_T 作为上下文向量 $\boldsymbol{c}$。解码器以编码器输出的上下文向量 c 作为其初始输入 s_0，逐步生成输出序列 $y_1,y_2,\cdots,y_{T'}$，其中 T' 为输出序列的长度。

更多关于 Seq2Seq 网络的介绍可以参考相关文献[126]和[127]。

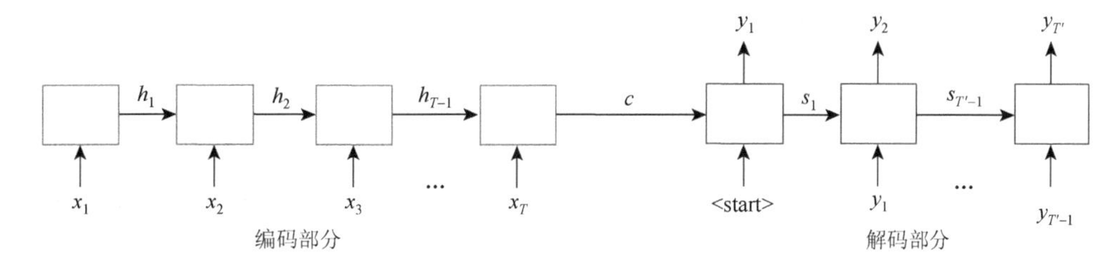

图 12-10　Seq2Seq 模型结构示意图（方框表示循环神经网络单元）

12.4　应 用 案 例

循环神经网络最初被设计用来更好地提取数据的序列信息，在提取序列数据的非线性特征时效果较好，因此广泛应用于与序列相关的问题，如自然语言处理、语音识别、交通速度预测、乘客出行需求预测等。本节将以成都市区路网中的路段行驶速度预测问题为例，给出一种被广泛使用的循环神经网络变体模型（LSTM 网络）的具体应用实例。

12.4.1　问题描述

准确的路段行驶速度预测是智能交通系统建设的重要组成部分，对城市交通规划、管理和控制具有重要意义。本案例利用 LSTM 网络，求解成都某大学周边三条路段的车辆行驶速度预测问题。研究路段区域如图 12-11 所示，因路段均为双向车道，每个方向均进行单独预测。本案例中所提供的实验数据集为该路段区域某连续 10 日内 3 条路段以 10 分钟为周期的路段行驶速度数据集，每个路段共含有 1440（6×24×10）个时间连续的速度数据。

表 12-2 所示为某路段第 1～10 天在周期 1～11 的速度值；其中，第一行代表天数，第一列代表周期数。若将某一路段前 10 个历史周期的数据作为输入，预测第 11 个周期该路段的速度，那应该如何设计 LSTM 网络，才能实现较高的预测性能呢？

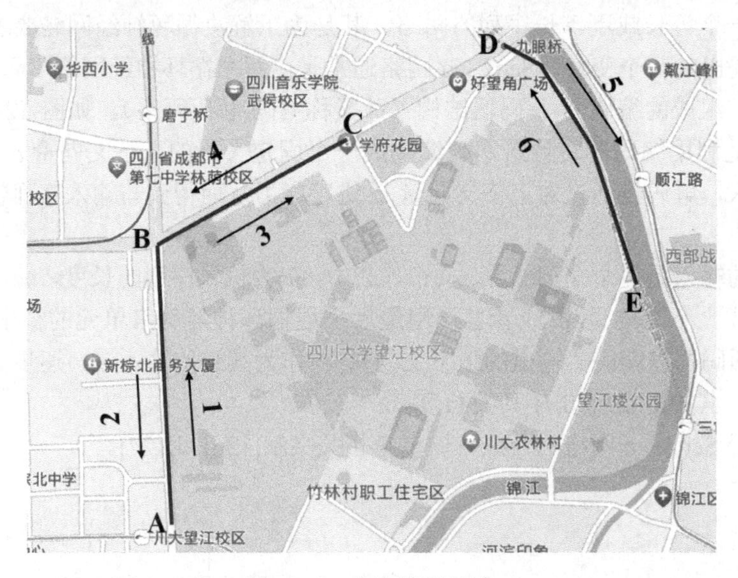

图 12-11　研究路段区域

表 12-2　某路段第 1～10 天在周期 1～11 的速度值

周期	1	2	3	4	5	6	7	8	9	10
1	40.59	34.57	27.88	36.81	37.44	36.34	29.29	34.46	37.52	34.45
2	36.64	33.39	36.22	38.12	32.44	32.60	31.68	32.33	39.90	31.88
3	38.41	37.89	30.06	36.84	32.05	40.84	34.12	33.69	40.23	31.47
4	35.62	35.07	37.98	35.17	35.69	32.63	31.48	29.42	36.77	32.37
5	37.99	37.58	29.51	35.02	34.10	32.46	31.40	37.97	41.31	37.94
6	37.04	38.46	32.26	36.76	34.04	38.67	31.41	25.58	39.31	32.93
7	37.16	46.09	33.84	37.05	34.42	33.67	33.51	29.64	35.45	31.90
8	37.74	35.59	32.72	40.35	34.45	31.43	31.32	33.57	34.45	27.62
9	32.19	34.26	34.15	28.56	33.82	36.02	32.68	29.15	39.33	31.35
10	35.67	36.72	29.89	35.15	34.47	35.36	30.20	26.02	36.22	38.36
11	38.21	33.11	33.94	38.60	33.25	36.29	30.72	30.46	34.70	34.09

12.4.2　算法设计与实现

在城市路网中，每个路段的实际行驶速度时间序列展现出较大的波动和不规则性，数据平稳性较低，这也导致预测的难度加大。本节基于 TensorFlow 环境实现 LSTM 网络进行路段速度的预测。具体实现步骤如下。

步骤 1：划分数据集。首先将每条路段的原始数据进行数据重构，将数据维度由 144×10 转为 1440×1。令输入数据长度为 10，即将每 10 个周期的历史速度数据作为一个输入，而将其后一周期的数据作为其对应的输出。利用前 8 天的速度数据（包含 1152 个周期，时段从 0 开始编号）形成 1142 个 10 输入 1 输出的输入输出样本对作为训练集，将第 9 天的数据（包含 144 个周期，时段从 1152 开始编号）形成 134 个输入输出样本对作为验证集，将最后 1 天（包含 144 个周期，时段从 1296 开始编号）的 144 个数据作为测试集。将训练集和验证集中的输入数据进行标准化处理。

步骤 2：确定网络模型参数。本案例中 LSTM 网络的主要参数设置如下：LSTM 层数为 2，每个 LSTM 层均含 32 个节点；单次训练所选取样本的批量大小为 60，表示在一轮训练过程中单次训练传递 60 个样本给网络，即网络输入（输出）为 60×10（60×1）的速度矩阵；当训练完成后更新模型设置，再使用接下来的 60 个样本用于训练，直至使用完所有训练样本，这一轮训练停止；选取 ReLU 作为激励函数，并使用 TensorFlow 环境下的 Nadam 优化器对网络进行优化；模型训练轮数为 4000 次。

步骤 3：模型训练。针对每条路段，分别训练其对应的 LSTM 网络模型。每一轮的训练过程中都会先用所有的训练样本训练出模型，然后用验证样本验证模型效果。随着训练轮次增多，网络模型参数不断调整，通过验证结果比较选出其中性能最好的模型，并记录该模型的各项参数设置；在训练终止条件被满足时，所记录下的最优模型将作为最终训练好的模型。在本案例中，当 4000 轮训练完成或者损失函数值在连续 500 轮的迭代过程中不再下降时，模型训练终止。

步骤 4：当针对每条路段的模型训练完成后，可利用该模型对该路段的速度进行逐点预测。即先将验证集中的最后 10 条速度数据（包含时段编号为 1286～1295 的速度数据）作为初始输入，预测编号 1296 的速度值；再将 1287～1295 的速度数据和 1296 的速度预测值作为样本，预测下一周期的速度值；以此类推，直到得到所有测试样本包含的所有周期的速度预测值；最后，计算预测性能指标的值。

12.4.3　结果

根据前面所述的 LSTM 网络结构及参数设置，模型训练后得出训练集的拟合值，对测试集中输入数据进行逐点预测，得到其对应的预测值。图 12-12 以 3 号路段为例，展示其在时段 1296～1325 下的预测结果。采用 MAPE、MAE 和 RMSE 作为预测性能的评价指标，LSTM 模型预测结果对应的这三个指标值分别是 8.12%、2.83 和 3.62。

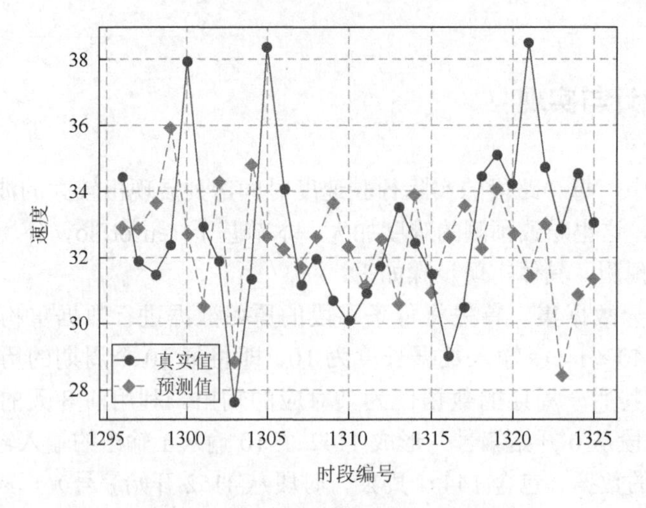

图 12-12　LSTM 模型速度预测结果

12.5　本 章 小 结

本章主要介绍了循环神经网络的基本原理、基于门控的循环神经网络、几种常见的循环神经网络结构以及 LSTM 网络在路段速度预测中的应用实例。不同于多层感知器和卷积网络，循环神经网络以序列数据作为输入，利用序列化的信息，对序列中的每个元素执行相同的操作，并且基于先前的计算进行输出，从而具有“记忆”的能力，使循环神经网络理论上可以收集所有序列已经计算的信息。想了解更多循环神经网络及其应用的相关知识，可参考相关文献[130]和文献[131]。

➢习题

1. 请简述循环神经网络工作过程。
2. 请简述循环神经网络的前向传播过程。
3. 请简述循环神经网络与卷积神经网络结构上的区别。
4. 请简述循环神经网络出现梯度消失问题的原因。
5. 请简述 LSTM 单元与 GRU 的区别。
6. 对于 12.4 节的问题，是否可以设计不同的 LSTM 模型对该问题进行求解？若可以，请简述你的思路，并实现。
7. 对于 12.4 节的问题，请构建基于 GRU 的循环神经网络预测模型对其进行求解，并比较其与 LSTM 模型的性能差异。

第 13 章　注意力模型

在神经网络领域，注意力机制（attention mechanism）是一种模拟人脑认知注意力的技术，该机制可帮助循环神经网络和卷积神经网络模型区分不同信息的重要程度，抽取出对任务更加关键的信息，使模型做出更加准确的判断，有助于改善循环神经网络和卷积神经网络等模型的一些缺陷（如难以建模长距离信息之间的相关性），也有助于提高神经网络的可解释性[132]。

13.1　注意力机制的提出

13.1.1　引入注意力机制的必要性

根据 12.3.3 节对 Seq2Seq 模型的描述，该模型包含编码器-解码器结构。编码器通过神经网络将由 T 个元素组成的输入向量 $\{x_1,x_2,\cdots,x_T\}$ 映射为对应的隐藏层状态集 $\{h_1,h_2,\cdots,h_T\}$，其中 h_t 为第 t 个输入元素对应的隐藏层状态，由 x_t 和 h_{t-1} 通过某种计算得到。编码器的输出被称为上下文向量，即最后一个输入元素对应的隐藏层状态 h_T 是对所有输入信息的一种表征。h_T 是解码器的唯一输入，解码器根据这一隐藏层状态依次输出目标元素 $\{y_1,y_2,\cdots,y_{T'}\}$。在输出第 t' 个目标元素 $y_{t'}$ 时，首先需要根据解码器中上一步的隐藏层状态 $s_{t'-1}$、上一步的输出元素 $y_{t'-1}$ 和上下文向量 h_T 计算出当前的隐藏层状态 $s_{t'}$；再根据 $s_{t'}$、$y_{t'-1}$ 和 h_T 计算出输出目标元素 $y_{t'}$。

由于 Seq2Seq 模型最初用于自然语言处理领域，为便于理解，现以其将 intelligent algorithms 翻译为“智能算法”这一过程为例进行简要说明。如图 13-1 所示，h_2 为包含了 intelligent 与 algorithms 两个元素信息的上下文向量，在接收到＜S＞这一指令后，解码器根据此上下文向量依次输出“智能”和“算法”两个目标元素。当翻译“智能”时，希望模型重点关注 intelligent 这一元素；翻译“算法”时，希望模型重点关注 algorithms 这一元素。然而，在如图 13-1 所示的 Seq2Seq 模型翻译过程中，都是基于同一个上下文向量 h_2 依次生成“智能”与“算法”两个目标元素，所以解码器在输出“智能”与“算法”两个不同目标元素时，对输入中 intelligent 和 algorithms 两个元素的关注程度无法根据不同输出目标做出调整。而且，当输入数据足够长时，编码器必须将所有输入信息压缩成一个特定长度的上下文向量，然后传递给解码器；但使用一个特定长度的向量来表示众多且详细的输入信息，可能导致信息丢失。

在此背景下，一个很自然的思路产生了：为了更准确地得到第 t' 个目标元素 $y_{t'}$，有无可能采用一种有效的机制，动态生成对应于 $y_{t'}$ 的上下文向量 $c_{t'}$，基于此提取与 $y_{t'}$ 关联度高的输入元素信息，以便产生更加准确的结果？Bahdanau 等[22]在基于循环神经网络的

Seq2Seq 模型基础上，引入注意力机制，提出 RNNsearch 模型。其核心在于，在输出不同的目标元素时，需要采用注意力机制生成不同的上下文向量，再根据各上下文向量输出不同的目标元素。

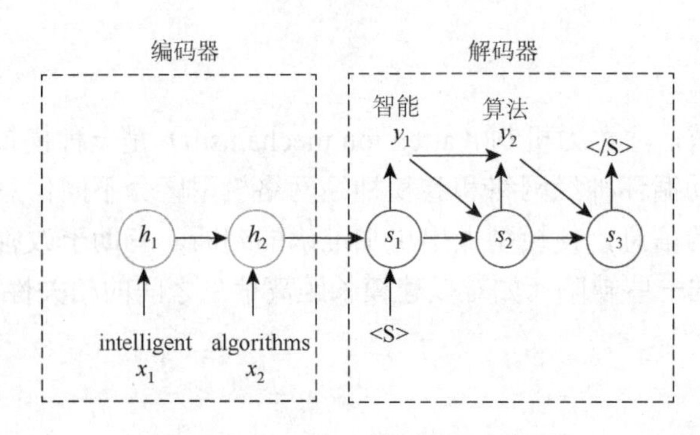

图 13-1　Seq2Seq 模型翻译示例图

13.1.2　注意力机制的原理概述

注意力是人类一种不可或缺的复杂认知功能，可理解为人在关注一些信息的同时可以忽略另一些信息的能力。在日常生活中，可以处理通过视觉、听觉、触觉等方式接收的大量信息，是因为人脑可以有意或无意地从这些大量输入信息中甄选部分有用的信息来重点处理。例如，当人观察场景时，虽然可以观察到整体场景，但是在视觉注意力的作用下，往往会将目光聚焦在对于当前目标或任务价值较高的场景上。通过这种注意力的分配，人类能够从众多的视觉信息中快速地选择那些最重要、与当前行为最相关的高价值场景信息。

深度神经网络也可借鉴人脑的注意力机制，在处理大量信息时，对信息的重要程度进行区别，重点关注高价值的信息，以此提高神经网络的性能。RNNsearch 模型率先将注意力机制与循环神经网络结合，用于机器翻译任务。现以 RNNsearch 模型为例介绍注意力机制的原理。注意力机制包含两个主要的部分：注意力权重与上下文向量的计算。注意力权重的作用为衡量各输入元素与当前输出目标元素的相关程度，以便后续选择出更相关的信息；上下文向量为按注意力权重对输入元素信息进行选择与汇总的结果。输出不同目标元素时，对应着不同的上下文向量，因此有助于选择出适合当前输出目标元素的信息。图 13-2 为 RNNsearch 模型翻译示意图，其中 $\boxed{s}$ 表示 softmax 归一化操作。

1. 注意力权重的计算

与图 13-1 的模型不同，RNNsearch 模型不再只根据单一表征所有输入元素信息的向量 h_2 来输出不同的目标元素，而是根据不同的信息来输出“智能”与“算法”两个目标元素。首先需要计算不同输入元素与当前输出目标元素的相关性，以便后续选择出对于当前目标元素价值更高的信息。模型中输入元素 x_t 的信息用对应的隐藏层状态 h_t 表征。对于输出目标元素，同样需要某一向量（称为查询向量）来进行某种表征。选择 $s_{t'-1}$ 作为第t'个输出目标元素$y_{t'}$的一种表征，即作为输出目标元素$y_{t'}$的查询向量。$y_{t'}$与输入元素x_t的相关性$e_{t',t}$基于$s_{t'-1}$和h_t计算得到，其计算方式为一种加性运算，具体过程如下：

$$e_{t',t} = v^{\mathrm{T}}\sigma(Ws_{t'-1} + Uh_t) \tag{13-1}$$

其中，$\sigma(\cdot)$为激励函数，这里使用 tanh 函数，v、W 和 U 均为可学习的权重矩阵。为使得描述更简洁，本章省略偏置项。

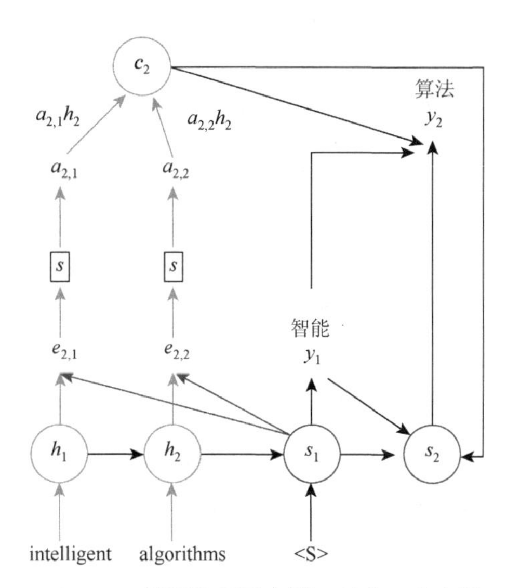

图 13-2 RNNsearch 模型翻译示意图（以上下文向量c_2为例）

除了采用加性运算，有些模型也采用式（13-2）～式（13-4）计算相关性：

$$e_{t',t} = s_{t'-1}h_t^{\mathrm{T}} \tag{13-2}$$

$$e_{t',t} = \frac{s_{t'-1}h_t^{\mathrm{T}}}{\sqrt{\dim}} \tag{13-3}$$

$$e_{t',t} = s_{t'-1}Wh_t^{\mathrm{T}} \tag{13-4}$$

式（13-2）为点积运算，式（13-3）为缩放点积运算，式（13-4）为双线性运算，dim 为输入向量的维度。

将式（13-1）得到的结果经过 softmax(·) 函数归一化处理，可得到对应的注意力权重$a_{t',t}$，计算过程如下：

$$\begin{aligned} a_{t',t} &= \mathrm{softmax}(e_{t',t}) \\ &= \frac{\exp(e_{t',t})}{\sum_{t=1}^{T}\exp(e_{t',t})} \end{aligned} \tag{13-5}$$

2. 上下文向量的计算

如图 13-2 所示，在 RNNsearch 模型每次生成输出目标元素$y_{t'}$时，需要提取与当前输出目标相关程度较高的输入信息，并以上下文向量$c_{t'}$表征；解码器根据不同的上下文向量，生成不同的输出元素。输出目标元素$y_{t'}$与输入元素x_t之间的相关程度用注意力权重

$a_{t',t}$ 表示，为了选择出与当前输出目标元素相关度更高的信息，需要按注意力权重对各输入元素对应的隐藏层状态加权汇总，得到对应的上下文向量。输出目标元素 $y_{t'}$ 对应的上下文向量 $c_{t'}$ 按下式进行计算：

$$c_{t'}=\sum_{t=1}^{T}a_{t',t}h_t \tag{13-6}$$

其中，T 为输入元素的个数。在 RNNsearch 中，输出目标 $y_{t'}$ 为关于当前隐藏层状态 $s_{t'}$、上一步的输出元素 $y_{t'-1}$ 和上下文向量 $c_{t'}$ 的函数；$s_{t'}$ 为上一步的隐藏层状态 $s_{t'-1}$、上一步输出的元素 $y_{t'-1}$ 和上下文向量 $c_{t'}$ 的函数，具体计算过程可见文献[22]，本书中不做详述。

13.2 注意力机制的变体

为了进一步提高注意力机制在处理不同问题时的性能和效率，出现了众多注意力机制的变体，本节介绍两种常见的注意力机制的变体。

13.2.1 局部注意力

局部注意力机制的核心思想，是在输出不同目标元素时，只关注与当前输出目标元素相关度较高的部分输入元素信息。在 13.1.2 节计算上下文向量时，需要遍历编码器中所有输入元素对应的隐藏层状态，当输入数据包含较多元素时，需要花费大量的计算时间。对于某些数据，如文本数据，其本身通常存在一种显著的关联性，即距离相近的元素（词语）有较高的相关性，距离较远的元素之间的相关性可以忽略。为了提高计算效率，Luong 等[131]采用如图 13-3 所示的计算方式，即每次在输出不同元素时，只关注输入元素中 $2D+1$ 个元素对应的隐藏层状态（图中 $D=1$），将注意力集中在最能帮助预测下一个输出结果的第 $p_{t'}$ 个输入元素前后 D 步长的元素信息上，图中 $\boxed{s^L}$ 表示带正态分布项的归一化操作，其具体计算过程见式（13-9）。

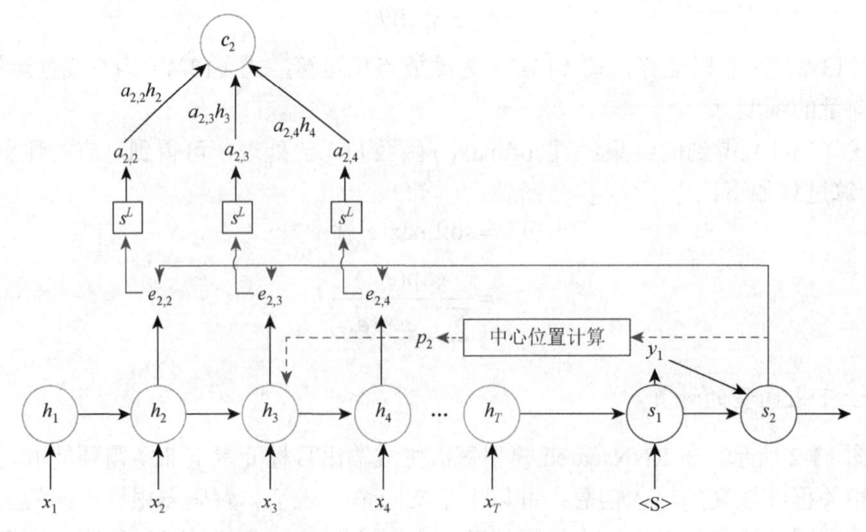

图 13-3 局部注意力机制结构示意图

局部注意力机制的上下文向量计算公式如下：

$$c_{t'} = \sum_{t=p_{t'}-D}^{p_{t'}+D} a_{t',t} h_t \tag{13-7}$$

其中，D 通常根据经验确定，而中心位置 $p_{t'}$ 根据解码器中的隐藏状态 $s_{t'}$ 计算：

$$p_{t'} = T \cdot \sigma(v_p \tanh(W_P s_{t'})) \tag{13-8}$$

其中，$\sigma(\cdot)$ 为激励函数，这里使用 Sigmoid 函数，$\tanh(\cdot)$ 表示 tanh 激励函数，T 为原输入序列的长度，v_p 和 W_P 为可训练的权重矩阵。

局部注意力权重计算方式与 13.2.1 节的计算方式不同，一是采用 $s_{t'}$ 作为输出元素 $y_{t'}$ 的查询向量，目标输出元素 $y_{t'}$ 与输入元素 x_t 的相关性 $e_{t',t}$ 由 $s_{t'}$ 和 h_t 计算得到，具体计算过程参考文献[131]；二是做归一化操作（即图中的 $\boxed{s^L}$ 操作）时，在 softmax(·) 归一化函数的基础上乘以一项均值为 $p_{t'}$、标准差为 $\dfrac{D}{2}$ 的正态分布项，由此可以使靠近中心位置 $p_{t'}$ 的输入元素信息获得更高的注意力权重，目标输出元素 $y_{t'}$ 与输入元素 x_t 的局部注意力权重 $a_{t',t}$ 计算公式如下：

$$\begin{aligned} a_{t',t} &= \operatorname{softmax}(e_{t',t}) \exp\left(\left(-\frac{t-p_{t'}}{2(D/2)^2}\right)^2\right) \\ &= \frac{\exp(e_{t',t})}{\sum_{t=p_{t'}-D}^{p_{t'}+D} \exp(e_{t',t})} \exp\left(\left(-\frac{t-p_{t'}}{2(D/2)^2}\right)^2\right) \end{aligned} \tag{13-9}$$

利用上式计算出局部注意力权重后，根据式（13-7）对 $2D+1$ 个元素按加权求和的方式计算出上下文向量 $c_{t'}$，再进一步计算可以得到输出目标元素。

13.2.2　分层注意力

分层注意力机制由 Yang 等[132]提出，其核心思想在于考虑数据本身的层级性，以更好地提取底层信息以表征高层的信息。例如，在文本处理方面，文本通常由句子组成，句子又由词语组成，句子相对于词语层级更高，而不同词语对整个句子来说重要性不同，需要突出重要词语的信息。对于每个句子，分层注意力机制按注意力权重汇集不同词语信息得到句子的信息表征，再按另一注意力权重汇集句子的信息得到整个文本的信息表征，由此更好地提取关键信息，并对不同层级进行区别，有利于提高文本分类等任务的准确率。图 13-4 为分层注意力机制结构示意图。

图 13-4 中，采用了类似 13.1.2 节的注意力机制提取某个句子的词语信息，得到该句子的上下文向量 c_l。$x_{l,t}$ 为第 l 个句子中第 t 个词语（共 T 个词语），采用一个神经网络将该词语映射为对应的隐藏层状态 $h_{l,t}$，该模型采用的神经网络与 RNNsearch 相比，$h_{l,t}$ 的计算方式不同，但注意力权重与上下文向量的计算公式与 RNNsearch 模型的类似。随机生成一个可训练的向量 u_l 作为第 l 个句子的查询向量，将 u_l 和 $h_{l,t}$ 经过加性注意力运算得到第 l 个句子中第 t 个词语相对于该句子的相关性 $e_{l,t}$，并在此基础上进行归一化操作得到对应的注意力权重 $a_{l,t}$，进一步计算得到该句子的上下文向量 c_l。得到单个句子的上下文

向量后，采用同样的方式提取各句子的上下文信息。在此基础上，采用类似的方式，即随机生成一个可训练的向量 u 表征整个文本的信息，计算各句子与相对该文本的注意力权重。再按加权求和的方法汇集各句子的信息，得到整个文本（包含 L 个句子）的上下文向量 v。将此上下文向量直接输入解码器（或先输入至后续神经元层处理再输入解码器），可实现文本分类等任务。

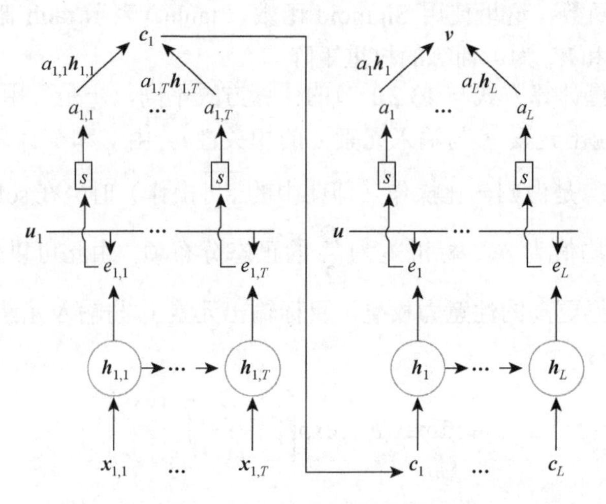

图 13-4　分层注意力机制结构示意图

13.3　自注意力模型与多头自注意力模型

13.3.1　自注意力模型

注意力机制通常需要与其他神经网络模型结合，如与循环神经网络和卷积神经网络结合才能发挥作用，而循环神经网络和卷积神经网络本质上是一种递归式局部编码操作，有难以捕获长距离相关性的缺陷。为了摆脱或降低对循环神经网络和卷积神经网络等模型的依赖，Vaswani 等[133]提出了自注意力模型。自注意力模型可单独使用，达到代替卷积神经网络和循环神经网络等模型的作用，也可与其他模型一起结合使用。

自注意力模型的核心为采用查询向量-键向量-值向量（query-key-value，Q-K-V）模式，并在此基础上计算出各输入元素对应的上下文向量，图 13-5 为自注意力模型结构示意图，求得输入元素 x_i 所对应的上下文向量 c_i 的主要步骤如下。首先，对于输入 $\{x_1, x_2, \cdots, x_T\}$ 中的每个元素 x_i，映射成三个向量：查询向量 q_i、键向量 k_i 和值向量 v_i。查询向量和键向量用于计算相关性，值向量可理解为能被提取的信息的一种表征，计算公式为

$$q_i = W_q x_i,\ k_i = W_k x_i,\ v_i = W_v x_i \tag{13-10}$$

其中，W_q、W_k、W_v 均为可训练的权重矩阵。

在如图 13-5 所示的自注意力模型中，元素 x_i 与 x_j 之间的注意力权重 $a_{i,j}$ 按下式计算：

$$a_{i,j}=\text{softmax}(e_{i,j})=\text{softmax}\left(\frac{q_i k_j^{\mathrm{T}}}{\sqrt{\dim}}\right) \tag{13-11}$$

其中，dim 为输入向量的维度。对于每个输入元素 x_i，其对应的上下文向量 c_i 的计算方法为

$$c_i=\sum_{j=1}^{T}a_{i,j}v_j \tag{13-12}$$

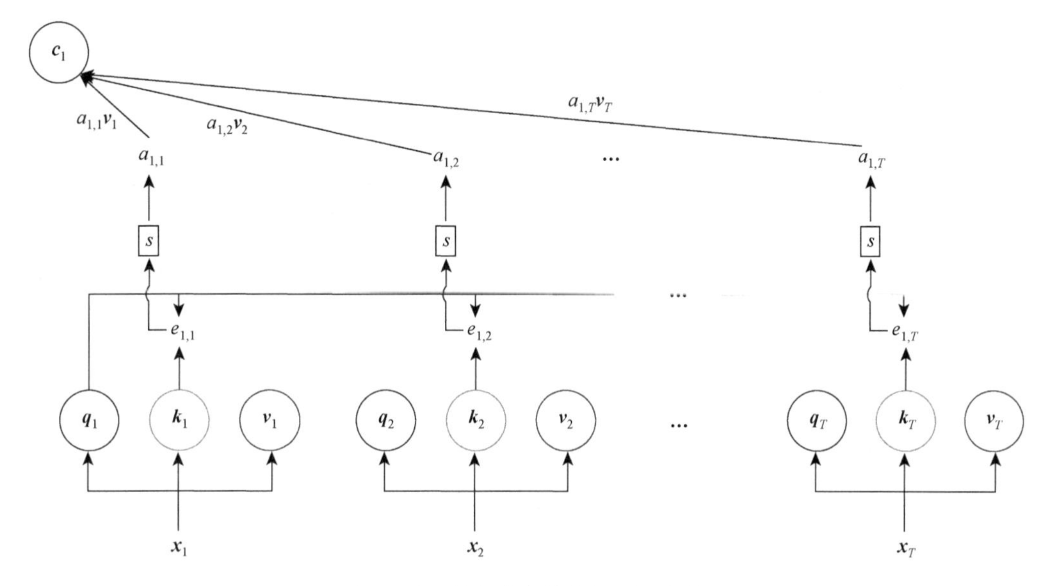

图 13-5　自注意力模型结构示意图

在计算出各输入元素的上下文向量后，可将其输入至下一个神经元层或者类似于图 13-2 的形式输入至解码器，生成相应的目标元素。

13.3.2　多头自注意力模型

自注意力模型可以拓展到多头自注意力（multi-head attention，MHA）模型，通过从多个角度表示和识别信息，提高上下文向量的表征能力。自注意力模型的核心思想在于计算各元素与其他元素的注意力权重，并据此计算对应的上下文向量；当输入元素映射而成的查询向量、键向量、值向量不同时，可计算出不同的注意力权重和上下文向量，所以加强查询向量、键向量和值向量的表征能力尤为重要。多头自注意力模型为了从多个角度表示输入信息，将同一个输入元素分别在多个注意力头中映射为查询向量、键向量和值向量。每个注意力头代表一个注意力模块，多头自注意力用多个并行的自注意力模块从不同角度计算各元素的注意力权重和上下文向量，并将每个注意力模块输出的上下文向量拼接，以实现更加丰富的上下文表征，计算公式如下：

$$\text{MHA}(X)=\text{concat}(\text{head}_1,\text{head}_2,\cdots,\text{head}_M)W_c \tag{13-13}$$

$$\text{head}_m = \text{Attention}(W_Q^m X, W_K^m X, W_V^m X) \tag{13-14}$$

其中，$\text{MHA}(X)$ 为对输入 X 进行多头自注意力操作，其输出对应于输入 X 的上下文向量集 $\{c_1, c_2, \cdots, c_T\}$，concat 为拼接操作，$\text{head}_m$ 为多头自注意力中的第 m 个注意力头的输出（即上下文向量集 $\{c_1^m, c_2^m, \cdots, c_T^m\}$），$W_c$ 为可训练的权重矩阵，W_Q^m，W_K^m，W_V^m 分别为第 m 个注意力头中计算查询向量、键向量和值向量所用的可训练的权重矩阵。$\text{Attention}(\cdot)$ 运算过程与式（13-10）～式（13-12）本质相同，不同的是其以含多个元素的向量组成的矩阵形式进行并行计算。

13.4　使用自注意力模型的深度学习算法

由于自注意力模型可单独使用，也可与卷积神经网络等模型结合使用，有较高的灵活性，且有较强捕获长距离相关性的能力，因此基于自注意力模型的算法在计算机视觉、自然语言处理和组合优化等领域有广泛的应用。本节以两个采用自注意力模型的深度网络介绍自注意力模型如何与卷积神经网络结合以更好地解决图像处理问题，以及如何不依赖其他模型单独使用自注意力模型解决组合优化问题。

13.4.1　一种结合自注意力模型的卷积神经网络

卷积神经网络在处理图像信息时，通常采用卷积核提取特征信息，而卷积本质上是一种局部操作，不利于捕获像素的长距离相关关系。以语义分割任务（即对输入的图像进行逐像素分类，判断每个像素的类别，每个类别代表一种物体，如道路、树木、汽车等）为例，每个像素都与其他像素存在某种联系，大量像素的相互关联才能表示完整的图像，而仅使用卷积操作不利于发掘像素之间的关联性。类似地，也需要发掘不同通道之间的关联性。针对这一问题，Fu 等[134]将自注意力模型与卷积神经网络相结合，提出双注意力网络（dual attention network，DAN），其有助于更好地发掘图像内在信息之间的关联，提高计算机视觉领域相关的任务，如分类任务的准确率。

图 13-6 的双注意力网络包含位置注意力模块和通道注意力模块。以图片为例进行说明，每个图片由多个像素表示，每个像素又由多个通道的值表示。位置注意力模块用于发掘像素之间的关联性，通道注意力模块可发掘不同通道之间的关联性。将位置注意力模块和通道注意力模块的输出融合，可加强对图像的表征能力，以提高语义分割的准确率。

1. 位置注意力模块

双注意力网络中的位置注意力模块，主要包含注意力权重矩阵 S 和像素上下文信息 R^P 的计算两个部分。其中，注意力权重矩阵的作用为图 13-7 内特征图 A 中任意两像素之间的关联性；像素上下文信息的作用是提取关联性较高的其他像素点的信息，以加强像素的表征能力。位置注意力模块的主要计算过程简述如下。

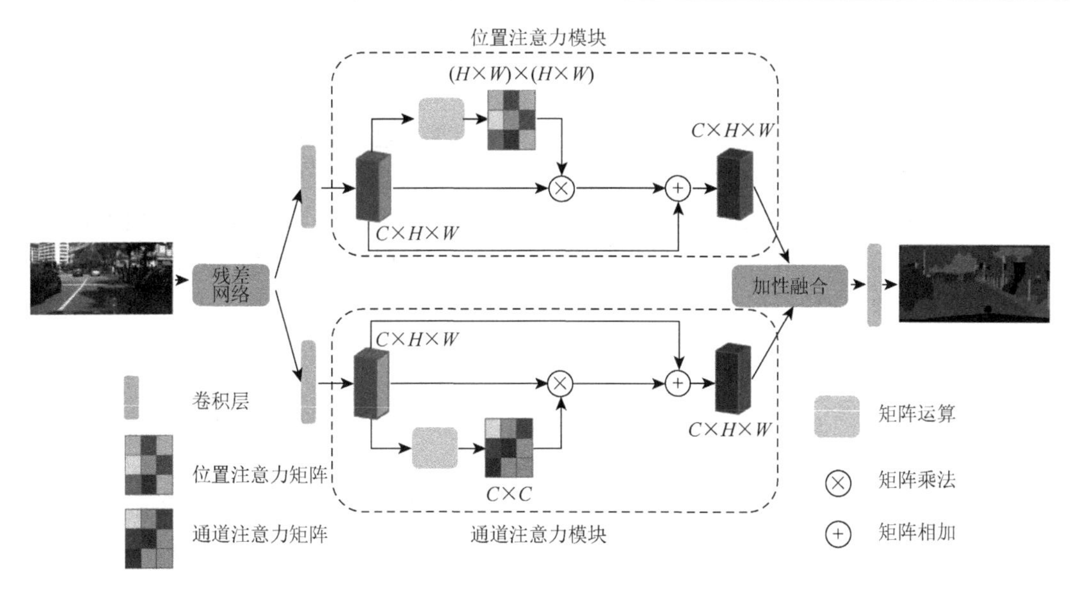

图 13-6　DAN 模型结构示意图

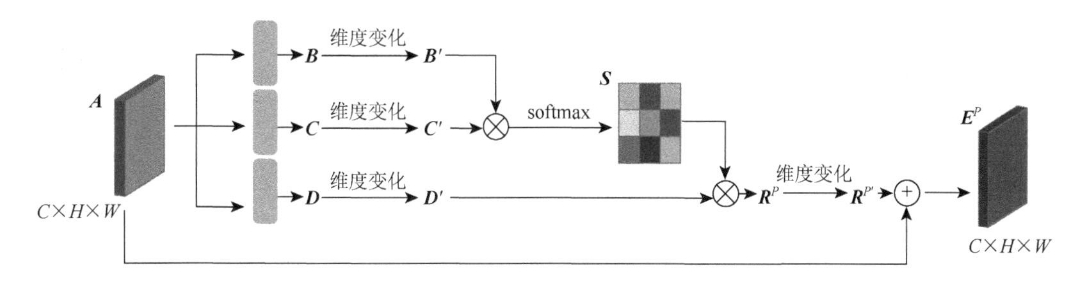

图 13-7　位置注意力模块结构示意图

如图 13-7 所示，A 为原始输入图像经过残差卷积模块后的特征图，特征图 A 的通道数为 C，高为 H，宽为 W，可理解为对于每个像素，都由 $1\times C$ 的向量进行表征。特征图 A 分别经过三个卷积层后，得到 B、C、D 三个特征图，分别为所有像素的查询向量集、键向量集和值向量集。B'、C' 两个矩阵由特征图 B 和特征图 C 经过维度变换得到。为了获取特征图 A 中各像素之间的注意力权重，需要对 B'、C' 进行如下的计算：

$$s_{j,i}=\frac{\exp(B_i'C_j'^{\mathrm{T}})}{\sum_{i=1}^{H\times W}\exp(B_i'^{\mathrm{T}}C_j'^{\mathrm{T}})} \tag{13-15}$$

其中，B_i'、$C_j'^{\mathrm{T}}$ 分别为矩阵 B' 的第 i 行和 C'^{T} 的第 j 行，$s_{j,i}$ 为注意力权重矩阵 S 的第 j 行第 i 列的元素，表示特征图 A 中像素 j 对于像素 i 的注意力权重。

类似于自注意力模型中需要计算各输入元素的上下文向量，位置注意力模块需要构建各像素的上下文信息，以 R^P 表示所有像素的上下文信息集，其中像素 j 所对应的上下文信息 R_j^P 的计算公式如下：

$$R_j^P=\lambda\sum_{i=1}^{H\times W}(s_{j,i}D_i') \tag{13-16}$$

其中，λ 为缩放系数，$\sum_{i=1}^{H\times W}(s_{j,i}D_i')$ 为按特征图 A 中像素 j 与其他像素的注意力权重，对特征图 D' 相应位置像素信息加权求和。由此每一个像素都能捕获到与其他像素的关系，有助于提升像素的表征能力。

根据式（13-16）计算出所有像素的上下文信息集 R^P 后，需要将其进行维度变化，得到 $R^{P'}$ 这一矩阵，最后再将 $R^{P'}$ 与 A 进行矩阵求和运算（将对应位置的元素相加），得到位置注意力模块的输出 E^P 。

2. 通道注意力模块

特征图 A 通过像素和通道两个维度来表示图像信息，上述的位置注意力模块从像素这一维度进行了分析计算；通道注意力模块与位置注意力模块计算方式相似，但从通道这一维度进行分析计算。由于不同通道表达了不同的信息，发掘不同通道的相关关系并进行融合，可以提高各通道的表征能力。通道注意力模块结构示意图如图 13-8 所示，其作用在于计算不同通道之间的相关性，并生成各通道之间相互融合后的通道上下文信息。

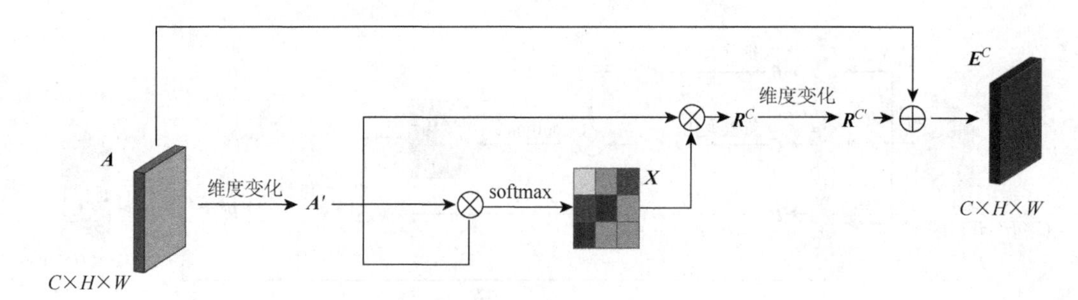

图 13-8　通道注意力模块结构示意图

通道注意力模块相比于位置注意力模块，不包含卷积操作，但其他计算过程类似。特征图 A 经过维度变化得到 A'，A' 中包含 C 个通道。令 A_i' 为第 i 个通道，由一个 $1\times N$ 的向量（$N=H\times W$）表征。通道注意力模块中，查询向量集、键向量集和值向量集相同，都为 A' 。通过点积方式计算出任意两通道之间的注意力权重：

$$x_{j,i}=\frac{\exp(A_i'A_j'^{\mathrm{T}})}{\sum_{i=1}^{C}\exp(A_i'A_j'^{\mathrm{T}})} \tag{13-17}$$

$x_{j,i}$ 为通道注意力权重矩阵 X 第 j 行第 i 列的元素，表示通道 i 相对于通道 j 的注意力权重。计算出各通道之间的注意力权重后，需计算出各通道的上下文信息集 R^C ，即按与其他通道的注意力权重对各通道特征加权求和后的结果。对于通道 j，其对应的上下文信息 R_j^C 的计算公式如下：

$$R_j^C=\beta\sum_{i=1}^{C}(x_{j,i}A_i') \tag{13-18}$$

其中，β 为缩放系数。在计算出所有通道的上下文信息集 R^C 后，将其进行维度变化得到矩阵 $R^{C'}$ ，再将矩阵 $R^{C'}$ 与 A 进行矩阵求和运算，得到通道注意力模块的输出结果 E^C 。

13.4.2　一种解决组合优化问题的自注意力模型

Kool 等[135]提出了结合强化学习的自注意力模型，在求解旅行商问题和带容量约束的车辆路径问题等组合优化问题上，展现了非常高效的优化性能。自注意力模型中不包括卷积神经网络或循环神经网络，可更好地发掘输入信息的内在价值，如带容量约束的车辆路径问题中节点之间的关联性，以取得更好的效果。下面结合带容量约束的车辆路径问题（问题定义可参考 2.3 节）的求解，对自注意力模型进行介绍。

该模型基于编码器-解码器结构构建，在总体结构上与第 12 章的图 12-10 所描述的模型类似，包括编码器和解码器两部分。但编码器和解码器的具体计算方式与图 12-10 所描述的不同。在自注意力模型中，编码器的主要作用是将各种特征信息（如带容量约束的车辆路径问题的仓库点和客户点对应的坐标、需求等特征信息）在高维空间进行表征，其结构如图 13-9 所示，图中 ⊕ 表示向量相加。解码器的作用是根据编码器的输出，进行多次计算从而得出路径序列，其结构如图 13-10 所示。

1. 编码器部分主要步骤

假设客户节点集为 $\{1,2,\cdots,I\}$，对于第 i 个客户节点，将其二维地理位置坐标和货物需求作为特征 x_i。如图 13-9 所示，对于 x_i，首先需要经过一个全连接层映射后得到初始隐藏层状态 h_i^0；对于仓库点 0，将其二维坐标作为特征 x_0，经另一个全连接层映射得到隐藏层状态 h_0^0。即

$$h_i^0=\begin{cases}W_1x_i, & i>0\\ W_0x_0, & i=0\end{cases} \tag{13-19}$$

其中，W_0 和 W_1 为可学习的权重矩阵。

计算出所有节点的初始隐藏层状态集 $H^0=\{h_0^0,h_1^0,\cdots,h_I^0\}$ 后，为了获取更好的表征，还需依次经过三个结构相同但网络参数不同的多头自注意力模块，以得到每个节点最终的隐藏层状态。每个多头自注意力模块包括一个多头自注意力层和一个全连接前馈层。令 MHA^l 为第 l 个多头自注意力层，其将所有节点（客户节点和仓库节点）在 MHA^{l-1} 输出的隐藏层状态集 H^{l-1} 作为输入（MHA^1 的输入为 H^0），并映射为新的隐藏层状态集 $\widehat{H}^l$，计算方式如下：

$$\widehat{H}^l=\mathrm{MHA}^l(H^{l-1}) \tag{13-20}$$

MHA^l 的工作原理与 13.3.2 节所述一致。得到 $\widehat{H}^l$ 后，还需经过一个全连接前馈层处理，前馈层的输入输出函数关系表示如下：

$$\mathrm{FF}(\widehat{H}^l)=W_3\,(\sigma(W_2\,\widehat{H}^l)) \tag{13-21}$$

其中，$\sigma(\cdot)$ 为激励函数，这里采用 ReLU 函数，W_2 与 W_3 为可学习的权重矩阵。

第 l 个多头自注意力模块的输出 H^l 为

$$H^l=\mathrm{FF}(\widehat{H}^l)+H^{l-1} \tag{13-22}$$

后面将编码器中最后一个多头自注意力模块输出的结果称为各节点的节点嵌入集 $H=\{h_0,h_1,\cdots,h_I\}$，其中 h_i 称为第 i 个节点的节点嵌入，是道路网络中第 i 个节点的特征信息 x_i 的表征。

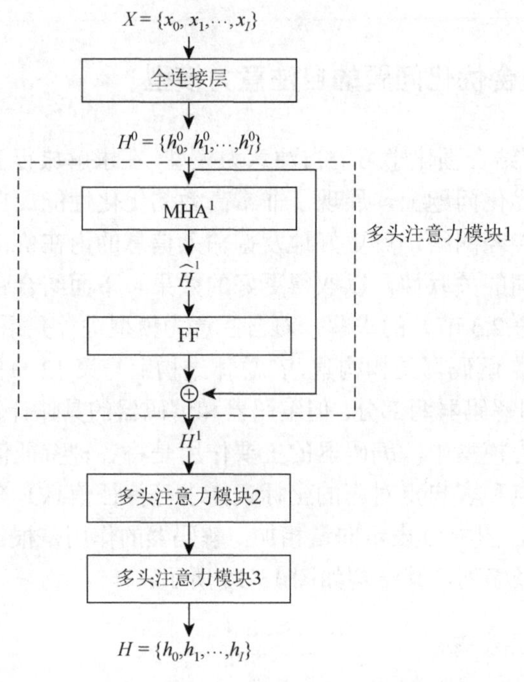

图 13-9　自注意力模型编码器结构示意图

2. 解码器部分主要步骤

自注意力模型解码器结构如图 13-10 所示。首先，利用一个向量 h_g' 作为当前环境状态的初始表征，该向量的计算方式如下：

$$h_g' = \text{concat}(\overline{H}, h_{\text{cur}}, D_{\text{cur}}) \tag{13-23}$$

其中，$\overline{H}$ 为所有节点的节点嵌入的均值，h_{cur} 为当前车辆所处节点的节点嵌入，D_{cur} 为当前车辆的剩余容量。

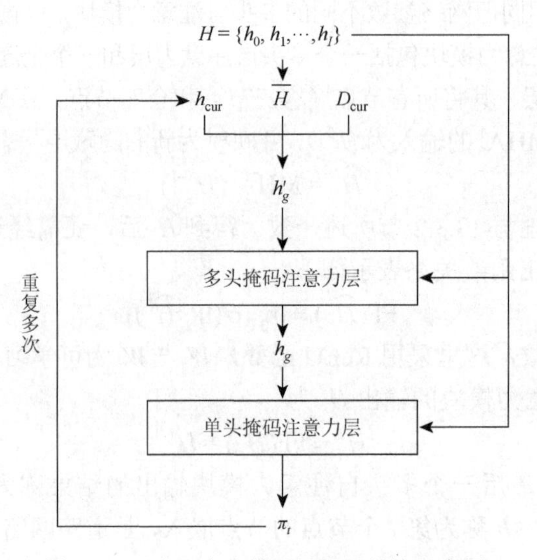

图 13-10　自注意力模型解码器结构示意图

在得到当前环境状态的初始表征 h_g' 后，需要通过一个多头掩码注意力层以加强其表征能力。在解码器的多头掩码注意力层中，将 h_g' 映射为对应的查询向量，将编码器最终输出的各节点的节点嵌入映射为键向量和值向量，计算新的环境状态向量 h_g。为了排除不满足约束条件的节点（即已经访问过的客户和货物需求超过车辆现有容量的节点）的影响，需要采用带掩码机制的注意力权重计算方式。具体而言，在多头掩码注意力层的第 m 个子注意力头中，h_g' 被映射为查询向量 $(h_{g,m}')'$，其与节点 j（$j \in \{0,1,\cdots,I\}$）之间的注意力权重 a_j^m 计算方式如下：

$$e_j^m = \begin{cases} \dfrac{(h_{g,m}')' k_{j,m}^{\mathrm{T}}}{\sqrt{\dim}}, & \text{若} d_j < D_t \text{且} j \notin \pi_{1:t-1}, \text{或} j=0 \\ -\infty, & \text{否则} \end{cases} \tag{13-24}$$

$$a_j^m = \operatorname{softmax}\left(e_j^m\right) \tag{13-25}$$

其中，$k_{j,m}$ 为节点 j 在第 m 个注意力头中对应的键向量，d_j 为节点 j 的货物需求量，D_t 为第 t 个步长（需要选择第 t 个访问节点）时车辆的剩余容量，$\pi_{1:t-1}$ 为在第 t 个步长之前已经访问的客户集。

在每个注意力头中，计算出查询向量与各节点 j 之间的注意力权重 a_j^m 后，再按式（13-12）的计算方式，得到查询向量所对应的上下文向量，并将各注意力头计算得到的上下文向量进行拼接，得到更新后的环境状态表征 h_g。

最后，再通过一个单头掩码注意力层计算当前环境状态下，第 t 步所访问的节点 π_t 为 j 的概率 $p_\theta(\pi_t = j \mid X, \pi_{1:t-1})$，计算公式如下：

$$q = W_q h_g,\ k_j = W_k h_j \tag{13-26}$$

$$\beta_j = \begin{cases} C \times \tanh\left(\dfrac{q k_j^{\mathrm{T}}}{\sqrt{\dim}}\right), & d_j < D_t \text{且} j \notin \pi_{1:t-1}, \text{或} j=0 \\ -\infty, & \text{否则} \end{cases} \tag{13-27}$$

$$p_\theta(\pi_t = j \mid X, \pi_{1:t-1}) = \frac{\exp(\beta_j)}{\sum_{j'=0}^{I} \exp(\beta_{j'})} \tag{13-28}$$

其中，W_q 与 W_k 为可学习的权重矩阵，C 为缩放系数，X 为所求解的问题实例，$\pi_{1:t-1}$ 为第 t 步之前已经访问过的节点序列。每次访问某客户后，更新车辆容量和当前位置。解码器不断重复式（13-24）～式（13-28）的步骤，并基于计算得到的概率值选择接下来要访问的节点，直到车辆完成所有客户的货物访问任务。

不同于前面所述的深度网络模型，自注意力模型采用强化学习的机制进行模型训练，本书不做详细介绍，读者可参考模型的实现代码或文献[135]进行学习。

13.5　应 用 案 例

当前，注意力机制被广泛应用于自然语言处理和计算机视觉两个领域。自然语言处理方面的应用包括机器翻译、情感分析、问答系统、语义识别等；计算机视觉方面的应用包括动作识别、人群计数、图像分类、目标检测、人物识别、文本识别和目标跟踪等。除此之外，结合注意力机制的深度神经网络模型也被应用于优化、预测与推荐系统等众多领域。本节以考虑含时变速度特征的某现实带容量约束的车辆路径问题为例，介绍利用自注意力模型求解复杂组合优化问题的一个方案。

13.5.1　问题描述

基于包含 1250 条有向边和 408 个节点的某城市一环内道路网络（图 13-11），考虑含时变速度特征的现实带容量约束的车辆路径问题。该问题设置为：有单个容量为 30 的车辆，从仓库出发，访问 30 个客户，以完成这些客户的货物配送任务。每个客户只能被访问一次，车辆可以多次返回仓库补充货物，每个客户的货物需求量为在[1,9]区间内的整数，目标为访问所有客户并最终返回仓库所用的总行驶时间最短。

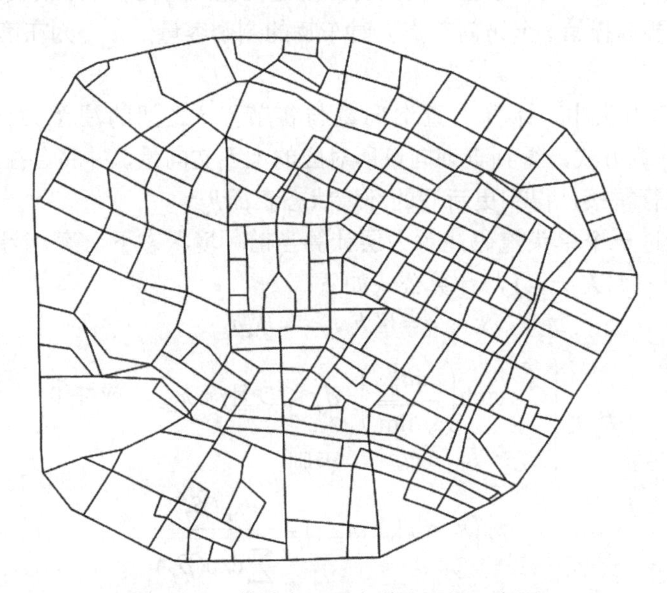

图 13-11　某城市一环内道路网络示意图

为了刻画图 13-11 中路网的时变速度变化规律，利用该路网区域内某天所有路段的行驶速度数据集。该数据集以 2 分钟为时间间隔，将早上 8 点至下午 4 点的时间划分为 240 个时段，将每个时段各路段上的平均行驶速度作为该时段该路段的行驶速度。再进一步计算出在各时段内出发，任意两节点的最短行驶时间，并设定车辆在任意两节点之间以其当前最短时间路径行驶。相关数据可参看本书前言进行获取。

13.5.2　算法设计与实现

本小节采用 Kool 等[135]提出的自注意力模型对考虑含时变速度特征的现实带容量约束的车辆路径问题求解，并在 PyTorch 环境下实现该模型。在正式求解具体问题前，需要通过以下几个步骤获得训练好的自注意力模型。

步骤 1：构造训练集和验证集。在使用自注意力模型求解带容量约束的车辆路径问题之前，首先需要对自注意力模型进行训练，优化其网络参数。训练集包括 640000 个问题实例。同时，为了验证训练过程中模型性能的变化，构造 5120 个问题实例作为验证集。在构造每个问题实例时，从 408 个节点随机选出 30 个作为客户节点，再随机选择 1 个节点作为仓库节点，每个客户的货物需求量为[1, 9]区间中的随机整数。

步骤 2：确定网络模型参数。自注意力模型的参数设置与 Kool 等[135]的基本相同。该模型中，各节点的初始向量以及与编码器输出的各节点对应向量的维度大小均为 128，编码器中有 3 个注意力模块，每个模块中注意力头数设置为 8，解码器中的缩放常数设为 10，训练轮（回合）数设为 100。考虑到内存限制和计算速度，将批量大小设为 256。训练时采用 PyTorch 环境下的 Adam 优化器优化网络参数，学习率设置为 0.0001。

步骤 3：模型训练。在用自注意力模型求解本小节的带容量约束的车辆路径问题实例之前，需要对模型充分训练，即针对训练集进行充分多轮次的训练，每轮训练包括多次迭代从而遍历整个训练集，最终优化模型网络参数。当模型每迭代 100 次后，测试其在验证集上的性能，若当前模型的性能优于之前模型的最优性能，则记录该模型的网络参数。设置训练轮数为 100，每轮训练包含 2500 次迭代。图 13-12 为不同训练轮次得到的模型在验证集上得到的目标值。可见随着训练回合数的增加，目标值呈明显下降的趋势。选择最后一次保存的网络模型参数，作为模型的最终参数，由此便得到可求解本小节问题的自注意力模型。

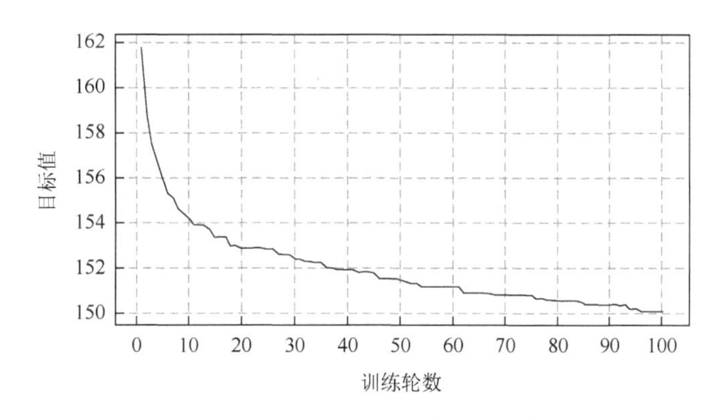

图 13-12　训练过程目标值变化趋势图

13.5.3　结果

首先需要构造测试集，以测试训练好的自注意力模型求解考虑含时变速度特征的现实带容量约束的车辆路径问题的性能。采用与构造训练集相同的方式，构造 10000 个测试实例。再用 13.5.2 节训练好的自注意力模型，求解测试集的每个实例，得到平均目标值为 150.7。自注意力模型每次选择下一个访问节点时，选择根据式（13-28）所计算出的概率最大的节点作为访问点。对于同样的测试实例，若采用贪婪算法进行求解（即每次选择未被访问的节点中行驶时间最短的节点作为下一个访问点），所得到的平均目标值为170.7。将自注意力模型的求解结果与贪婪算法的求解结果进行对比，可以发现其求解性能有11.72%的提升，明显优于贪婪算法，且求解时间相当。

利用自注意力模型求解上述算例的实现代码可参看本书前言进行获取。

13.6 本章小结

本章主要介绍了注意力机制和常见的变体，以及自注意力模型及其在现实带容量约束的车辆路径问题中的应用。注意力机制因其可以发掘信息相关性的能力，现已成为深度神经网络中的热门技术。自从Bahdanau等[22]将注意力机制与循环神经网络结合后，其他众多的注意力机制变体也逐渐涌现，自注意力模型更是一个里程碑式的创新，众多基于自注意力模型的方法在不同领域中表现出优异的性能。目前，许多研究者在不断扩展注意力机制的理论深度和应用广度。一些学者聚焦于对模型结构的探索，通过改进注意力权重的计算方法和减少模型参数等方式，实现更高的计算效率[136-138]；一些学者尝试将注意力机制拓展到更多领域，如使用注意力机制辅助机器人决策[139, 140]，以及使用注意力机制处理各种不同类型的信息（如文本与图片等）[141, 142]。

➢习题

1. 请简述注意力机制提高循环神经网络模型性能的核心思想。

2. 请分析13.3节两种注意力机制变体各自的适用场景。

3. 请简述注意力机制与自注意力模型的区别与联系。

4. 在图13-1中，令$h_1=[0.8,0.7,0.6]$，$h_2=[0.3,0.2,0.1]$，$s_1=[0.68,0.54,0.87]$，注意力权重的计算采用13.1.2节的点积运算，请计算对应的上下文向量c_2的值。

5. 将元素x_1,x_2,x_3分别映射为对应的查询向量、键向量、值向量如下：

$q_1=[0.11,0.12,0.13]$，$k_1=[0.14,0.15,0.16]$，$v_1=[0.17,0.18,0.19]$，

$q_2=[0.21,0.22,0.23]$，$k_2=[0.24,0.25,0.26]$，$v_2=[0.27,0.28,0.29]$，

$q_3=[0.31,0.32,0.33]$，$k_3=[0.34,0.35,0.36]$，$v_3=[0.37,0.38,0.39]$

请采用自注意力模型（注意力权重的计算采用点积运算），计算x_1,x_2,x_3对应的上下文向量。

6. 基于13.4.2节的模型，请简述求解旅行商问题和背包问题的自注意力模型的思路。

7. 针对基于13.5节的一个测试问题，请分别利用13.5节训练得到的自注意力模型和某智能优化算法对该问题进行求解，并比较解的性能差异。

参考文献

[1] Gottfredson L S. Mainstream science on intelligence: An editorial with 52 signatories, history, and bibliography[J]. Intelligence, 1997, 24(1): 13-23.

[2] Sternberg R J. The concept of intelligence and its role in lifelong learning and success[J]. American Psychologist, 1997, 52(10): 1030-1037.

[3] McCarthy J. What is artificial intelligence? [EB/OL]. [2022-10-22]. http://jmc.stanford.edu/artificial-intelligence/what-is-ai/index.html.

[4] Mugnai M. Logic and mathematics in the seventeenth century[J]. History and Philosophy of Logic, 2010, 31(4): 297-314.

[5] Kaplan A, Haenlein M. Siri, Siri, in my hand: Who's the fairest in the land? on the interpretations, illustrations, and implications of artificial intelligence[J]. Business Horizons, 2019, 62(1): 15-25.

[6] Gödel K. On undecidable propositions of formal mathematical systems[M]//Notes by S. C. Kleene and J. B. Rosser on lectures at the Institute for Advanced Study, Princeton, New Jersey, 1934.

[7] Turing A M. On computable numbers, with an application to the entscheidungsproblem[J]. Proceedings of the London Mathematical Society, 1937, (1): 230-265.

[8] McCulloch W S, Pitts W. A logical calculus of the ideas immanent in nervous activity[J]. The Bulletin of Mathematical Biophysics, 1943, 5(4): 115-133.

[9] Rosenblatt F. The perceptron: a probabilistic model for information storage and organization in the brain[J]. Psychological Review, 1958, 65(6): 386-408.

[10] Ivakhnenko A G, Lapa V G. Cybernetic Predicting Devices[M]. New York: CCM Information Corporation, 1965.

[11] Fukushima K. Neural network model for a mechanism of pattern recognition unaffected by shift in position-neocognitron[R]. IEICE Technical Report A, 1979, 62(10): 658-665.

[12] Hopfield J J. Neural networks and physical systems with emergent collective computational abilities[J]. Proceedings of the National Academy of Sciences of the United States of America, 1982, 79(8): 2554-2558.

[13] Linnainmaa S. The representation of the cumulative rounding error of an algorithm as a Taylor expansion of the local rounding errors[D]. Master's Thesis(in Finnish), Univ. Helsinki, 1970.

[14] Werbos P J. Applications of advances in nonlinear sensitivity analysis[M]//System Modeling and Optimization. Berlin/Heidelberg: Springer-Verlag, 2005: 762-770.

[15] Rumelhart D E, Hinton G E, Williams R J. Learning representations by back-propagating errors[J]. Nature, 1986, 323: 533-536.

[16] Elman J. Finding structure in time[J]. Cognitive Science, 1990, 14(2): 179-211.

[17] LeCun Y, Boser B, Denker J S, et al. Handwritten digit recognition with a back-propagation network[C]//Proceedings of the 2nd International Conference on Neural Information Processing Systems. ACM, 1989: 396-404.

[18] Hochreiter S, Schmidhuber J. Long short-term memory[J]. Neural Computation, 1997, 9(8): 1735-1780.

[19] LeCun Y, Bottou L, Bengio Y, et al. Gradient-based learning applied to document recognition[J]. Proceedings of the IEEE, 1998, 86(11): 2278-2324.

[20] Krizhevsky A, Sutskever I, Hinton G E. ImageNet classification with deep convolutional neural networks[J]. Communications of the ACM, 2017, 60(6): 84-90.

[21] He K M, Zhang X Y, Ren S Q, et al. Deep residual learning for image recognition[C]//2016 IEEE Conference on Computer Vision and Pattern Recognition(CVPR). June 27-30, 2016. Las Vegas, NV, USA. IEEE, 2016: 770-778.

[22] Bahdanau D, Cho K, Bengio Y. Neural machine translation by jointly learning to align and translate[J]. arXiv preprint arXiv: 1409.0473, 2014.

[23] Hong C H, Varghese B. Resource management in fog/edge computing: A survey on architectures, infrastructure, and algorithms[J]. ACM Computing Surveys, 52(5): 97.

[24] Zhou D X. Universality of deep convolutional neural networks[J]. Applied and Computational Harmonic Analysis, 2020, 48(2): 787-794.

[25] Heinecke A, Ho J, Hwang W L. Refinement and universal approximation via sparsely connected ReLU convolution nets[J]. IEEE Signal Processing Letters, 2020, 27: 1175-1179.

[26] Park J, Sandberg I W. Universal approximation using radial-basis-function networks[J]. Neural Computation, 1991, 3(2): 246-257.

[27] Yarotsky D. Universal approximations of invariant maps by neural networks[J]. Constructive Approximation, 2022, 55(1): 407-474.

[28] Cybenko G. Approximation by superpositions of a sigmoidal function[J]. Mathematics of Control, Signals and Systems, 1989, 2(4): 303-314.

[29] Hornik K. Approximation capabilities of multilayer feedforward networks[J]. Neural Networks, 1991, 4(2): 251-257.

[30] Kalantari B. Herbert A. Simon on making decisions: Enduring insights and bounded rationality[J]. Journal of Management History, 2010, 16(4): 509-520.

[31] Lee H L, Padmanabhan V, Whang S. Information distortion in a supply chain: The bullwhip effect[J]. Management Science, 1997, 43(4): 546-558.

[32] Waters D. Inventory control and management[M]. Chichester: John Wiley & Sons, 2003. https://industri.fatek.unpatti.ac.id/wp-content/uploads/2019/03/003-Inventory-Control-and-Management-Donald-Waters-Edisi-2-2003.pdf.

[33] De Gooijer J G, Hyndman R J. 25 years of time series forecasting[J]. International Journal of Forecasting, 2006, 22(3): 443-473.

[34] Hyndman R J, Koehler A B. Another look at measures of forecast accuracy[J]. International Journal of Forecasting, 2006, 22(4): 679-688.

[35] Kim S, Kim H. A new metric of absolute percentage error for intermittent demand forecasts[J]. International Journal of Forecasting, 2016, 32(3): 669-679.

[36] Wight O W. Production and inventory management in the computer age[M]. Chichester: John Wiley & Sons, Inc., 1984.

[37] Kis T. Job-shop scheduling with processing alternatives[J]. European Journal of Operational Research, 2003, 151(2): 307-332.

[38] Bowman E H. Assembly-line balancing by linear programming[J]. Operations Research, 1960, 8(3): 385-389.

[39] Ghosh S, Gagnon R J. A comprehensive literature review and analysis of the design, balancing and scheduling of assembly systems[J]. International Journal of Production Research, 1989, 27(4): 637-670.

[40] Cook W J. In Pursuit of the Traveling Salesman[M]. Princeton: Princeton University Press, 2015.

[41] Lawler E L, Lenstra J K, Rinnooy Kan A H G, et al. The traveling salesman problem: A guided tour of combinatorial optimization[J]. Journal of the Operational Research Society, 1986, 37(5): 535-536.

[42] Dantzig G B, Ramser J H. The truck dispatching problem[J]. Management Science, 1959, 6(1): 80-91.

[43] Epstein L, van Stee R. Improved results for a memory allocation problem[J]. Theory of Computing Systems, 2011, 48(1): 79-92.

[44] Glover F, Future paths for integer programming and links to artificial intelligence[J]. Computers of Operations Research, 1986, 13(5): 533-549.

[45] Glover F, Kochenberger G A. Handbook of Metaheuristics[M] . Princeton: Dordrecht Springer US, 2003.

[46] Soriano P, Gendreau M. Diversification strategies in tabu search algorithms for the maximum clique problem[J]. Annals of Operations Research, 1996, 63(2): 189-207.

[47] Glover F. Heuristics for integer programming using surrogate constraints[J]. Decision Sciences, 1977, 8(1): 156-166.

[48] Cordeau J F, Laporte G. Tabu search heuristics for the vehicle routing problem[M]//Operations Research/ Computer Science Interfaces Series. Boston: Kluwer Academic Publishers, 2005: 145-163.

[49] Glover F. Tabu search and adaptive memory programming—advances, applications and challenges. In Barr, R.S., Helgason, R.V., Kennington, J.L.(eds.), Interfaces in Computer Science and Operations Research. Operations Research/Computer Science Interfaces Series, vol 7.Boston, MA: Springer, 1997: 1-75. https://link.springer.com/chapter/10.1007/978-1-4615-4102-8_1#citeas.

[50] Metropolis N, Rosenbluth A W, Rosenbluth M N, et al. Equation of state calculations by fast computing machines[J]. The Journal of Chemical Physics, 1953, 21(6): 1087-1092.

[51] Kirkpatrick S, Gelatt C D Jr, Vecchi M P. Optimization by simulated annealing[J]. Science, 1983, 220(4598): 671-680.

[52] van Laarhoven P J M, Aarts E H L. Simulated annealing[M]//Simulated Annealing: Theory and Applications. Dordrecht: Springer Netherlands, 1987: 7-15.

[53] 包子阳, 余继周, 杨杉. 智能优化算法及其 MATLAB 实例[M]. 2 版. 北京: 电子工业出版社, 2018.

[54] 康立山, 谢云, 尤矢勇, 等. 非数值并行算法(第一册): 模拟退火算法[M]. 北京: 科学出版社, 1994.

[55] Malek M, Guruswamy M, Pandya M, et al. Serial and parallel simulated annealing and tabu search algorithms for the traveling salesman problem[J]. Annals of Operations Research, 1989, 21(1): 59-84.

[56] Fisher H, Thompson G L. Probabilistic learning combinations of local job-shop scheduling rules. Industrial scheduling[M]//In Muth JF and Thompson GL(eds.), Industrial Scheduling, Prentice-Hall: Englewood Cliffs, NJ, 1963: 225-251.

[57] Bertsimas D, Tsitsiklis J. Simulated annealing[J]. Statistical Science, 1993, 8(1): 10-15.

[58] Henderson D, Jacobson S H, Johnson A W. The theory and practice of simulated annealing[M]//Glover F, Kochenberger G A. Handbook of Metaheuristics. Operations Research/Computer Science Interfaces Series, vol 57.Boston, MA: Springer, 2003: 287-319. https://link.springer.com/chapter/10.1007/0-306-48056-5_10#citeas

[59] Fraser A S. Simulation of genetic systems[J]. Journal of Theoretical Biology, 1962, 2(3): 329-346.

[60] Blair W F. Population dynamics of rodents and other small mammals[J]. Advances in Genetics, 1953, 5: 1-41.

[61] Holland J H. Outline for a logical theory of adaptive systems[J]. Journal of the ACM, 1962, 9(3): 297-314.

[62] Bagley J D. The behavior of adaptive systems which employ genetic and correlation algorithms[D]. University of Michigan, 1967.

[63] Hollstien R B. Artificial genetic adaptation in computer control systems[D]. Michigan, Ann Arbor:

University of Michigan, 1971.

[64] Holland J H. 自然与人工系统中的适应-理论分析及其在生物、控制和人工智能中的应用[M]. 张江, 译. 北京: 高等教育出版社, 2008.

[65] De Jong K A. An analysis of the behavior of a class of genetic adaptive systems[D]. University of Michigan, 1975.

[66] Goldberg D E, Holland J H. Genetic algorithms and machine learning[J]. Machine Learning, 1988, 3(2): 95-99.

[67] Kreinovich V, Quintana C, Fuentes O. Genetic algorithms: what fitness scaling is optimal? [J]. Cybernetics and Systems, 1993, 24(1): 9-26.

[68] Diaz-gomez P A, Hougen D F. Initial population for genetic algorithms: a metric approach[J]. Gem. 2007: 43-49.

[69] Shukla A, Pandey H M, Mehrotra D. Comparative review of selection techniques in genetic algorithm[C]//2015 International Conference on Futuristic Trends on Computational Analysis and Knowledge Management(ABLAZE). February 25-27, 2015. Greater Noida, India. IEEE, 2015: 515-519.

[70] Goldberg D E. Genetic algorithm in search optimization and machine learning[M]. New York: Addison Wesley, 1989.

[71] Park T, Ryu K R. A dual-population genetic algorithm for adaptive diversity control[J]. IEEE Transactions on Evolutionary Computation, 2010, 14(6): 865-884.

[72] Martikainen J, Ovaska S J. Hierarchical two-population genetic algorithm[C]//Proceedings of the 2005 IEEE Midnight-Summer Workshop on Soft Computing in Industrial Applications, 2005. SMCia/05. Espoo, Finland.IEEE, 2005: 91-98.

[73] Srinivas M, Patnaik L M. Adaptive probabilities of crossover and mutation in genetic algorithms[J]. IEEE Transactions on Systems, Man, and Cybernetics, 1994, 24(4): 656-667.

[74] Moscato p. On evolution, search, optimization, genetic algorithms and martial arts: towards memetic algorithms[R]. Caltech concurrent computation program, C3P Report, 1989, 826: 1989.

[75] Katoch S, Chauhan S S, Kumar V. A review on genetic algorithm: past, present, and future[J]. Multimedia Tools and Applications, 2021, 80(5): 8091-8126.

[76] Lee C K H. A review of applications of genetic algorithms in operations management[J]. Engineering Applications of Artificial Intelligence, 2018, 76: 1-12.

[77] Dorigo M. Optimization, learning and natural algorithms[D]. Milano, Korea: Politecnico Di Milano, 1992.

[78] Deneubourg J L, Goss S. Collective patterns and decision-making[J]. Ethology Ecology & Evolution, 1989, 1(4): 295-311.

[79] Deneubourg J L, Pasteels J M, Verhaeghe J C. Probabilistic behaviour in ants: a strategy of errors?[J]. Journal of Theoretical Biology, 1983, 105(2): 259-271.

[80] Goss S, Beckers R, Deneubourg J L, et al. How trail laying and trail following can solve foraging problems for ant colonies[M]//Behavioural Mechanisms of Food Selection. Berlin, Heidelberg: Springer Berlin Heidelberg, 1990: 661-678.

[81] Dorigo M, Maniezzo V, Colorni A. Ant system: optimization by a colony of cooperating agents[J]. IEEE Transactions on Systems, Man, and Cybernetics, Part B(Cybernetics), 1996, 26(1): 29-41.

[82] Bullnheimer B, Hartl R F, Strauss C. A new rank based version of the Ant System. A computational study[J]. Central European Journal for Operations Research and Economics, 1999, 7(1): 25-38.

[83] Stützle T, Hoos H H. Improving the ant system: A detailed report on the MAX-MIN ant system[C]// Proceedings of 2006 International Joint Conference on Neural Networks, IEEE, 1996: 3760-3766.

[84] Dorigo M, Stützle T. Ant colony optimization: overview and recent advances[M]//International Series in Operations Research & Management Science. Boston, MA: Springer US, 2010: 227-263.

[85] Kennedy J, Eberhart R. Particle swarm optimization[C]//Proceedings of ICNN'95-international conference on neural networks. Perth, WA, Australia. IEEE, 1995: 1942-1948.

[86] Reynolds C W. Flocks, herds and schools: a distributed behavioral model[J]. ACM SIGGRAPH Computer Graphics, 1987, 21(4): 25-34.

[87] Heppner F, Grenander U. A stochastic nonlinear model for coordinated bird flocks[C]//The Ubiquity of Chaos. Washington: American Association for the Advancement of Science, 1990: 233-238.

[88] Clerc M. Beyond standard particle swarm optimisation[J]. International Journal of Swarm Intelligence Research, 2010, 1(4): 46-61.

[89] Kennedy J, Eberhart R C. A discrete binary version of the particle swarm algorithm[C]//1997 IEEE International Conference on Systems, Man, and Cybernetics. Computational Cybernetics and Simulation. Orlando, FL, USA.IEEE, 1997: 4104-4108.

[90] Wang K P, Huang L, Zhou C G, et al. Particle swarm optimization for traveling salesman problem[C]// Proceedings of the 2003 International Conference on Machine Learning and Cybernetics(IEEE Cat. No.03EX693). Xi'an, China. IEEE, 2003, 3: 1583-1585.

[91] Fontes D B M M, Homayouni S M, Gonçalves J F. A hybrid particle swarm optimization and simulated annealing algorithm for the job shop scheduling problem with transport resources[J]. European Journal of Operational Research, 2023, 306(3): 1140-1157.

[92] 栾丽君, 谭立静, 牛奔. 一种基于粒子群优化算法和差分进化算法的新型混合全局优化算法[J]. 信息与控制, 2007, 36(6): 708-714.

[93] 李安强, 王丽萍, 蔺伟民, 等. 免疫粒子群算法在梯级电站短期优化调度中的应用[J]. 水利学报, 2008, 39(4): 426-432.

[94] Houssein E H, Gad A G, Hussain K, et al. Major advances in particle swarm optimization: theory, analysis, and application[J]. Swarm and Evolutionary Computation, 2021, 63: 100868.

[95] Caudill M. Neural networks primer, part I[J]. AI Expert, 1987, 2(12): 46-52.

[96] Azevedo F A C, Carvalho L R B, Grinberg L T, et al. Equal numbers of neuronal and nonneuronal cells make the human brain an isometrically scaled-up primate brain[J]. The Journal of Comparative Neurology, 2009, 513(5): 532-541.

[97] Hinton G E, Osindero S, Teh Y W. A fast learning algorithm for deep belief nets[J]. Neural Computation, 2006, 18(7): 1527-1554.

[98] Hinton G E, Salakhutdinov R R. Reducing the dimensionality of data with neural networks[J]. Science, 2006, 313(5786): 504-507.

[99] 周志华. 机器学习[M]. 北京: 清华大学出版社, 2016.

[100] Curry H B. The method of steepest descent for non-linear minimization problems[J]. Quarterly of Applied Mathematics, 1944, 2(3): 258-261.

[101] Srivastava N, Hinton G, Krizhevsky A, et al. Dropout: a simple way to prevent neural networks from overfitting[J]. Journal of Machine Learning Research, 2014, 15(1): 1929-1958.

[102] Hornik K, Stinchcombe M, White H. Multilayer feedforward networks are universal approximators[J]. Neural Networks, 1989, 2(5): 359-366.

[103] Goodfellow I, Bengio Y, Courville A. Deep Learning[M]. Illustrated edition. Cambridge, Massachusetts: The MIT Press, 2016.

[104] Huang G B, Zhu Q Y, Siew C K. Extreme learning machine: Theory and applications[J]. Neurocomputing,

2006, 70(1/2/3): 489-501.

[105] 李敏强, 徐博艺, 寇纪淞. 遗传算法与神经网络的结合[J]. 系统工程理论与实践, 1999, 19(2): 65-69, 113.

[106] 张驰, 郭媛, 黎明. 人工神经网络模型发展及应用综述[J]. 计算机工程与应用, 2021, 57(11): 57-69.

[107] Zhang G Q, Eddy Patuwo B, Hu M Y. Forecasting with artificial neural networks[J]. International Journal of Forecasting, 1998, 14(1): 35-62.

[108] Hubel D H, Wiesel T N. Receptive fields, binocular interaction and functional architecture in the cat's visual cortex[J]. The Journal of Physiology, 1962, 160(1): 106-154.

[109] Hampshire J B, Waibel A H. A novel objective function for improved phoneme recognition using time-delay neural networks[J]. IEEE Transactions on Neural Networks, 1990, 1(2): 216-228.

[110] Springenberg J T, Dosovitskiy A, Brox T, et al. Striving for simplicity: The all convolutional net[J]. arXiv preprint arXiv: 1412.6806v3, 2015.

[111] Goodfellow I, Bengio Y, Courville A. 深度学习[M]. 赵申剑, 黎彧君, 符天凡, 等, 译. 北京: 人民邮电出版社, 2017.

[112] Bottou L. On-line learning and stochastic approximations[M]//On-Line Learning in Neural Networks. Cambridge: Cambridge University Press, 1999: 9-42.

[113] Szegedy C, Liu W, Jia Y Q, et al. Going deeper with convolutions[C]//2015 IEEE Conference on Computer Vision and Pattern Recognition(CVPR). June 7-12, 2015. Boston, MA, USA. IEEE, 2015: 1-9.

[114] Szegedy C, Vanhoucke V, Ioffe S, et al. Rethinking the inception architecture for computer vision[C]// 2016 IEEE Conference on Computer Vision and Pattern Recognition(CVPR). June 27-30, 2016. Las Vegas, NV, USA. IEEE, 2016: 2818-2826.

[115] Simonyan K, Zisserman A. Very deep convolutional networks for large-scale image recognition[J]. arXiv preprint arXiv: 1409.1556, 2014.

[116] Combalia M, Codella N, Rotemberg V, et al. Bcn20000: Dermoscopic lesions in the wild[J]. arXiv preprint arXiv: 1908.02288, 2019.

[117] Tschandl P, Rosendahl C, Kittler H. The HAM10000 dataset, a large collection of multi-source dermatoscopic images of common pigmented skin lesions[J]. Scientific Data, 2018, 5: 180161.

[118] Codella N C F, Gutman D, Celebi M E, et al. Skin lesion analysis toward melanoma detection: a challenge at the 2017 International symposium on biomedical imaging(ISBI), hosted by the international skin imaging collaboration(ISIC)[C]//2018 IEEE 15th International Symposium on Biomedical Imaging(ISBI 2018). April 4-7, 2018. Washington, DC. IEEE, 2018: 168-172.

[119] Schmidhuber J. Deep learning in neural networks: an overview[J]. Neural Networks, 2015, 61: 85-117.

[120] Anwar S M, Majid M, Qayyum A, et al. Medical Image Analysis using Convolutional Neural Networks: a Review[J]. Journal of Medical Systems, 2018, 42(11): 226.

[121] Jordan M I. Serial order: a parallel distributed processing approach[M]//Neural-Network Models of Cognition - Biobehavioral Foundations. Amsterdam: Elsevier, 1997: 471-495.

[122] Schuster M, Paliwal K K. Bidirectional recurrent neural networks[J]. IEEE Transactions on Signal Processing, 1997, 45(11): 2673-2681.

[123] Pascanu R, Gulcehre C, Cho K, et al. How to construct deep recurrent neural networks[J]. arXiv preprint arXiv: 1312.6026, 2013.

[124] Sutskever I, Vinyals O, Le Q V. Sequence to sequence learning with neural networks[C]//Proceedings of the 27th International Conference on Neural Information Processing Systems-Volume 2. December 8-13, 2014, Montreal, Canada. ACM, 2014: 3104-3112.

[125] Cho K, Van Merriënboer B, Gulcehre C, et al. Learning phrase representations using RNN encoder-decoder for statistical machine translation[J]. arXiv preprint arXiv: 1406.1078, 2014.

[126] Werbos P J. Backpropagation through time: what it does and how to do it[J]. Proceedings of the IEEE, 1990, 78(10): 1550-1560.

[127] Chung J, Gulcehre C, Cho K H, et al. Empirical evaluation of gated recurrent neural networks on sequence modeling[J]. arXiv preprint arXiv: 1412.3555, 2014.

[128] Yu Y, Si X S, Hu C H, et al. A review of recurrent neural networks: LSTM cells and network architectures[J]. Neural Computation, 2019, 31(7): 1235-1270.

[129] De Mulder W, Bethard S, Moens M F. A survey on the application of recurrent neural networks to statistical language modeling[J]. Computer Speech & Language, 2015, 30(1): 61-98.

[130] Li J, Monroe W, Jurafsky D. Understanding neural networks through representation erasure[J]. arXiv preprint arXiv: 1612.08220, 2016.

[131] Luong M T, Pham H, Manning C D. Effective approaches to attention-based neural machine translation[J]. arXiv preprint arXiv: 1508.04025, 2015.

[132] Yang Z C, Yang D Y, Dyer C, et al. Hierarchical attention networks for document classification[C]//Proceedings of the 2016 Conference of the North American Chapter of the Association for Computational Linguistics: Human Language Technologies. San Diego, California. Stroudsburg, PA, USA: Association for Computational Linguistics, 2016: 1480-1489.

[133] Vaswani A, Shazeer N, Parmar N, et al. Attention is all you need[C]//Advances in Neural Information Processing Systems. New York: ACM Press, 2017: 5998-6008.

[134] Fu J, Liu J, Tian H J, et al. Dual attention network for scene segmentation[C]//2019 IEEE/CVF Conference on Computer Vision and Pattern Recognition(CVPR). June 15-20, 2019. Long Beach, CA, USA. IEEE, 2019: 3146-3154.

[135] Kool W, Van Hoof H, Welling M. Attention, learn to solve routing problems ! [J]. arXiv preprint arXiv: 1803.08475, 2018.

[136] Tay Y, Bahri D, Yang L, et al. Sparse sinkhorn attention[C]//Proceedings of the 37th International Conference on Machine Learning. ACM, 2020: 9438-9447.

[137] Katharopoulos A, Vyas A, Pappas N, et al. Transformers are rnns: Fast autoregressive transformers with linear attention[C]//International Conference on Machine Learning. PMLR, 2020: 5156-5165.

[138] Zhang Q L, Yang Y B. SA-net: shuffle attention for deep convolutional neural networks[C]//ICASSP 2021-2021 IEEE International Conference on Acoustics, Speech and Signal Processing(ICASSP). June 6-11, 2021. Toronto, ON, Canada. IEEE, 2021: 2235-2239.

[139] Duan Y, Andrychowicz M, Stadie B, et al. One-shot imitation learning[C]//Proceedings of Annual Conference on Neural Information Processing Systems. Cambridge: MIT Press, 2017: 1087-1098.

[140] Li X Y, Hou Y H, Wang P C, et al. Transformer guided geometry model for flow-based unsupervised visual odometry[J]. Neural Computing and Applications, 2021, 33(13): 8031-8042.

[141] Pan Y W, Yao T, Li Y H, et al. X-linear attention networks for image captioning[C]//2020 IEEE/CVF Conference on Computer Vision and Pattern Recognition(CVPR). June 13-19, 2020. Seattle, WA, USA. IEEE, 2020: 10971-10980.

[142] Wei X, Zhang T Z, Li Y, et al. Multi-modality cross attention network for image and sentence matching[C]//2020 IEEE/CVF Conference on Computer Vision and Pattern Recognition(CVPR). June 13-19, 2020. Seattle, WA, USA. IEEE, 2020: 10941-10950.

附　录

A1　基于 torchvision 包的卷积神经网络实现

相对于浅层神经网络，卷积神经网络等深层神经网络结构复杂，涉及的神经元、激励函数和网络参数众多，手工搭建这些深层神经网络模型，不仅费时费力、效率低下，而且还容易出错。通过直接调用 PyTorch 框架下 torchvision 包中提供的已训练好的网络模型（包含模型架构及网络参数），可以使卷积神经网络的实现和应用更加便利。

A1.1　PyTorch 与 torchvision 包

PyTorch 是一个开源的 Python 机器学习包，其前身是 Torch，其底层和 Torch 框架一样，但是使用 Python 重新写了很多内容，不仅更加灵活，支持动态图，而且提供了 Python 接口。它由 Torch7 团队开发，是一个以 Python 优先的深度学习框架，不仅能够实现强大的 GPU 加速，同时还支持动态神经网络，用于计算机视觉、自然语言处理等应用程序。

PyTorch 提供了很多预先编好的、针对特定领域的工具集，方便使用者快速建立网络。其中，torchvision 包是独立于 PyTorch 的关于图像处理的工具集，需要专门安装。其包含了一些常用的数据集（如 CIFAR、MNIST 等）、模型（如 AlexNet、VGG、GoogLeNet、ResNet 等）和转换函数（提供常用的图像预处理操作，如随机切割、旋转等）等。利用 torchvision 包，可以通过简单的调用来读取网络结构和预训练好的网络模型。

torchvision 包中的预训练网络包含模型架构和网络参数，其模型架构是已经封装好的，并提供了相应的 API（application program interface，应用程序接口），使用时可直接调用。网络参数则是在 ImageNet 数据集上训练得到的，调用预训练网络时可使用预训练参数来初始化网络。ImageNet 是一个由斯坦福大学发起的计算机视觉系统识别项目，是目前世界上最大的图像识别数据库。通常所说的 ImageNet 数据集是指 ILSVRC2012 比赛用的子数据集，其训练集包含 1281167 张图像和标签，验证集包含 50000 张图像和标签，测试集包含 100000 张图像和标签，均有 1000 种类别。由于用于网络预训练的数据样本类别多且数据量较大，因此预训练网络对于很多类型的图像具有较好的识别能力。

A1.2　卷积神经网络模型的调用

torchvision 包主要由 3 个子包组成，包括 torchvision.datasets、torchvision.models、torchvision.transforms。torchvision.models 子包中包含 alexnet、inception、resnet 等网络结构。可以简单地使用两行代码，调用预训练好的网络。

调用 AlexNet 的代码如下：

```
import torchvision.models as models
AlexNet=models.alexnet(pretrained=True)
```

调用 GoogLeNet 的代码如下：

```
import torchvision.models as models
GoogLeNet=models.googlenet(pretrained=True)
```

调用 ResNet 的代码如下：

```
import torchvision.models as models
ResNet34=models.resnet34(pretrained=True)
```

上述两行代码即可在 torchvision 环境下调用预训练好的相应网络。如果设定 pretrained = False，则只调用得到模型架构，而不包括预训练好的网络参数。在调用得到的网络的基础上，再使用特定任务的数据，对网络进行训练（具体过程可参考应用案例中的代码），可得到针对该特定任务的最终网络。显然，使用预训练好的网络，有助于大大提高网络收敛速度。

A2　拓展阅读：魔笛 Python 实验平台

Python 凭借其灵活的语法、简单的开发方式、友好的开源属性以及丰富的第三方功能包成为近年来非常流行的开发语言。在数字经济下，Python 语言也成为岗位升级的核心技能。以人工智能为例，Python 在人工智能领域的应用非常广泛，可以用于机器学习、深度学习、自然语言处理、计算机视觉和语音识别等任务。

本书以魔笛 Python 实验平台（https://pylab.dashenglab.com）作为人工智能算法的实训平台，魔笛 Python 实验平台是以 Python 工具为基础研发的一站式编程实训系统，平台内置主流数据分析包、丰富的数据及案例资源，能够让学习者快速掌握利用 Python 进行数据处理、分析、展示的能力，如图 1 所示。

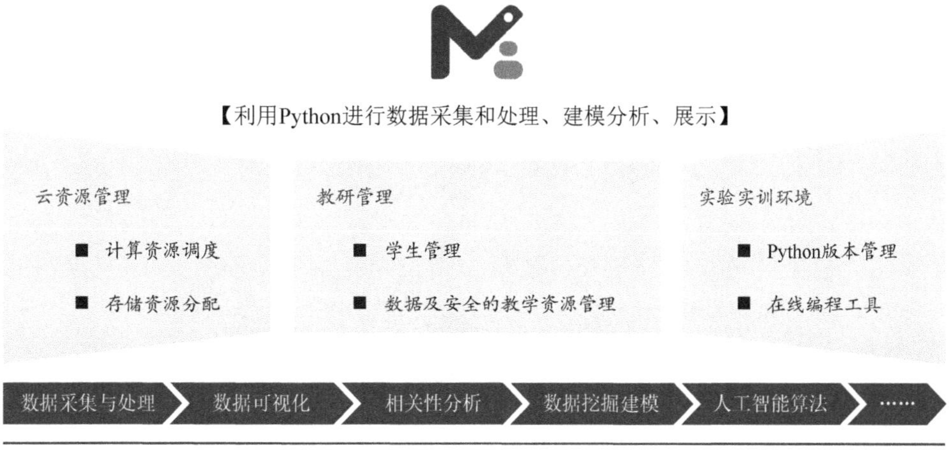

图 1　魔笛 Python 实验平台核心功能

魔笛 Python 实验系统包括了 Python 开发环境、算力资源调度、教研管理、数据资源四大模块。Python 开发环境提供基于 Web 的开发运行界面，提供了 Notebook 编辑器、Python 控制台、命令终端、Markdown 编辑器、代码管理、程序运行等功能。算力资源调度提供了 CPU 调度、内存调度、GPU 调度等。配套数据资源包括物流数据、电商数据、供应链数据、智慧交通数据、自然语言处理数据、机器视觉数据、电信流量数据等。基于以上功能和资源，魔笛 Python 实验系统可大大提高人工智能研究和数据分析的便捷性与效果。